The Excellence Dividend

Stimmen zur amerikanischen Ausgabe von *The Excellence Dividend*

„Nach jeder gelesenen Seite von *Spitzenleistung zahlt sich aus* möchte man 'Wow!' rufen. Tom Peters liefert brillante Einsichten und beschwört Unternehmensverantwortliche, das Ruder herumzureißen, bevor es zu spät ist.“

– Cheryl Burgess, CEO von Blue Focus Marketing und Autorin von *The Social Employee*

„Einfach genial. Tom Peters kennt keine Denkverbote und ist das Mastermind seiner Generation. Egal auf welcher Seite Sie dieses Buch aufschlagen, sobald Sie zehn Minuten gelesen haben, was Peters schreibt, wissen Sie, dass es genau so und nicht anders ist. Als neuen Mitarbeiter würde ich eher jemanden einstellen, der seine Bücher gelesen hat, als einen MBA-Absolventen.“

– Matthew Kelly, CEO von Floyd Consulting und *New York Times*-Bestsellerautor von *The Dream Manager*

„Die meisten Menschen suchen ihr ganzes Leben nach einem Sinn. Tom Peters hat seinen sehr früh gefunden und sich nie von seiner Mission abringen lassen. Für uns andere ist das ein großes Glück! Mich hat er inspiriert, Freude in meiner Arbeit zu finden, und auch Jahrzehnte später dienen mir seine Texte und seine Leidenschaft noch als Inspiration. ... Wenn wir so klug sind, ihm zuzuhören, zahlt sich das für uns ein Leben lang aus.“

– Richard Sheridan, CEO von Menlo Innovations und Autor des Buches *Joy, Inc.*

„Peters war schon immer originell, fordernd und auf der Höhe der Zeit. Wenn Sie denken, Sie haben schon alles gehört oder gelesen, wird Sie *Spitzenleistung zahlt sich aus* wunderbar erfrischen. Peters schreibt witzig und anregend und holt uns aus unserer bequemem Denke heraus. Glauben Sie mir, an seinen Impulsen werden Sie Tage und Nächte zu knabbern haben.“

– Whitney Johnson, Thinkers50, Autorin von *Build an A Team*

The Excellence Dividend

Mit Begeisterung arbeiten und sichere Jobs erhalten in digitalen Zeiten

von

Tom Peters

Übersetzt aus dem amerikanischen

von

Jana Fritz

Verlag Franz Vahlen München

Über den Autor

Tom Peters ist ein führender Managementdenker und Gründer der Tom Peters Company. Seine Vorträge und Seminare sind sehr gefragt. 2017 erhielt er den *Lifetime Achievement Award* von Thinkers50 sowie den *Jack Covert Award for Contribution to the Business Book Industry* von 800-CEO-READ. Peters ist Bestseller-Autor von insgesamt 16 Büchern, darunter *Auf der Suche nach Spitzenleistungen* (mit Robert H. Waterman, Jr.), das als eines der besten Business-Bücher aller Zeiten gilt. Peters lebt in Massachusetts.

Anmerkung des Lektors:

Das Layout dieses Buches sieht, sagen wir es mal so, etwas gewöhnungsbedürftig aus. Auf jeden Fall sieht es anders aus, als viele Bücher, die sonst so in unserem Verlag erscheinen. Normaler Fließtext wird unterbrochen von gefetteten, serifenlosen Texten. Zunächst war das auch für mich etwas ungewohnt. Im Lauf der Arbeit am Manuskript wurde mir aber klar, was dieses Buch eigentlich ist: Es ist ein Gespräch, ein langes Gespräch, mit Tom Peters, zu dem er uns einlädt. Das Gespräch läuft mal im lockeren Plauderton (normale Schrift), mal etwas akzentuierter (fette Schrift), mal sehr akzentuiert, fette Schrift + Versalien + serifenlose Schrift. Viel Spaß bei diesem Gespräch mit Tom Peters wünscht Ihnen Thomas Ammon.

ISBN Print: 978 3 8006 6173 2
ISBN E-Book PDF: 978 3 8006 6174 9
ISBN E-Book ePub: 978 3 8006 6175 6

Wilhelmstr. 9, 80801 München
Satz: Fotosatz Buck
Zweikirchener Str. 7, 84036 Kumhausen
Druck und Bindung: Beltz Grafische Betriebe GmbH
Am Fliegerhorst 8, 99947 Bad Langensalza
Umschlaggestaltung: Ralph Zimmermann, Bureau Parapluie

CO_2 neutral
vahlen.de/nachhaltig

Gedruckt auf säurefreiem, alterungsbeständigem Papier
(hergestellt aus chlorfei gebleichtem Zellstoff)

Für

Susan Sargent, meine Inspiration, mein Anstoß,
meine Partnerin in allen Lebenslagen

Captain Richard E. Anderson, CEC, USN,
mein Vorbild und ganz besonderer Mentor

Gene Webb, Chef-Entfacher von intellektuellen Feuerwerken

Bob Waterman, meinen treuesten Begleiter im Streben nach Spitzenleistung

Harry Rhoads, meinen treuen Freund und Game Changer

Darl Kolb, Anstifter aus dem Land der Kiwis

Herb Kelleher, den einzig Wahren I

Richard Branson, den einzig Wahren II

Anita Roddick, die einzig Wahre III

Larry Janesky, den König der Keller

Jim Penman, der für andere unbeliebte Aufgaben erledigt

„Jungle" Jim Bonaminio, der seinen Kunden die
„beste öffentliche Toilette der USA" bietet

Vernon Hill, Querdenker, WOW-Meister, Fan-Macher, Schaffer von Arbeitsplätzen

die einzigartige Esther Newberg

den einzigartigen Sonny Mehta

Spitzenleistung: der Triumph des Menschlichen

Janet Dugan, eine Designerin, spezialisiert auf den Gesundheitsbereich, hat sich inspirieren lassen, als sie unlängst eine Magnetresonanztomografie (MRT) hat vornehmen lassen müssen. Während sie still dalag und wartete, fiel ihr ein kleiner Spiegel auf, der etwas unterhalb der Kopfstütze angebracht war. Er hing in einem solchen Winkel, dass sie durch die Röhre den Radiologieassistenten sehen und Augenkontakt mit ihm herstellen konnte.

„Eine so kleine Sache", erzählt sie mir. „Und sie macht doch einen so großen Unterschied. Ich habe mich weniger allein gefühlt. Ich war genau in dem Moment, in dem ich Unterstützung brauchte, mit einer anderen Person in Kontakt. Und auch wenn ich keine Klaustrophobie habe, hat es mich doch etwas beruhigt, aus der Röhre herausschauen zu können – ein Sichtfeld zu haben, das tiefer war als nur 25 Zentimeter. Ich könnte dir nicht mehr sagen, welche Farbe der Boden hatte oder ob die Decke mit Gipsfaserplatten abgehängt oder ob das Gebäude von außen aus Fertigbauteilen zusammengesetzt war oder eine Glasfassade hatte. Das alles habe ich als Patient gar nicht wahrgenommen. Aber ich habe registriert, dass der Techniker freundlich war und dass sich die Arzthelferin große Mühe gegeben hat, mich zum Lachen zu bringen." „Versteh mich nicht falsch", sagt Janet abschließend, „ich glaube fest daran, wie sehr Design zum Heilungsprozess beitragen kann – und daran, dass es Ereignisse beeinflussen und Leben verändern kann. Aber an diesem Tag, in dieser konkreten Erfahrung war es eben ein winziger Spiegel, ungefähr so groß wie ein Heftpflaster, der mir wirklich Trost gespendet hat."

– Tim Leberecht: *Business-Romantiker – Von der Sehnsucht nach einem anderen Wirtschaftsleben*

Spitzenleistung zahlt sich aus: das Programm

*) Japanische Zusammenschlüsse von Unternehmen (= wirtschaftl. Verbundgruppen). Die Unternehmen sind rechtlich selbständig, aber wirtschaftl. voneinander abhängig.

Der Pitch: Spitzenleistung – jetzt mehr denn je

Als *Auf der Suche nach Spitzenleistungen* 1982 erschien, war die Stimmung in den USA miserabel. Eine Rezession wütete, die Arbeitslosigkeit betrug 10,8 Prozent – der höchste Stand seit der Großen Depression – und die mächtigen *Keiretsu* *) in Japan bedrohten zahlreiche US-amerikanische Branchen, von der Autoindustrie über die Banken bis hin zu Elektronikunternehmen und Stahlproduzenten.

MBA-Absolventen, ich war einer von ihnen, hatten es in die obersten Unternehmensetagen geschafft. Sie (wir!) neigten dazu, sich auf Abstraktes zu konzentrieren – Tabellen, Gewinnzahlen, Strategien. Japanische Unternehmenslenker legten dagegen Wert auf etwas anderes: ein unablässiges Streben nach kontinuierlichen Produktoptimierungen, ermöglicht durch das tägliche Engagement der Mitarbeiterinnen und Mitarbeiter. Die leidenschaftslose Besessenheit der Amerikaner mit Zahlen, Zahlen und noch mehr Zahlen war die offene Flanke, die die Japaner brauchten, um uns zu blamieren. Die Automobilindustrie war dabei besonders verwundbar: Im Vergleich zu ihren Fahrzeugen waren unsere richtige Schrottkisten. (Das folgende Zitat des Honda-Gründers Soichiro Honda ist etwas übertrieben, bringt die Sache aber doch auf den Punkt: „Wenn der Kongress neue Emissionsstandards verabschiedet, stellen wir fünfzig neue Ingenieure ein und GM fünfzig neue Anwälte.“ Autsch!)

In *Auf der Suche nach Spitzenleistungen* zeigten wir, dass sich einige US-Unternehmen *tatsächlich* auf die richtigen Dinge konzentrierten: Mitarbeiter fördern, die Produktqualität konsequent verbessern, inspirierende Designs entwickeln und mehr auf die Ingenieure hören als auf die Kollegen aus dem Rechnungswesen. Das Ergebnis: Diese Unternehmen punkteten bei ihren Kunden. Wir alle, so argumentierten mein Co-Autor Bob Waterman und ich, könnten von diesen *US-amerikanischen* Beispielen für Spitzenleistung lernen.

Ich betrachte dieses Buch, *Spitzenleistung zahlt sich aus*, das zu ähnlich beunruhigenden Zeiten erscheint, wenn Sie so wollen als eine Art Fortsetzung von *Auf der Suche nach Spitzenleistungen* (mehr dazu gleich).

Die Konjunktur ist derzeit in überraschend gutem Zustand – verglichen mit dem tiefen Loch, in dem wir uns vor zehn Jahren befanden. Allerdings mit großen Ausnahmen, allem voran die zunehmende Einkommensungleichheit sowie eine riesige – und unruhige – Klasse an Unterbeschäftigten. Es droht jedoch eine noch größere Gefahr, eine Gefahr, die seit Längerem kontinuierlich wächst und deren Jahrhundertfolgen uns in den nächsten fünf bis fünfzehn oder zwanzig Jahren kräftig erschüttern werden.

Es ist nicht die Globalisierung.

Es ist nicht die Migration.

Es ist die Technologie.

Der Entrepreneur und Risikokapitalgeber Marc Andreessen, eine Ikone des Silicon Valley, sagt: „Software frisst die Welt auf.“ Und laut einer alarmierenden Studie der Oxford University ist in den nächsten zwei Jahrzenten fast die Hälfte aller Büroarbeitsplätze in den USA entweder durch Automatisierung oder künstliche Intelligenz (KI) gefährdet. Die ersten dreißig Jahre moderner Automatisierung haben Fabriken Roboter und Massenentlassungen beschert und einfache Bürotätigkeiten wurden durch Software ersetzt. Daniel Huttenlocher, Dean der Cornell Tech, formuliert es folgendermaßen: „Ziel der industriellen Revolution war die Erweiterung und der Ersatz physischer Arbeitskraft, Ziel der digitalen Revolution ist die Erweiterung und der Ersatz geistiger Arbeitskraft.“

Mittlerweile sind von der Automatisierung jedoch nicht nur repetitive Tätigkeiten betroffen, egal ob körperliche oder Büroarbeit. Smarte Maschinen lernen „on the job“ (Deep Learning) und erkennen auf Basis riesiger Datenbestände Muster und Zusammenhänge, die uns Menschen verborgen bleiben. KI-gestützte Geräte erkennen Tumore auf CT-Scans besser als Pathologinnen und Radiologen. Geoffrey Hinton, Pionier auf dem Gebiet des maschinellen Lernens, drückt es folgendermaßen aus: „Wenn Sie Radiologe sind, ergeht es Ihnen wie der Cartoon-Figur Wile E. Coyote: Sie schweben bereits über dem Abgrund und haben nur noch nicht nach unten geschaut.“ *Hinton ging sogar so weit, medizinischen Fakultäten zu empfehlen, ab sofort gar keine Radiologen mehr auszubilden.* Auch der Großteil des Aktien- und Anleihehandels erfolgt mittlerweile KI-gesteuert. Vasant Dhar, Professor an der New York University und Entwickler von Trading-Software für Hedgefonds, meint dazu: „Letztlich müssen wir uns fragen, welche Aufgaben für uns Menschen bleiben, die Maschinen nicht genauso gut oder besser erledigen können.“

Können wir dieser voraussichtlichen Job-Apokalypse etwas entgegensetzen? Ich negiere die bevorstehenden Umwälzungen keinesfalls; ich bin jedoch optimistisch. Und dieser Optimismus bringt mich dazu, von „Spitzenleistung II“ zu sprechen, bei der es darum geht, sich auf die menschlichen Fähigkeiten zu konzentrieren, die – richtig eingesetzt – sehr wahrscheinlich nicht der künstlichen Intelligenz zum Opfer fallen werden. Zum Beispiel engagierte Mitarbeiterinnen und Mitarbeiter, die Kunden durch persönlichen Service zum Lächeln bringen und so bleibende Erinnerungen schaffen. Oder die Design-Spitzenleistungen eines Steve Jobs, die die Apple-Produkte hervorgebracht haben, die Hunderte Millionen Kunden begeistern und in Staunen versetzen. Sie sind eher auf monatelange ruhige Aufenthalte in japanischen Gärten zurückzuführen als auf besondere Programmierkenntnisse.

Um ehrlich zu sein, führe ich Zeit meines beruflichen Lebens eine Liebesaffäre mit Spitzenleistungen. Ich bin der Überzeugung – der festen Überzeugung –, dass Spitzenleistung mehr ist als nur ein unternehmerisches Organisationsprinzip, das sich auf eine Reihe von Erfolgsrezepten reduzieren lässt. Spitzenleistung kann sich äußern in der Art, wie wir leben – beruflich und privat – und wie wir einander unterstützen – besonders in schwierigen Zeiten. Spitzenleistungen sind die scheinbar kleinen Taten, bei denen wir rufen: „Wir engagieren uns!" und die den Menschen, mit denen wir interagieren, in Erinnerung bleiben – unseren Mitarbeiterinnen und Mitarbeitern, unseren Kommunen, unseren Lieferanten, unseren Kunden.

Ich möchte Ihnen ein Beispiel geben, das mir nahegeht und sich in meiner unmittelbaren Nähe ereignet hat: Vor nicht allzu langer Zeit haben meine Frau und ich am Rand unseres Grundstücks im Süden von Massachusetts fünfzig Bäume pflanzen lassen. Sie ist die Chefgärtnerin, ich wurde zum Chefbewässerer ernannt. Das bedeutete, dass ich jeden Tag eine Stunde lang einen etwa 180 Meter langen, schweren Schlauch hin- und herschleppen musste. Der Arbeiter, der uns mit dem Rasen und den Gärten meiner Frau half, musste diesen sperrigen Schlauch jedes Mal aus dem Weg räumen, wenn er den Rasen mähen wollte. Dabei ging er wohlüberlegt vor und rollte den Schlauch mit der größten Sorgfalt auf, sodass dieser, als ich ihn wieder zur Bewässerung der Bäume herausholte, keinerlei Knicke aufwies und einen gleichmäßigen Wasserstrahl erzeugte. Dadurch ging mir die Arbeit deutlich leichter von der Hand. Das war ein kleiner, aber entscheidender Akt von Spitzenleistung. Nun kann man das Aufrollen eines Schlauchs schnell als unwichtig abtun im Vergleich zu der Präzision, die man braucht, um einen Computer zu entwickeln oder ein globales Unternehmen zu führen. Das ist jedoch zu kurz gedacht. Seit ich erwachsen bin, beschäftige ich mich mit Spitzenleistungen und staune regelmäßig über die unzähligen Formen, in denen sie sich manifestieren. Und es ist genau dieses scheinbar unwichtige Beispiel von Aufmerksamkeit und Sorgfalt, das mir in Erinnerung bleiben wird – nicht nur wenn ich unsere Bäume bewässere, sondern auch wenn ich Unternehmenslenkern rund um den Globus erkläre, wie sie Organisationen schaffen, die die Dinge anders machen, die schöne und bleibende Erinnerungen in den Köpfen und Herzen ihrer Kunden schaffen.

Wie zahlt sich Spitzenleistung nun aus? Kurz gesagt: Unternehmen, die sich in allem, was sie tun – nach innen und nach außen –, zu Spitzenleistung verpflichten, werden wahrscheinlich zu den Überlebenden gehören. Sie bieten die besseren und lebendigeren Arbeitsplätze. Ihre Mitarbeiterinnen und Mitarbeiter sind motiviert, sie entwickeln sich weiter und bereiten sich auf die Zukunft vor. Ihre Kunden sind zufriedener und berichten anderen von der Exzellenz des Unternehmens. In ihren Kommunen sind sie willkommene Nachbarn und für ihre Lieferanten verlässliche Partner. Das drückt sich unmittelbar in Gewinn und Wachstum aus. Und es drückt sich – trotz KI und Robotik – in langfristigen und wahrscheinlich auch neu entstehenden Arbeitsplätzen aus.

Um zu verstehen, wie sich Spitzenleistung auszahlt, lassen wir die Gartenschläuche hinter uns und beschäftigen uns mit Hundekeksen und einer globalen Revolution im Privatkundenbankgeschäft. Oder genauer gesagt mit Vernon Hill, Gründer der Commerce Bank in den USA und der Metro Bank in Großbritannien. Ausgelöst durch den Einzug von Software in die Büros und Bankschalter und dann in unsere Hosentaschen besteht das Geschäftsmodell von Privatkundenbanken seit Jahren darin, Filialen zu schließen und Kunden dazu zu bewegen, zunächst Geldautomaten und jetzt ihr Smartphone zu nutzen und so viele Bankgeschäfte wie möglich online zu erledigen. Der Querdenker Hill dagegen gründete die Commerce Bank mit dem Gedanken: „Wir wollen sie in den Filialen, wo wir, statt seelenlose 'Transaktionen' zu tätigen, aus unpersönlichen Kontonummern vollwertige Familienmitglieder machen." Sein Plan war es, großartige, farbenfrohe, pulsierende „Stores" (so werden die Filialen bei Commerce/Metro genannt) zu entwickeln, gute Gehälter zu zahlen, die Angestellten intensiv zu schulen und die Stores mit begeisterten Mitarbeitern zu füllen, die erstklassigen Service bieten und aus Kunden „Fans" machen – ein Lieblingswort von Hill.

Sehr lange Öffnungszeiten sind ein charakteristisches Merkmal des Commerce/ Metro-Kundenerlebnisses. Die Filialen sind sieben Tage die Woche geöffnet – etwas, das es bis dahin nicht gab (und freitags bis Mitternacht!). Die komplexesten Transaktionen werden im Nu erledigt. Kein Problem ist zu kompliziert für die Schaltermitarbeiter, die gelernt haben, niemals „Nein" zu sagen. (*Als die Computer einmal nicht funktionierten, ging eine Mitarbeiterin sogar so weit, das Flugticket eines Kunden mit ihrer eigenen Kreditkarte zu bezahlen, damit der Kunde das Ticket auch wirklich zu dem aktuell stark rabattierten und zeitlich begrenzten Flugpreis erwerben konnte. Ihr Einfallsreichtum brachte ihr das Lob des Managements ein und natürlich die Überraschung und Begeisterung des Kunden.*)

Damit nicht genug: Die Bank wirbt auch damit, dass sie „hundefreundlich" ist. Ihr allgegenwärtiges Maskottchen Duffy („Sir Duffield" in Großbritannien) taucht in jeder Werbeaktion auf. Wenn Sie einmal in einer Filiale waren, wie ich in London, verlassen Sie diese wahrscheinlich ausgestattet mit einem knallroten Hundenapf, auf dem das Logo der Bank prangt, einer Kotschaufel (ebenfalls mit Logo) und natürlich mit Hundekeksen. Laut einem Geschäftsbericht von vor einigen Jahren belief sich die Gesamtzahl der Hundekeks-Giveaways auf zwei Millionen.

2007 verkaufte Hill die Commerce Bank für 8,6 Milliarden US-Dollar an die TD Bank – ein aufrüttelnder Beweis dafür, wie wirksam sein nonkonformer Ansatz der Fan-Gewinnung war. Danach trat er etwas kürzer, allerdings nicht lange. Er wollte seine „WOW-Bank"-Philosophie, die er in seinem Buch *Fans Not Customers* beschreibt, auch jenseits des Atlantiks verbreiten. Die innovative Metro Bank wurde die erste neue große Privatbank in Großbritannien seit 150 Jahren. Hill veranstaltete seine Version der *Greatest Show on Earth* (Bezeichnung für das US-amerikanische Zirkusunternehmen Ringling Bros. and Barnum & Bailey Circus, das bis 2017 existierte – *Anm. d. Übers.*), überzeugte die Briten (zu den Filial-/Store-Eröffnungen kamen Tausende) und sie machten bei dem Spektakel mit. Schon nach kurzer Zeit zählte Metro über eine Million Konten. Übrigens: Die Briten begeisterten sich für die „Hundefreundlichkeit" der Bank sogar noch mehr als ihre US-amerikanischen Kollegen.

Kurz gesagt: Was mit Hill und seinen Geschäftspartnern Einzug in das biedere, träge Bankengeschäft hielt, war mutige, freche, bunte, spaßige, energetische Spitzenleistung.

Dabei stellten sie den Menschen in den Mittelpunkt und erzeugten so erinnerungswürdige, emotionsgeladene Erlebnisse, die Millionen von treuen Fans generierten. Aber nicht nur die Kunden haben profitiert. Hill und seine Managementkollegen haben erst bei Commerce und dann bei Metro mehr als 17.000 gute neue Jobs geschaffen, während herkömmliche Banken – getrieben von einem technologiegeprägten „Effizienz first"-Denken – Filialen geschlossen, Gebäude geräumt und Zehntausende Arbeitsplätze gestrichen haben.

Das Mantra der Commerce/Metro Bank

„Führt Ihr Weg zum Erfolg über Kostensenkungen? Oder führt Ihr Weg zum Erfolg über Investitionen?"

„Investieren Sie stark in Ihre Mitarbeiter. Investieren Sie stark in Ihre Standorte."

„Kostensenkung ist eine Todesspirale. Wir setzen voll und ganz auf Umsatzwachstum."

Hill und seine Geschäftspartner haben gezeigt: Langfristige Spitzenleistung *ist* möglich im Jahr 2018 und sie ist möglich in einer Arena, in der sich die Herde – besessen von Technologie der Technologie wegen – in die entgegengesetzte Richtung bewegt. Wie Sie allerdings im Verlauf dieses Buches feststellen werden, beinhaltet diese ermutigende Geschichte auch eine implizite Warnung: Spitzenleistungen zu erzielen ist verdammt harte Arbeit und der Weg dorthin ist unerbittlich. Spitzenleistungen à la Commerce und Metro Bank kann man nicht einfach an Programmierer delegieren und sie ist definitiv nichts für schwache Nerven. Die Kultur der Bank aufrechtzuerhalten ist ein minutiöses, schrittweises, nicht endendes Unterfangen.

In diesem Buch geht es um harte Arbeit, unerbittliches Weiterkommen und das Pflegen einer Kultur der Exzellenz. Es ist jedoch kein Ratgeber, wie Sie sich inmitten all der „Disruptionen", die mittlerweile allgegenwärtig sind und es voraussichtlich auch bleiben werden, „verteidigen". Es geht gerade *nicht* um Verteidigung, um Defensive. Es geht um Angriff, darum, in die Offensive zu gehen – und genau jetzt überall Spitzenleistungen zu erzielen – Kunden mit Hundenäpfen, Hundekeksen, einer Nein-ist-keine-Option-Einstellung zu begeistern, ein Team von Optimisten einzustellen, Mitarbeiter durch Weiterbildungsmaßnahmen für eine unsichere Zukunft fit zu machen und eine Atmosphäre zu etablieren, in der sie den Kunden einen Service bieten, der begeistert – sieben Tage die Woche und freitags bis Mitternacht.

Die Tatsache, dass Computer uns die Arbeit wegnehmen, betrifft alle Branchen weltweit. Die Technologien sind bereits da. Nur das Zeitfenster ist noch offen: Fünf Jahre? Zehn Jahre? Fünfzehn? Wie lange wird es dauern, bis die neuen Technologien den Arbeitsmarkt ausgenommen haben? Und kämpfen wir letztlich auf verlorenem Posten?

Meine Antwort ist ein eindeutiges Nein. Ich komme zu dem Schluss, dass wir der Verrücktheit Herr werden und von ihr profitieren können. Und, ja, die Lösung lautet Spitzenleistung. Spitzenleistung, die sich darin zeigt, wie Mitarbeiter dem nächsten Arbeitstag entgegensehen, Spitzenleistung, die ein emotionales Band zwischen Unternehmen und ihren Kunden und Kommunen webt – wie es Algorithmen in absehbarer Zukunft nicht können und – wie ich meine – auch nicht werden. Um es noch einmal zu betonen: Spitzenleistungen sind von Menschen gemacht – sie sind eine Geisteshaltung, keine Aufgabe, die man den Computern überlassen kann.

SPITZENLEISTUNG ist ein perfekt aufgerollter Schlauch (mit Sorgfalt aufgerollt!), mit dem mir mein Bewässerungsunterfangen an der Böschung schnell von der Hand geht oder zumindest wesentlich leichter fiel.

SPITZENLEISTUNG sind zwei Millionen Hundekekse und Tausende Mitarbeiterinnen und Mitarbeiter, für die „Nein" keine Option ist und die ihre Kunden bei jeder einzelnen Transaktion begeistern.

SPITZENLEISTUNG ist für Steve Jobs ein Design, das so gut ist, dass „man es ablecken möchte", und eine Design-Achtsamkeit, die sich gleichermaßen in den sorgfältig gestalteten Produktverpackungen äußert wie in der zugrunde liegenden Software.

Schlauch, Hundekekse, Design zum Ablecken: Das ist SPITZENLEISTUNG im Jahr 2018.

Es ist harte Arbeit.

Aber es ist hervorragend machbar.

Und unendlich erfüllend – persönlich wie beruflich.

Es ist die Grundlage für wirtschaftliche Neubelebung auf lokaler wie nationaler Ebene.

Und es gilt genauso – wenn nicht noch mehr – für die vielen Millionen Menschen, die sich zu zweit um ihren Rasen und ihren Garten kümmern, wie für diejenigen, die in den Großkonzernen arbeiten, von denen wir in der Presse lesen.

Ach so, und – vertrauen Sie mir – es geht um jede Menge Spaß: wenn Sie Ihre Kunden lächeln sehen, erleben, wie sich Ihre Mitarbeiterinnen und Mitarbeiter weiterentwickeln und die Gesellschaft Ihnen Anerkennung zollt.

Spitzenleistung ist Profitabilität.

Spitzenleistung ist Sicherheit.

Spitzenleistung ist ein Kick.

Glauben Sie daran.

Spitzenleistung zahlt sich aus: die Handlung

Spitzenleistung: immer.
Wenn keine Spitzenleistung, was dann?
Wenn nicht jetzt Spitzenleistung, wann dann?

Spitzenleistung!

Diese Geschichte besteht aus fünfzehn Teilen.

Jeder davon steht für sich.

Jeder ist ein integraler und integrativer Bestandteil eines größeren Ganzen, das da heißt: SPITZENLEISTUNG.

Zum *Warum*: Spitzenleistung in allem, was wir in dieser verrückten Zeit aus den unterschiedlichsten Gründen tun, ist die – ich möchte fast sagen – *einzige* Strategie, um mit großer Wahrscheinlichkeit persönlich und geschäftlich erfolgreich zu sein.

Ich wiederhole:

In dieser Geschichte über Spitzenleistung geht es *nicht* um Verteidigung und Überleben.

In dieser Geschichte geht es um Offensive und Erfolg!

Noch eine persönliche Anmerkung: Das Buch beschäftigt sich vor allem mit den turbulenten Zeiten um das Jahr 2018 herum. Ich habe allerdings mehr als fünfzig Jahre gebraucht, es zu schreiben. Alles begann 1966 mit meinem ersten Managementjob und einem Chef – ein echter Glückfall –, der sich mit nichts weniger als Spitzenleistung zufrieden gab.

Die Geschichte geht folgendermaßen:

Sie quälen sich durch eine hundertseitige PowerPoint-Präsentation. In den ersten 95 Folien geht es um Marktanalyse, die Stärken Ihrer Wettbewerber und Zahlen, Zahlen, Zahlen (d. h. Abstraktes, Abstraktes, Abstraktes). Das Finale – wenn es überhaupt so weit kommt – besteht aus fünf eilig präsentierten, vollgepackten Folien mit „To-dos". Ich aber möchte, dass die „To-dos" – *und* die Prozesse und Menschen, die darin involviert sind – die letzten *fünfzig* Seiten der Präsentation füllen. (Noch besser wäre eine zwanzigseitige Präsentation, in der es auf den letzten zehn (oder mehr) Seiten um „Wer macht was wie?" geht.) An dieser Stelle möchte ich Omar Bradley zitieren, Kommandeur der US-Truppen im Zweiten Weltkrieg, der bei der Landung in der Normandie sagte: „Amateure reden über Strategie. Profis reden über Logistik." Glauben Sie mir: In diesem Buch werde ich über Logistik sprechen und die Umsetzung steht genau da, wo sie hingehört: am Anfang. Die Umsetzung kommt zuallererst, nicht unter „ferner liefen". In Teil I und Kapitel 1 geht es nur darum.

Im zweiten Teil des Buches geht es dann natürlich um Spitzenleistung. Kapitel 2, in dem wir Spitzenleistung das erste Mal unter die Lupe nehmen, besteht aus vierzehn Beispielen von Exzellenz. Los geht es mit der absichtlich hochtrabenden Vorstellung, dass „Spitzenleistung im Management ein großartiger menschlicher Erfolg“ ist. Das bedeutet konkret, unsere Mitmenschen so zu organisieren und zu motivieren, dass sie Außergewöhnliches leisten – in einer Fußballmannschaft, bei einem Sinfoniekonzert, auf einer Intensivstation, in der Schulungsabteilung eines Unternehmens. Das ist die höchste aller Künste. Effektiv organisiert haben sich bereits unsere Vorfahren auf ihrem Weg zum Homo sapiens. Ich möchte Ihnen zeigen, dass das organisatorische Streben nach einem Service der Spitzenklasse eine riesige, Erfüllung versprechende Chance ist. Eine zweite Momentaufnahme, die ich in diesem Teil erwähnen möchte, ist folgende – wie auch die Kapitelüberschrift bereits verrät: „Spitzenleistung sind die nächsten fünf Minuten“. Spitzenleistung wird häufig verstanden als ein hehres Ziel, das Erklimmen eines olympischen Berges, der Höhepunkt eines Zehnjahresplans. Dem ist jedoch nicht so. Ich werde lautstark argumentieren, dass Spitzenleistung die nächste Zufallsbegegnung mit dem Vorgesetzten auf dem Flur ist, der nächste Anruf, die nächste zehnzeilige E-Mail oder der nächste Chat-Zweizeiler. Spitzenleistung bedeutet, von Moment zu Moment zu leben. Oder man lässt es besser gleich. Bei Spitzenleistung gibt es kein Morgen; es gibt nur genau jetzt.

Spitzenleistung lässt sich nur durch eines erreichen: eine Kultur der Exzellenz. Genau darum geht es in Kapitel 3. Ed Schein, der langjährige Organisationseffizienz-Guru des MIT, sagte einmal den berühmten Satz: „Kultur isst Strategie zum Frühstück.“ Kultur ist schlicht und einfach das Fundament für jegliche Erscheinungsform von Spitzenleistung, wie oben im Zusammenhang mit Kapitel 2 beschrieben. Daraus folgt erstens: Die Entwicklung und Aufrechterhaltung einer Kultur ist oberste Priorität der Geschäftsleitung. Und zweitens: Diese Kultur zu pflegen ist ein Fulltime-Job.

In Kapitel 4 widmen wir uns einem Thema, das in diesen Zeiten besonders aktuell ist: kleinen und mittleren Unternehmen (KMU). Um mit den Kräften fertigzuwerden, die gerade auf uns einwirken, braucht es Energie, Begeisterung, Fantasie, Kunstfertigkeit – und eine Quelle neuer Jobs. Fakt ist: Diese positiven Attribute schreibt man großen Unternehmen eher selten zu und ich werde diese beunruhigende Behauptung mit überzeugenden Daten untermauern. Kleinere Unternehmen sind zweifelsohne die Jobmotoren (sie sind weltweit für 80 Prozent der neu entstehenden Arbeitsplätze verantwortlich) und die führenden Innovatoren. In diesem Kapitel möchte ich ganz besonders unterstreichen, dass unternehmerische Exzellenz gerade nicht die exklusive Domäne der Silicon-Valley-Größen ist. Als Beispiel führe ich Basement Systems Inc. an, ein aufstrebendes Unternehmen aus Connecticut, das die Keller von Wohnhäusern trockenlegt und so zusätzlichen Wohn- oder Schlafraum schafft. Die Firma generiert damit 100 Millionen US-Dollar Umsatz. Ein weiteres Beispiel ist ein Parkhaus – ja, ein Parkhaus – in 1111 Lincoln Road, Miami, das sich zu einem kulturellen Hotspot für die unterschiedlichsten Dinge entwickelt hat – von Yogakursen bis zu großen Unterhaltungsevents. Sie sehen: Spitzenleistung hier, dort und überall.

In Teil III geht es um „den Menschenkram". In den knapp dreitausend Präsentationen, die ich im Laufe der letzten vierzig Jahre gehalten habe, musste ich mir buchstäblich immer wieder die Seele aus dem Leib schreien, um darauf hinzuweisen: „Mitarbeiter zuerst!" Warum ist das nicht so selbstverständlich wie die Luft zum Atmen? Ich weiß es nicht, also thematisiere ich es hier wieder einmal.

Los geht es mit Kapitel 5 „Und noch einmal: Mitarbeiter zuerst". Soweit ich weiß, war „Mitarbeiter zuerst" schon immer die Top-Priorität auf der Business-Excellence-Scorecard. Heute ist sie sogar die Top-Top-Priorität – und zwar mit Abstand. Die Schlagzeilen werden derzeit dominiert von Erzählungen, wie fortschrittliche KI und Roboter (millionenfach) Arbeitsplätze vernichten. In den Kapitelüberschriften dieses Buches geht es dagegen um das Streben nach Spitzenleistungen mit Fantasie und Schwung und mit dynamischen, wachstumsversessenen Mitarbeiterinnen und Mitarbeitern.

(Hinweis: KI ist Realität, keine Frage, aber ihre primäre Aufgabe ist es, Menschen dabei zu unterstützen, erstklassige Kundenerlebnisse zu schaffen; nicht, sie zu ersetzen.)

In meinem Buch (und das ist mein Buch) ist die Botschaft „Mitarbeiter zuerst" noch drängender, als sie es in unserem ersten Exzellenz-Titel 1982 war. Damals wie heute verstehe ich nicht, warum Geschäftsleute das so selten verstehen. Da ergeht es mir ähnlich wie dem Intendanten einer Philharmonie, eines Balletts oder eines Theaters, einem Sporttrainer oder einem Laborleiter. Wenn eine Footballmannschaft, auch wenn sie sich mittlerweile Big-Data-Analysen bedient, offensichtlich die Summe ihrer Spieler und deren Teamstärke ist, warum gilt das nicht genauso für den Lebensmittelmittelladen bei mir um die Ecke in Westport, Massachusetts? In diesem Fall tut es das sogar. Die Einstellung der Mitarbeiterinnen und Mitarbeiter dort macht einfach Freude.

Die New England Patriots.

Der Lebensmittelladen um die Ecke in Westport, Massachusetts.

Es ist beides dasselbe.

Mitarbeiter zuerst.

Kapitel 6 beschäftigt sich mit dem Thema Weiterbildung. Es würde auch gut in das vorherige Kapitel passen, ich wollte jedoch einen Punkt besonders hervorheben – und verwende dafür ein starkes Wort: *Wahnsinn*. Sie möchten, dass der Kunde in Genuss von Spitzenleistung kommt, begeistert ist, ein Fan wird und ein Fan *bleibt*? Dann brauchen Sie Mitarbeiter, ein Team, das sich voll reinhängt und auf Wachstum gepolt ist. In seinem Buch *The Dream Manager*, in dem es um einen Hausarbeitsdienst geht, argumentiert Matthew Kelly: Unternehmen, die möchten, dass ihre Mitarbeiter mit Herz und Verstand bei der Sache sind, müssen selbst Herz und Verstand einsetzen, um ihre Leute dabei zu unterstützen, ihre Ziele zu erreichen – und Mitarbeiter zu entwickeln, die nicht nur die Kunden von heute begeistern, sondern auch in der Lage sind, in einer immer verrückter werdenden Welt mitzuhalten.

Kapitel 7, das nächste in diesem Teil über Mitarbeiter, beschäftigt sich mit den neuen Technologien. Es trägt die Überschrift „Tech-Tsunami, Bürojob-Apokalypse und der neue moralische Imperativ" und beschreibt den apokalyptischen Umbruch, der uns sehr wahrscheinlich bevorsteht. Gleichzeitig schreibe ich hier ein neues Gesetz fest. Oder vielmehr schreibt Richard Branson *sein* Gesetz fest: „Unternehmen müssen ihren Mitarbeitern ein bereicherndes, erfüllendes Leben ermöglichen ..., sonst können sie es gleich lassen." Dann schreibe ich *mein* Gesetz fest, das ich „Unternehmensauftrag heute" nenne und das da lautet: *Ihre oberste moralische Pflicht als Unternehmensverantwortlicher ist es, die Fähigkeiten jedes einzelnen Mitarbeiters (der Ihnen vorübergehend oder quasi-permanent unterstellt ist) bestmöglich und unter Berücksichtigung seiner zukünftigen „revolutionären" Bedürfnisse zu fördern. Der Bonus: Dies ist auch die wichtigste Strategie zur Gewinnmaximierung!* Kurz gesagt: Der Gedanke eines *moralischen Imperativs* moderner Unternehmen bildet die Grundlage dieses Buches.

In Kapitel 8 „Arbeitsplatzsicherheit in einer unsicheren Welt" wenden wir uns dem Auftrag – oder besser: der Chance – des Einzelnen zu. 1999 veröffentlichte ich ein Buch mit dem Titel *The Brand You 50. Fifty Ways to Transform Yourself from an "Employee" into a Brand That Shouts Distinction, Commitment, and Passion!* Das war damals eine gute Idee, wie ich fand; heute ist es ein Auftrag. Es unterstreicht zudem meinen „Defensive vs. Offensive"-Gedanken von vorhin. Ich betrachte *Brand You* nicht als eine Verteidigung *gegen* KI, sondern vielmehr als Offensivstrategie *für* Sie und Ihre Kolleginnen und Kollegen, spannende Leben zu schaffen, die das Potenzial der neuen Technologien voll ausschöpfen.

Weiter geht es in Teil IV „Innovation" mit Kapitel 9 „Wer am experimentier- und fehlerfreudigsten ist, gewinnt". Zum Thema Innovation gibt es viel zu sagen, was ich in den vergangenen Jahren auch getan habe. In diesem Abschnitt möchte ich mich jedoch auf zwei Grundideen beschränken: Die erste ist WAMAG: „Wer am meisten ausprobiert, gewinnt". Ich spreche mich seit Langem lautstark dagegen aus, übermäßig viel Zeit mit der Planung zu vergeuden. Die erste der „acht Grundtugenden", die wir in *Auf der Suche nach Spitzenleistungen* vorstellen, ist das „Primat des Handelns". 3M, das in jenem Buch von 1982 mein Lieblingsunternehmen war – und fast vierzig Jahre später ein Superstar ist –, war damals ein einziger Spielplatz, ein riesiger *playground*. In diesem Kapitel stelle ich unter anderem ein Buch vor, das den passenden Titel *Serious Play* trägt (z. B. „Sie können kein ernsthafter Innovator sein, wenn Sie und solange Sie nicht bereit, willens und fähig sind, ernsthaft zu spielen.").

Ernsthaft spielen. Keine großen Planungsabteilungen. So gut wie keine Bürokratie. Mit einem schwungvollen Satz hineinspringen und sehen, was passiert. Mitarbeiterinnen und Mitarbeiter in jeder Ecke und in jedem Winkel des Unternehmens, die eine Sache kurz diskutieren, in Nullkommanichts einen mittelmäßigen Prototyp entwickeln und dann weiter daran herumbasteln und damit spielen. Fehler (WAHUSSG, „Wer am häufigsten und schnellsten scheitert, gewinnt") werden regelmäßig zelebriert (nicht „toleriert") – als unverzichtbare Schritte auf dem Weg nach vorn. Ein führender CEO-Innovator sagte einmal, sein Erfolg beruhe auf einem Motto aus drei Wörtern: *„Fail. Forward. Fast."*

Der Haken an dem Ganzen: Das zunehmende Tempo der Veränderung erfordert eine lebhafte, anpackende *Kultur* des WAMAG/WAHUSSG, wie ich später noch genauer erläutern werde. Auch wenn sie durch das Silicon Valley bekannt wurde, erfordert der Aufbau einer solchen Kultur des Ackerns und Rackerns in den meisten Unternehmen ein Schwimmen gegen den Strom und viel Puste.

Kapitel 10 „Wir sind, mit wem wir Zeit verbringen" widmet sich der zweiten Grundidee in diesem Teil über Innovation. Zusammengefasst könnte man sagen: Sonderbare Zeiten erfordern es, dass wir uns (wie besessen!) mit sonderbaren Gestalten umgeben, die unseren Standpunkt regelmäßig hinterfragen und die sonderbarsten Dinge von sich geben. Ganz nach dem Motto: Zu viel vom selben schadet im Jahr 2018. Wenn Ihnen all die Menschen, die Ihnen auf dem Büroflur begegnen, bekannt vorkommen oder wenn drei Viertel Ihres Teams denselben Hintergrund haben wie Sie – was der Regelfall ist –, haben Sie ein echtes Problem. Wir werden auch sehen, wie sich der Kampf gegen ein Zu-viel-vom-Selben von der Mitarbeiterebene auf das Topmanagement ausdehnt: Wenig Diversität unter den Board-Mitgliedern = SEHR häufig = lebensbedrohlich.

Kommen wir zu Teil V. Im Zeitalter KI-gestützter, reibungsloser Lieferketten und KI-gestützter, seelenloser Transaktionen sind Effizienz und Kostenminimierung de facto der Anfang und das Ende der leidigen Geschichte. Aber erinnern wir uns einen Moment an den Grundsatz der Metro Bank: *„Kostensenkung ist eine Todesspirale. Wir setzen voll und ganz auf Umsatzwachstum."* In diesem Sinne widmet sich Teil V „Mehrwert schaffen – eine umsatzsteigernde Besessenheit" neun Möglichkeiten für Umsatzwachstum.

In Kapitel 11 „Leidenschaft für Design: Das wichtigste Alleinstellungsmerkmal" stelle ich ansprechendes Design als wichtigsten Aspekt der Mehrwertgenerierung dar. Das Besondere an der Geschichte: Bei Design geht es um erstklassige Funktionalität und um ansprechende Ästhetik. Exzellentes Design bedeutet aber noch viel mehr. Es geht um den Aufbau einer langfristigen emotionalen Verbindung. Starbucks-Gründer Howard Schultz will, dass wir eine „Romanze" mit seinen Coffeeshops haben – und bei mir funktioniert es, warum auch immer: unterwegs in Saudi-Arabien ebenso wie zu Hause in Boston. Ideen wie die von Schultz liegen diesem Kapitel zugrunde. Das Wichtigste dabei: Diese Ideen gelten für die Tankstelle im Ort, die sechsköpfige Einkaufsabteilung oder die siebenundzwanzigjährige Soloselbstständige, die ihr Glück in der „Gig Economy" versucht, und Starbucks gleichermaßen!

Mit den anderen acht Wertschöpfungsquellen beschäftige ich mich in Kapitel 12. Dabei betone ich immer wieder die Bedeutung zusätzlicher Serviceleistungen. Rolls Royce verdient mittlerweile mehr Geld mit Zusatzdienstleistungen als mit der Produktion von Flugzeugmotoren. Bei UPS geht es heute mehr um das Management von Logistiksystemen als um die Paketzustellung. Auch die wilde Entschlossenheit, mit der Unternehmen die sozialen Medien nutzen, spielt in diesem Kapitel eine zentrale Rolle. Ich stelle Ihnen unter anderem den CEO eines Finanzdienstleisters vor, der lieber eine Twitter-Unterhaltung mit einem einzigen Kunden führen würde, als Millionen Dollar für eine Werbeanzeige beim Super Bowl auszugeben. Und wenn wir schon bei den neuen Technologien sind, gehe ich auch auf die revolutionäre Bedeutung von Big Data und dem Internet der Dinge (IdD) ein.

Wir sehen uns zwei überraschend vernachlässigte, aber finanzstarke Märkte an: Zunächst Frauen. Frauen sind die Premium-Kunden überhaupt – sie kaufen, na ja, alles. Auch im Jahr 2018 haben das die meisten Unternehmen noch nicht erkannt. Eine todsichere Möglichkeit, das Potenzial dieses Markts auszuschöpfen, ist, ein Führungsteam einzusetzen, das diesen Markt widerspiegelt (d. h. ein Topmanagement und ein Board, in denen Frauen die Mehrheit stellen). Die andere riesige Marktnische sind Senioren. Ihre Kaufkraft ist gewaltig und sie übersteigt die der jüngeren Kohorten bei Weitem. Absurderweise sind es jedoch die Jüngeren, auf die sich die meisten Marketingaktivitäten konzentrieren.

Im letzten Teil unternehmen wir eine Reise zu Spitzenleistung in der Führung. Ich verwende hier den Ausdruck „einige Dinge“. Mit dieser sonderbaren und scheinbar leichtfüßig daherkommenden Formulierung möchte ich unterstreichen, dass ich keinen großen Plan und kein Geheimrezept für betriebliche oder individuelle Veränderungen habe. Ich mache tatsächlich einen großen Bogen um Begriffe wie „Vision“, „Authentizität“, „Disruption“ und „Transformation“. Mein Ziel ist vielmehr taktisch und praktisch: Ich stelle Ihnen zigfach erprobte Ideen vor, wie Sie Ihren Führungserfolg hier und jetzt steigern und sich hier und jetzt auf Ihrem Weg zu Leadership Excellence inspirieren lassen. (Wir erinnern uns: Spitzenleistung sind die nächsten fünf Minuten.)

Maßnahmen, die funktionieren.

Maßnahmen, mit denen Sie noch heute Nachmittag beginnen können.

Maßnahmen, die Sie – zusammengenommen und immer wieder angewandt – viele Schritte auf Ihrem Weg zur Leadership Excellence voranbringen.

Kapitel 13, das erste der drei Kapitel zum Thema Führung, ist überschrieben mit „Zuhören – die Grundlage exzellenter Führung“. Ich habe lange überlegt, das Thema Zuhören gleich in Kapitel 1 zu behandeln – und wäre damit dem Beispiel von Richard Branson gefolgt, der das gesamte erste Drittel, über hundert Seiten, seines jüngsten Buches zum Thema Leadership – *The Virgin Way – Wie ich das Thema Führung sehe* – dem Zuhören widmet. Stattdessen habe ich mich dafür entschieden, Zuhören zum ersten Punkt dieses Leadership-Teils zu machen; zweifelsohne hat das Thema ein eigenes Kapitel verdient. Im Verlauf von Teil VI werde ich zeigen, warum sich das gesamte Unternehmen zu „hoch konzentriertem Zuhören" – wie es ein Führungsexperte nennt – verpflichten sollte und warum hoch konzentriertes Zuhören der wichtigste Grundwert eines Unternehmens sein könnte.

Das zweite Thema, das ich in diesem Abschnitt über Leadership herausstellen möchte, in Kapitel 14, ist die anhaltende Bedeutung der Frontline-Manager eines Unternehmens. Unteroffiziere leiten die Armee. Obermaate leiten die Marine. Das Militär hat das verdammt gut erkannt und setzt es um. Entsprechend sind für mich die Führungskräfte der ersten Ebene das allerwichtigste Gut eines Unternehmens. Die meisten Firmen handeln jedoch nicht danach. In diesem Kapitel hoffe ich, eine Lanze für diese Haltung zu brechen, damit sich das ändert.

In Kapitel 15, dem Hauptkapitel zum Thema Führung, stelle ich Ihnen etwa sechsundzwanzig Maßnahmen vor – von der (erstaunlichen) Wirkung eines „Danke schön" und „Es tut mit leid" bis zur Analyse der vielen kognitiven Verzerrungen, die unsere Urteilskraft erheblich vernebeln (und einigen Vorschlägen, wie sich diese Verzerrungen reduzieren lassen). Mein Ziel ist es, dass Sie einige dieser taktischen Tipps selbst ausprobieren. Und zwar sofort. Noch einmal: Immer wieder angewandt helfen Ihnen diese „Häppchen", auf Ihrem Weg zur Spitzenleistung schneller voranzukommen.

Der Epilog dieses Buches trägt die Überschrift „Heute handeln". Hier möchte ich Sie schlicht und einfach zu extremem Handeln in extremen Zeiten ermutigen. Denn nur mit Sprüngen und Sätzen, mit beherztem Spielen und dem unerbittlichen Streben nach Spitzenleistung und „Wows" gelingt Ihnen die Offensive (nicht Defensive), um die Herausforderungen unsere Zeit zu meistern.

Das ist es also: fünfzehn Kapitel, fünfzehn Ideen. Jede Einzelne ein notwendiger Zwischenstopp auf dem Weg zu Spitzenleistung, um in diesen chaotischen Zeiten zu überleben und Erfolg zu haben.

Viel Erfolg!

Organisationsprinzip I

Auf den Schultern von Riesen

Vor drei Jahren habe ich mich darangemacht, alles zusammenzutragen – meine Gedanken aus den letzten mehr als fünf Jahrzehnten dazu, wie die Menschen in Unternehmen mit Spitzenleistungen erfolgreich sind. Dieses Vorhaben mündete in einem monströsen Gebilde, einer siebzehn Kapitel langen, 4.094 Folien starken PowerPoint-Präsentation mit einhunderttausend Anmerkungen. Ich nannte es „DAS WERK" (Sie finden es unter http://excellencenow.com/). Was Sie im Folgenden lesen werden, ist im Großen und Ganzen das Ergebnis dieses Siebzehn-Kapitel-Blockbusters. Um genauer zu sein: Bevor ich mit diesem Buch begann, bin ich den gesamten Foliensatz durchgegangen und habe etwa dreihundert Zitate von den Prominentesten der Prominenten herausgesucht, die ich besonders inspirierend fand. Diese Juwelen sind mein Rohmaterial. Der Grund dafür ist einfach und deckt sich mit einer Haltung, die ich seit Langem vertrete: Ich habe mir zwar Tausende von Unternehmen angesehen und die ständigen Höhen und Tiefen meines eigenen kleinen Geschäfts erlebt; ich habe jedoch *nie* ein Fortune-500-Unternehmen geleitet und *nie* ein „Einhorn" hervorgebracht. Insofern stand ich praktisch bei allem, was ich getan habe, indirekt auf den Schultern von Riesen. Was also, wenn Tom Peters Ihnen rät, Ihre Mitarbeiterinnen und Mitarbeiter wie Ihre besten Kunden zu behandeln? Vergessen Sie meine Meinung. Ich hoffe, Sie hören stattdessen auf die Meinung von Größen wie dem Gründer und CEO von Southwest Airlines, Herb Kelleher, und dem unvergleichlichen Richard Branson, wenn *sie* Ihnen das sagen. Offen gesagt ist dieses Buch mehr ihr Buch als mein Buch und ich bin dankbar für das, was diese und andere nonkonforme Vertreter von Spitzenleistung mir von Kopf bis Fuß eingehämmert haben – und was sie – mit meiner Hilfe – vielleicht auch Ihnen einhämmern werden.

Organisationsprinzip II

Auf Ihren Schultern

Als ich mein erstes Buch schrieb, arbeitete ich als Berater bei McKinsey & Co. Ich ging zunächst davon aus, dass meine wichtigsten Leser unsere derzeitigen oder zukünftigen Großkunden sein würden. Doch die Dankesbriefe, die ich erhielt und die mich am meisten berührten, stammten von Grundschullehrern, Polizeichefs und -Lieutenants, Brandmeistern und Abteilungsleitern großer Firmen. Sie haben mir die Augen geöffnet. Insofern richtet sich mein jüngstes Buch in erster Linie an die Leiterin einer sechsköpfigen Weiterbildungsabteilung in einem milliardenschweren Konzern, den Eigentümer einer Baufirma mit vier Angestellten in meinem Heimatort Dartmouth in Massachusetts oder Menschen wie der oben erwähnte Polizei-Lieutenant. Ehrlich gesagt ist es die Art und Weise, wie sie (*Sie!*) sich für die Weiterbildung ihrer (*Ihrer!*) Mitarbeiterinnen und Mitarbeiter einsetzen und aus ihren (*Ihren!*) Kunden oder Kommunen Fans machen, die vor Ort und auf nationaler Ebene eine lebhafte Wirtschaft schaffen. Ich hoffe wirklich, dass die folgenden Seiten Sie dazu ermuntern, Ihre Leidenschaft und Ihr Engagement für Spitzenleistung zu erneuern. Denn: Es war noch nie so wichtig wie heute.

Umsetzung

TEIL I

1 Am Anfang steht die Umsetzung

Meine Geschichte[1]

Wie zwei einfache Wörter – *Es geht* – den Startschuss zu meinen fünfzig Jahre andauernden Kapriolen gaben

Zu viele Bücher versprechen uns „Marketinggeheimnisse zum Staunen", todsichere Rezepte für „Erfolg in disruptiven Zeiten" oder wollen uns erklären, wie man seine Wettbewerber mit einer „Knock-out-Strategie" zum Schweigen bringt. Diese Strategie wird dann niedergeschrieben und von allen bejubelt. Und dann: NICHTS (oder zumindest: wenig). So wiederholt sich das immer wieder.

Um Ihnen meine Reaktion auf diese trostlose Lage zu schildern, gehen wir einmal etwa 75 Jahre zurück. Nach dem Angriff auf Pearl Harbor begannen sich die US-Truppen über den Pazifik zurückzuziehen. Das bedeutete ein Hüpfen von Insel zu Insel mitten im Nirgendwo. Zu Hause begann Admiral Ben Moreell, Chief des Bureau of Yards and Docks and Civil Engineer Corps der US-Marine, ebenfalls zu hüpfen. Und zwar von einer Versammlung der Baugewerkschaft zur nächsten. Er war auf der Suche nach Männern für das Baubatallion der Marine, die die Straßen und Landebahnen – und was sonst noch nötig war – bauen sollten, um die Truppen auf ihrem Rückzug durch den Pazifik zu unterstützen.

Admiral Moreell sagte den Gewerkschaftsmitgliedern, er habe einen Job für sie, einen verdammt wichtigen Job. Sie müssten sich keine Sorgen machen: Es gehe nicht ums Salutieren, ums Schuhe-Polieren-bis-sie-glänzen oder ums Strammstehen auf dem Kasernenhof. Sie würden nur für eine einzige Sache rekrutiert: schnell zu bauen – mit dem, was da war, ohne Wenn und Aber. Und sie bauten. Sie schlu-

---

[1] Jedes Kapitel beginnt mit einigen persönlichen Worten, um Ihnen zu erläutern, wie mich die Grundidee packte. Im Anschluss lege ich den jeweiligen Gedanken dann Schritt für Schritt dar.

gen Landebahnen in den harten Fels, die in weniger als zwölf Tagen betriebsbereit waren. Nachts, unter Beschuss, reparierten sie die Landebahnen, die die Bomben der Gegner tagsüber in eine Mondlandschaft verwandelt hatten. Das Motto dieser „abgespeckten“ Bautruppe der US Navy oder *Seabees* (von der Abkürzung „CB“ für *Construction Battalions*) bestand aus zwei Wörtern: *Es geht*. Und tatsächlich: Wieder und wieder, Monat für Monat, Verletzter um Verletzter, schafften die *Seabees* das Unmögliche. Kein knackiges Salutieren. Sondern Brücken bauen. Eine Straße bauen. Eine Landebahn bauen. Einfach bauen. *Jetzt.* (1944 erschien sogar ein Film dazu mit dem Titel *Alarm im Pazifik* mit John Wayne in der Hauptrolle.)

1966, zwanzig Jahre nach dem Ende des Zweiten Weltkriegs, in einer heißen Augustnacht landete ich in Danang, Vietnam, und stieg zusammen mit etwa hundert Kameraden des Naval Mobile Construction Battalion 9 (NMCB9) aus einer Lockheed C-141 Starlifter. Ich war ein dreiundzwanzigjähriger Fähnrich der US-Marine, grüner als grün hinter den Ohren. Wir hatten kaum eine halbe Stunde Zeit, anzukommen, als unser Kommandant, ein hartgesottener *Seabee* aus dem Zweiten Weltkrieg, uns junge, gerade eingetroffene Offiziere zusammentrommelte und uns instruierte: Die nächsten neun Monate, sagte er, würden wir Dinge bauen. Sieben Tage die Woche. Von Sonnenaufgang bis Sonnenuntergang. Und wenn nötig die ganze Nacht. Der viermonatige Monsun in Vietnam würde kein Hindernis darstellen. Übeltäter, die die Straßen, die wir bauten, verminten, würden kein Hindernis darstellen. Nichts würde ein Hindernis darstellen. Unsere Aufgabe: bauen, bauen, bauen. Die Materialien würden niemals ausreichen. Die Erdbewegungsmaschinen wären unzulänglich und würden aus dem letzten Loch pfeifen. Egal. Keine Formalitäten. Keine Spucke, kein Polieren.

Einfach nur bauen.

Schnell bauen. Korrekt bauen. Ende der Geschichte. Wir salutierten und sagten tatsächlich im Chor: „*ES GEHT!*“

Meine zwei Dienste und vierzehn Monate in Vietnam waren meine ersten Managementaufgaben. Und sie haben sich eingebrannt: Weg mit dem ganzen Bullshit. Schluss mit den Ausreden. Vergesst die schicken Berichte. Fangt jetzt an. Macht eure Arbeit. Daran hat sich auch fünfzig Jahre später nichts geändert, einschließlich der nervigen Tatsache, dass die Strategie viel zu oft tatsächlich inspirierend ist, es an der Umsetzung aber gehörig hapert.

Erkenntnis im Jahr 1966.

Erkenntnis im Jahr 2018.

Vergesst die glänzende Strategie.

EINFACH MACHEN.
JETZT.
ES GEHT.

Umsetzung – die Geschichte

1.1 Umsetzung in Kürze

Das Duschvorhang-Axiom

Auf einer Gala zu Ehren seines beeindruckenden beruflichen Erfolgs wurde **Conrad Hilton** einmal auf die Bühne gebeten und gefragt, welches die wichtigste Erkenntnis sei, die er in seiner langjährigen und erfolgreichen Karriere gewonnen habe. Seine Antwort in voller Länge:

> **Denken Sie immer daran, den Duschvorhang an der Innenseite der Badewanne zu befestigen.**

Diese Aussage erhält in *Spitzenleistung zahlt sich aus* einen Ehrenplatz. Sie ist sogar die erste Folie in praktisch jeder Präsentation, die ich in den letzten fünf Jahren gehalten habe. Im Hotelgeschäft zählt „Standort, Standort, Standort" (und ein erstklassiger Architekt). Sie locken mich durch die Tür. Es ist jedoch der Duschvorhang, der an der Innenseite der Badewanne befestigt ist, der mich wiederkommen und das Hotel meinen Freunden empfehlen lässt. Geschäftsleute kennen das nur zu gut: Bei der ersten Transaktion verliert man normalerweise Geld. Es sprudelt erst bei der achtzehnten, neunzehnten oder zwanzigsten Transaktion und durch die so wichtige Mundpropaganda und (und hoffentlich auch virale) Maus-zu-Maus-Propaganda.

Und was für Hotels gilt, gilt, nun ja, für alles.

1.2 Umsetzung: fünf Einstellungen

1.2.1 Umsetzung = Strategie

> **Umsetzung *ist* Strategie.**
>
> – Fred Malek

Fred Malek war 1973/74 mein Vorgesetzter im Office of Management and Budget im Weißen Haus. (Vor seiner Zeit im öffentlichen Dienst war er ein sehr erfolgreicher Unternehmer.) Ich bin ihm sehr dankbar, dass er seinen dogmatischen, Hands-on-Ansatz weitergegeben hat. In jedem Gespräch stellte Fred mir unerbittliche, ungeduldige, ja sogar unverschämte Fragen, was als Nächstes geplant sei, und betonte, dass es noch heute weitergehen müsse und ich morgen besser mit konkreten Ergebnissen aufwarten solle.

Vielleicht haben wir durch dieses mächtige „Primat des Handelns", wie ich es später nennen werde, ein paar strategische Chancen verpasst. Freds Team hatte jedoch diesen beinahe ehrfurchtsgebietenden Ruf, in einem Labyrinth der Staatsbürokratie und sogar in den Sälen des Kongresses das Unmögliche möglich zu machen. Ich bin ein entschiedener Gegner des Managements durch Einschüchterung, aber ich muss zugeben, dass allein die Vorstellung, Fred sagen zu müssen, ich wisse nicht so genau, was Soundso denkt, mich einmal dazu bewogen hat, eine extrem anstrengende 48-stündige Reise von Washington nach Bangkok und wieder zurück auf mich zu nehmen, um ihm aus nächster Nähe die Reaktion unseres Botschafters auf ein geplantes Drogenverbot mitteilen zu können, mit dem wir demnächst in die Öffentlichkeit gehen wollten.

1.2.2 Es einfach halten

> **Costco hat sich auf die großen, einfachen Dinge konzentriert und diese mit totaler Hingabe umgesetzt.**
>
> – Charles Munger, Vice Chairman von Berkshire Hathaway

Präzise: Einfach. Hingabe. Umsetzen.

Genau richtig.

(Übrigens: Costocs Performance ist außergewöhnlich.)

1.2.3 Das Mantra von Jack Welch

> **In der Praxis ist Strategie eigentlich ziemlich einfach. Man entscheidet sich für eine grobe Richtung … und setzt die Dinge dann wie ein Wahnsinniger um.**
>
> – Jack Welch

Der frühere CEO von General Electric, Jack Welch, und der Begriff „strategisches Genie“ wurden in Erzählungen von Management-Gurus synonym verwendet. Das gängige Narrativ war allerdings mehr oder weniger reine Fiktion. Wer bei GE eingestellt wurde, lieferte. Oder nicht. „Oder nicht“ war dann allerdings nicht lange bei GE.

Interessant ist auch die Definition von „Strategie“, die Welch verwendet: „grobe Richtung“. Darauf würde ich antworten: „Amen.“ Eine ausgefeilte Strategie ist Unsinn. Man bewegt sich in diese grobe Richtung und währenddessen ändern sich die Rahmenbedingungen immer und immer wieder. Mit diesen Veränderungen Schritt zu halten ist das Geheimnis des Erfolgs. Und äußerst selten. Vorausgesetzt, man nutzt seine Chancen, kommt man überhaupt ungefähr da raus, wo man ursprünglich hinwollte. In neun von zehn Fällen ist das etwas Gutes.

(Unmittelbar nachdem Welch das Ruder bei GE übernommen hatte, strich er die Stellen der für die strategische Planung zuständigen Mitarbeiter der Unternehmenszentrale. Der von den Mitarbeitern erstellte Wälzer wurde ersetzt durch ein oder zwei Seiten, entworfen von der Person, die für die Umsetzung verantwortlich war.)

1.2.4 Amateure und Profis

Erinnern wir uns noch einmal an das Zitat aus der Einleitung:

> **Amateure reden über Strategie. Profis reden über Logistik.**
>
> – General Omar Bradley, Kommandeur der US-Truppen, während des D-Day

Auch hier: AMEN.

Dieser Grundsatz von General Bradley bringt mich vor Freude regelmäßig zum Lächeln/Grinsen/Weinen! Ich möchte hinzufügen, dass ich ihn für einen praktischen Leitsatz halte, nicht für einen cleveren Spruch. Das Bradley-Axiom ist seit Langem ein militärisches Grundprinzip. Den Treibstoff für die Panzer zur richtigen Zeit am richtigen Ort bereitzustellen entscheidet auf dem Schlachtfeld über Sieg oder

Niederlage und es ist das wichtigste Anliegern der Generäle, die Schlachten gewinnen. Im Privatsektor, bei kleinen und großen Unternehmen, gilt dies genauso.

1.2.5 Das tolle Gefühl, Dinge zu erledigen

> **Durchführen ist die wichtigste Aufgabe eines Unternehmensführers. Die ersten Dinge, auf die ich [bei einem Bewerber] achte, sind Energie und Begeisterung für die Durchführung. Spricht er darüber, wie aufregend es ist, Dinge durchzuführen, oder spricht er lieber über Strategie und Unternehmensphilosophie? Geht er genauer auf die Hindernisse ein, die er bereits überwunden hat, die Rolle, die ihm unterstellte Mitarbeiter spielten?**
>
> – Larry Bossidy und Ram Charan: *Managen heißt machen*[2]

Das ist verblüffend einfach. Um es noch einfacher zu machen: Menschen, die über Umsetzung – oder Durchführung – reden, setzen dann auch eher um als andere. Und umgekehrt. Das ist eine tolle Geschichte und ein hervorragender Einstellungstipp. Theoretiker? Oder Pragmatiker? Jemand, dem Menschen wichtig sind? Oder nicht? Wenn ein Bewerber nicht voller Stolz und Zuneigung von seinen Mitarbeiterinnen und Mitarbeitern spricht, rate ich Ihnen, die Finger von ihm zu lassen.

Meine Empfehlung:

Lesen Sie dieses Zitat zweimal.

Handeln Sie danach.

Machen Sie es zum Standard und setzen Sie es um.

1.3 Es gibt kein Zurück: Ulysses S. Grant

> **Wenn ich irgendwo hingegangen bin oder irgendetwas gemacht habe, hatte ich immer den Aberglauben, nicht umzukehren oder aufzuhören, bevor ich das, was ich mir vorgenommen hatte, auch erledigt hatte.**
>
> – Ulysses S. Grant

[2] Bossidy war Vice Chairman von GE und anschließend CEO von AlliedSignal. Charan ist seit vielen Jahren als Wirtschaftsberater und Autor tätig.

Die Kunst der Kriegsführung ist einfach. Finden Sie heraus, wo der Feind ist. Nähern Sie sich ihm so schnell wie möglich. Greifen Sie ihn so hart und so oft wie möglich an und bleiben Sie immer in Bewegung.

– Ulysses S. Grant

Grant hatte eine extreme, fast krankhafte Abneigung dagegen, umzukehren. Wenn er sich einmal auf den Weg gemacht hatte, würde er sein Ziel auch erreichen, ungeachtet der Hindernisse. Diese Eigenart machte ihn zu einem solch beeindruckenden General. Grant machte immer weiter. Ein Zurück gab es für ihn nicht.

– Michael Korda: *Ulysses S. Grant – The Unlikely Hero*

Grant verwirrte den Feind – seine Truppen waren ständig in Bewegung. Wie es der Autor Josiah Bunting in *Ulysses S. Grant* formuliert, besaß der General ein „fast unmenschliches Desinteresse für Strategie".

FASSEN WIR ZUSAMMEN:

- Kein Interesse an großen Strategien.
- Weitermachen, bis die Sache erledigt ist.
- Nichts verkomplizieren.
- Die nächste Sache in Angriff nehmen.

Grant, den ich wirklich sehr bewundere, war ein Mann der Tat, umgeben von *! Prokrastinatoren (etwa seinem Vorgänger, General George McClellan). Grant war nicht nur davon besessen, sich ständig vorwärts zu bewegen; er galt auch als außerordentlich gnadenlos. Dank dieser beiden Charakterzüge, die ihn zum Lieblingsgeneral von Präsident Lincoln machten, gewannen die amerikanischen Truppen den Unabhängigkeitskrieg. Dabei ging es nicht immer schön zu. Von Zeit zu Zeit war es sogar ziemlich hässlich. Aber Grant hielt durch, stieß immer weiter vor, war ständig in Bewegung, wich nie mehr als ein paar Zentimeter zurück – egal wie aussichtslos die Lage war – und machte seinen Job.

PROKRASTINATION = DAS VERSCHIEBEN, AUFSCHIEBEN VON ANSTEHENDEN AUFGABEN, TÄTIGKEITEN.

1.4 Vorstellungsgespräche: *WIR* schlägt *ICH*

Untersuchen Sie genau, wie oft die Wörter *ich* und *wir* im Verlauf eines Vorstellungsgesprächs verwendet wurden.

– Leonard Berry und Kent Seltman: „Hiring for Values" (Kapitel 6), in: *Management Lessons from Mayo Clinic. (Dieses Buch ist ein Meisterwerk über Best Practices im Gesundheitswesen und allgemein.)*

Was für eine simple Idee: zu zählen, wie häufig ein Bewerber im Vorstellungsgespräch *ich* oder *wir* sagt. Aber so außerordentlich wichtig. Der Akteur in diesem Beispiel, die Mayo Clinic, hat sich im Bereich Medizin, aber auch darüber hinaus einen Namen gemacht, weil sie seit einem Jahrhundert (erstmals erwähnt von William Mayo im Jahr 1914) auf kooperative Medizin setzt. Die Klinikverantwortlichen haben herausgefunden, dass unter anderem die Häufigkeit, mit der ein Bewerber im Vorstellungsgespräch die Wörter *ich* oder *wir* verwendet, ein ziemlich verlässlicher Indikator dafür ist, ob sich die Person in Zukunft um ihre Mitarbeiter kümmert oder eher auf sich selbst fixiert ist. All das ist zentral für das Thema Umsetzung, das ultimative „Wir-Geschäft".

Hinweis: Diese Ich/Wir-Messung findet immer Anwendung (zum Beispiel auch, wenn sich eine Arzt-Koryphäe in der Mayo Clinic bewirbt).

Ich bin hier hundertmal besser [als in meiner früheren Klinikstelle]. Das liegt an der systematischen Unterstützung. Es ist, als würde man in einem Organismus arbeiten; man ist kein Einzeller, wenn man da draußen im Einsatz ist.

– Dr. Nina Schwenk: „Practicing Team Medicine" (Kapitel 3), in: Leonard Berry und Kent Seltman: *Management Lessons from Mayo Clinic*

Hundertmal besser, wenn Sie es gern genau nehmen. Das ist natürlich übertrieben, aber auf jeden Fall eine tolle Sache – und ein tolles Lob für die „kooperative Medizin" von Dr. Mayo (die in den meisten Krankenhäusern bislang leider Fehlanzeige ist).

1.5 Der Meister spricht: Peter Drucker über wahres „Topmanagement“

Der Chef einer großen Managementberatung fragte einmal: „Und wofür werden Sie bezahlt?“ Seinen Angaben zufolge antwortete die große Mehrheit etwa: „Ich leite das Rechnungswesen“ oder „Ich bin für den Vertrieb zuständig.“ Nur wenige sagten: „Ich bin dafür zuständig, unseren Managern die benötigten Informationen zu beschaffen, damit sie die richtigen Entscheidungen treffen können.“ Oder: „Ich bin dafür verantwortlich, herauszufinden, welche Produkte der Kunde in Zukunft will.“ Derjenige, der seine Autorität über die ihm Unterstellten betont, ist selbst ein Untergebener, egal wie hoch seine Position oder sein Titel. Derjenige aber, der darüber spricht, welchen Beitrag er leisten kann, und Verantwortung übernimmt, gehört im wahrsten Sinne des Wortes zum „Topmanagement“, auch wenn er auf einer niedrigeren Ebene arbeitet. Er hat seine Verantwortung für das Ganze erkannt.

– Peter Drucker

Die richtige Einstellung und ein Verantwortungsgefühl sind *viel* wichtiger als die Position. Dies ist eine wirklich zentrale Aussage. Sie ist tatsächlich mein Lieblingszitat von Drucker (und das will etwas heißen, denn ich kenne Druckers Bücher sehr gut). Besonders gut gefällt mir der Gedanke, dass auch ein Manager der untersten Ebene in Druckers Augen zu einem Topmanager wird, wenn er sich auf das konzentriert, was er zum großen Ganzen beiträgt.

1.6 Das größte Hindernis auf dem Weg der Umsetzung beseitigen

1.6.1 Funktionsübergreifende Spitzenleistung

Schlechte funktionsübergreifende Koordination und Kommunikation IST DER HAUPTGRUND, WARUM ALLES LÄNGER DAUERT.

Eine dogmatische Aussage, keine Frage, aber nach fünfzig Jahren Beobachtung und Praxis doch etwas, das ich mit voller Überzeugung sage. Deshalb ist es auch so wichtig, nach funktionsübergreifender Spitzenleistung (oder XFX – von *cross functional excellence*) zu streben:

Ich bin davon überzeugt, dass in den meisten Unternehmen mit – sagen wir – mehr als zwölf Mitarbeitern eine fehlende abteilungsübergreifende Kommunikation und Integration der Hauptgrund für Verzögerungen, Umsetzungsfehler im Allgemeinen, ängstliche Mitarbeiter und wütende Kunden ist.

ERSTE WICHTIGE ERGÄNZUNG: Neuartige Organisationsformen – und mögen sie auch noch so extravagante Namen haben und von einer Softwarearchitektur flankiert sein – haben klassische Bereiche wie das Rechnungswesen oder die Technik bislang nicht ersetzt und werden es auch in Zukunft nicht tun. Glauben Sie mir. Die neue Software kann die Sache sogar noch verschlimmern: Die damit einhergehende Depersonalisierung („Lassen wir das die Software machen") ist der Todesstoß für eine funktionsübergreifende Koordination, die echten Mehrwert schafft.

ZWEITE WICHTIGE ERGÄNZUNG: Derzeit weit verbreitet ist das Argument, fluide, projektteamgesteuerte Unternehmen würden in Zukunft Abteilungen überflüssig machen. Auch wenn ich den Begriff „Abteilung" nicht mag (ich bevorzuge „interne professionelle Servicefirma" – PSF, siehe Kapitel 12.2.9), glaube ich, dass genau das Gegenteil zutrifft: Unternehmen streben heute – richtigerweise – danach, ihr geistiges Eigentum kontinuierlich zu vermehren. Und dazu ist eines ganz wichtig: die Konzentration spezialisierter Fachkräfte – was letztlich nur eine andere Formulierung für „Abteilung" oder „PSF" ist.

Insofern kann man leider mit Fug und Recht behaupten, dass unsere INTERNEN Hürden – nicht die Gerissenheit unserer Mitbewerber – das größte Hindernis für effektive Umsetzung und damit für Wettbewerbsfähigkeit sind. Ich vermute, dass Sie dem in der Theorie durchaus zustimmen würden. Aber sind Sie auch bei mir, wenn ich behaupte, dass das tägliche obsessive Streben nach funktionsübergreifender Spitzenleistung bzw. XFX die größte *strategische Chance* ist, wie ich es, ohne zu übertreiben, nenne? Ich sollte noch hinzufügen, dass es beim Streben nach XFX nicht so sehr um die Korrektur von Negativem geht (Koordinationsprobleme beheben), sondern darum, die Basis für einen nachhaltigen Wettbewerbsvorteil zu schaffen – das ultimative Positive. (Auf die Gefahr hin, dass ich mich wiederhole: Bei XFX geht es nicht in erster Linie um „Beenden wir endlich diesen elenden Streit zwischen Einkauf und Rechnungswesen", sondern Ziel ist es, sagen zu können: „Durch ihre Zusammenarbeit steigern die Mitarbeiterinnen und Mitarbeiter im Einkauf und im Rechnungswesen sowohl die operative Performance als auch die Profitabilität, und zwar durch Innovationen und eine beherzte, koordinierte Umsetzung."

1.6.2 Wenn XFX eine so einzigartige Chance ist, wo beginnen?

Ganz einfach: VERSCHWENDEN SIE NIEMALS EIN MITTAGESSEN!

Mittagessen = das beste Mittel zur Reduktion funktionsübergreifender Reibungsverluste

Mittagessen?
Strategisch bedeutsam?
Ja!

FOLGE/AUFGABE: Etablieren Sie ein formales strategisches Diversity-Programm fürs Mittagessen.

AKTIONSPUNKT/ANTEIL DER FUNKTIONSÜBERGREIFENDEN MITTAGESSEN: Messen Sie, wie viele funktionsübergreifende Mittagessen (also Mittagessen mit Personen, die nicht zu Ihrer Abteilung gehören) Sie pro Monat haben. Diese Kennzahl sollte in die formalen Mitarbeiterbewertungen einfließen.

Ungeachtet der Ausnahmen (siehe Kommentar oben) *kann* hervorragende Systemsoftware die funktionsübergreifende Koordination unterstützen. XFX ist jedoch vor allem „Beziehungssache". Das Mittagessen ist ein wesentlicher Bestandteil eines Sets an „funktionsübergreifenden sozialen Acceleratoren". Das heißt, zum Erfolg tragen vor allem weiche/soziale/kulturelle Faktoren bei und weniger eine Erhöhung der Softwareinvestitionen um beispielsweise 5 Millionen Dollar.

1.6.3
XFX = persönlich

> **Persönliche Beziehungen sind der fruchtbare Boden, auf dem jede Form von Fortschritt, Erfolg und Leistung im echten Leben gedeiht.**
>
> – Bein Stein, Investment- und Wirtschafts-Guru

Das gilt 1718, 1818, 1918 und 2018.

(Und wird viel zu häufig als etwas betrachtet, das sich einfach so ergibt, anstatt als ein Nebenprodukt von Sorgfalt und dauerhaften, ja sogar kalkulierten Bemühungen.)

XFX = persönliche Beziehungen

1.6.4
XFX ist sozial/Die sozialen Acceleratoren funktionsübergreifender Spitzenleistung

Mittagessen. Persönliche Beziehungen. Funktionsübergreifende Spitzenleistung ist eine *soziale* Angelegenheit, sie war dies schon immer und wird es immer sein. In diesem Sinne präsentiere ich Ihnen im Folgenden eine Liste *sozialer Acceleratoren*, wie ich sie nenne – eine Sammlung „weicher" Ideen, die zusammengenommen viel zu funktionsübergreifender Spitzenleistung beitragen. Und zwar:

1. **AUFGABE NR. 1 FÜR ALLE:** Lernen Sie Leute in anderen Abteilungen kennen!
2. Gehen Sie regelmäßig mit Kolleginnen und Kollegen aus anderen Abteilungen zum Mittagessen.
3. Laden Sie wie verrückt Kollegen aus anderen Abteilungen zu Ihren Teammeetings ein und binden Sie sie aktiv in die Diskussion ein. Bitten Sie sie, interessante Dinge aus ihrer Welt zu präsentieren. (Nützlich. Zeichen des Respekts.)
4. Sammeln Sie bewusst kleine Beispiele für funktionsübergreifende Spitzenleistungen und würdigen Sie sie persönlich für sich und vor versammelter Mannschaft.
5. Verleihen Sie Kolleginnen und Kollegen aus anderen Abteilungen Preise für die Unterstützung, die sie Ihrem Team geleistet haben – mindestens einmal pro Woche kleine Preise und einmal im Jahr ein Festmahl für die Star-Supporter.
6. Wenn ein Kollege aus einer anderen Abteilung Sie um Hilfe bittet, zeigen Sie *mehr* Einsatzbereitschaft, als wenn es ein Kollege aus dem Nebenbüro oder ein externer Kunde wäre.

7. **SPRECHEN SIE NIEMALS ABSCHÄTZIG** über Kolleginnen und Kollegen aus anderen Abteilungen, etwa „die verdammten Buchhalter" oder „der blöde Typ aus der HR". Nie.
8. Etablieren Sie eine „Adhocratie" als Standardverfahren. Um drängende Probleme anzugehen, sollten ad hoc kleine funktionsübergreifende Teams gebildet werden.
9. Neue Mitarbeiter sollten bereits nach einigen Tage mit der Leitung eines Teils eines Projekts betraut sein und mit Kollegen aus anderen Abteilungen zusammenarbeiten. Dadurch wird die funktionsübergreifende Zusammenarbeit so selbstverständlich wie die Luft zum Atmen.
10. Versuchen Sie Ihr Möglichstes, um für jeden Ihrer Mitarbeiter eine vorübergehende Tätigkeit irgendwo im Rechnungswesen zu finden. (Lernen Sie die „Zahlenleute" kennen – das sollte vielleicht Karrieretipp Nr. 1 sein.)
11. „Bringen Sie die Leute an die Front." Sorgen Sie dafür, dass Ihre Mitarbeiter möglichst regelmäßig Kundenkontakt haben. Solche Gelegenheiten sind einzigartige Motivatoren, denn Ihre Mitarbeiter sehen buchstäblich, was ihre Arbeit bewirkt.
12. Jeder einzelne Mitarbeiter, angefangen bei den Leuten am Empfang, sollte eine Bewertung für Spitzenleistung erhalten. Machen Sie *XFX Performance* zu einem der drei wichtigsten Bewertungskriterien in *jeder* Managementevaluation.
13. Jeder Bereich sollte formal von den anderen Abteilungen hinsichtlich seiner Nützlichkeit, Wirksamkeit und Wertschöpfung für das Unternehmen als Ganzes bewertet werden.
14. Vor allem Topmanager sollten regelmäßig Erfahrungen im Bereich Spitzenleistung sammeln. Das US-Militär verlangt zum Beispiel von allen angehenden Generälen und Admirälen, dass diese einen vollen Dienst in einem Beruf ableisten, in dem es nur um funktionsübergreifende Leistungen geht.
15. *Spitzenleistung!* Es gibt ein erhabenes Stadium von Spitzenleistung. Werben Sie dafür. Verfolgen Sie es. Machen Sie es zu Ihrem obersten Ziel.

1.6.5
XFX: Vorschlag für einen Zusatz zum Werteprofil

Wenn funktionsübergreifende Spitzenleistung tatsächlich so wichtig ist, wie ich behaupte, hat sie einen Platz in der Stratosphäre verdient und damit im Wertekanon eines Unternehmens. Wie wäre es hiermit:

Wir werden nicht ruhen, bis unsere Abteilungen so nahtlos miteinander interagieren und kommunizieren, dass sie eine primäre Quelle der Wertschöpfung darstellen. Jeder einzelne Mitarbeiter soll in seiner täglichen Arbeit mit Leidenschaft zu einer

EXZELLENTEN funktionsübergreifenden Integration beitragen.

Ich wiederhole: Der Sinn dieser Ausführungen bestand darin, Ihnen zu verdeutlichen, dass funktionsübergreifende Spitzenleistung vermutlich die mit Abstand **BESTE** Möglichkeit zur strategischen Differenzierung ist. Die meisten mögen dieser Aussage zwar zustimmen, in der täglichen Arbeit ist XFX jedoch selten sichtbar und selten Bestandteil jeder Agenda. Deshalb plädiere ich für …

SICHTBARE,
KONTINUIERLICHE,
MESSBARE
BESESSENHEIT.

1.7

1.7.1 Umsetzung/Abschließende Überlegungen I: Planen Sie Zeit für die How-tos ein

> **Durchführung ist ein SYSTEMATISCHER PROZESS, bei dem das Wie und das Was gründlich erörtert, die Dinge hinterfragt und dann beharrlich umgesetzt werden und jemand die Verantwortung übernimmt.**
>
> – Larry Bossidy und Ram Charan: *Managen heißt machen*

Daraus folgt zum Beispiel: Sieht die nächste Präsentation, die Sie halten, mehr Zeit für die Umsetzung vor als für die Problemanalyse? (Messen Sie es!)

1.7.2 Umsetzung/Abschließende Überlegungen II: Politik muss man mögen

Bei jeder Art von Umsetzung geht es um Politik. Wenn Sie Politik nicht mögen, sollten Sie niemals auch nur das kleinste Projekt leiten. *Politik* ist kein schmutziges Wort für ein schmutziges Thema. „Politik", um es mit den Worten Otto von Bismarcks zu sagen, „ist die Kunst des Möglichen".

Als ich diesen Abschnitt verfasste, hatte ich gerade mit einem Freund gesprochen, der ein unglaublich erfolgreiches Tech-Unternehmen in L.A. leitet. Zu seinen Kunden zählen extrem hartgesottene Unternehmen wie die Walt Disney Company. Er ist wahrlich nicht mehr der Jüngste und ich fragte ihn, warum er sich das alles noch antue. Jeden Monat fliegt er zweimal von der Ostküste quer durchs Land. Er sagte mir, er liebe die Herausforderung, immer ganz vorn mit dabei zu sein, die die sich ständig verändernde Tech-Szene biete. Dann fügte er zu meiner Überraschung noch hinzu: „Weißt du, Tom, was mir wirklich Freude bereitet, ist das ständige Hin und Her mit unseren Kunden. Ich mag es einfach, Teile zusammenzufügen und mich durch das Wirrwarr der internen Richtlinien unserer Kunden zu kämpfen."

Mit anderen Worten: Sich durchzubeißen und sein Ding zu machen beflügelt ihn.

Klingt absurd? Für mich nicht. Den meisten Leuten, die ich kenne, versetzt dieses Durchwurschteln einen regelrechten Kick. Im Zusammensetzen der Teile dieses menschlichen/politischen Puzzles finden sie ihr wahres Talent. Fragen Sie sich bei zukünftigen Beförderungen deshalb immer: Reizt es die Person, in einem chaotischen Umfeld mit den unterschiedlichsten Richtlinien zu arbeiten? Oder beschwert sie sich, dass „hier jede noch so kleine Sache politisch ist"?

Logische Folge: In der Praxis gilt für die Umsetzung …

EQ >>> IQ.

Das heißt: EQ (emotionale Intelligenz) ist für die Umsetzung wichtiger als der klassische IQ (Intelligenzquotient). Damit will ich keinesfalls das Lehrbuchwissen, das ein Aspekt von Intelligenz ist, kleinreden. Ich möchte lediglich zeigen, dass es bei erfolgreicher Führung vor allem darauf ankommt, sich mit Gefühl seinen Weg durch das Menschen-und-Politik-Puzzle zu bahnen.

1.7.3 Umsetzung/Abschließende Überlegungen III: Reden Sie Klartext

DAS EISERNE GESETZ DER UMSETZUNG

Je mehr Sie über Umsetzung sprechen, desto eher passiert etwas. Wenn Sie nicht darüber sprechen, passiert auch nichts.

Kann das so einfach sein?
Ja, ziemlich sogar.

Übrigens: Das lässt sich direkt in einen Action Item überführen. Und es beginnt heute. Messen und analysieren Sie Ihre Gespräche und Meetings: Geht es in erster Linie um die Umsetzung, um „Wer macht was als Nächstes"? Wird das auf Papier festgehalten und direkt im Anschluss auch in der schriftlichen Kommunikation immer wieder betont?

1.7.4 Umsetzung/Abschließende Überlegungen IV: Etwas für die Ewigkeit

Die folgende Szene stammt aus einer Sendung des National Public Radio und wurde auf meinem Blog tompeters.com veröffentlicht:

Ein Mann näherte sich J. P. Morgan, hielt einen Briefumschlag in die Höhe und sagte: Mein Herr, in meiner Hand halte ich eine garantierte Erfolgsformel, die ich Ihnen gern für 25.000 Dollar verkaufe."

„Mein Herr", erwiderte J. P. Morgan, „ich weiß zwar nicht, was sich in dem Umschlag befindet. Wenn Sie mir jedoch den Inhalt zeigen und er mir gefällt, zahle ich Ihnen, was Sie verlangen. Darauf gebe ich Ihnen mein Ehrenwort."

Der Mann willigte ein und händigte den Briefumschlag aus. J. P. Morgan öffnet ihn und zog einen Zettel heraus. Er warf einen flüchtigen Blick darauf, dann gab er ihn dem Mann zurück. Und zahlte ihm die versprochenen 25.000 Dollar.

Auf dem Zettel stand:

1. Machen Sie sich jeden Morgen eine Liste mit den Dingen, die Sie an diesem Tag erledigen müssen.
2. Erledigen Sie die Dinge.

1.7.5 Umsetzung/Abschließende Überlegungen V: Sehr wenig = sehr viel

> ***Weil ein Nagel fehlte, ging ein Hufeisen verloren.***
> ***Weil ein Hufeisen fehlte, ging ein Pferd verloren.***
> ***Weil ein Pferd fehlte, ging ein Reiter verloren.***
> ***Weil ein Reiter fehlte, ging eine Schlacht verloren.***
> ***Weil eine Schlacht verloren ging, ging das Königreich verloren.***
> ***Und all das, weil ein Nagel am Hufeisen fehlte.***
>
> – Sprichwort aus dem 14. Jahrhundert

(Na, erinnert Sie das irgendwie an Conrad Hilton, mit dem wir dieses Kapital begonnen haben, und seinen Ratschlag, den Duschvorhang immer an der Innenwand der Badewanne zu befestigen?)

Spitzenleistung

TEIL III

2 Spitzenleistung sind die nächsten fünf Minuten

Meine Geschichte

Nennen wir sie „Die Sage vom Computerabsturz am Karfreitag“ oder „Ballett inspiriert Businesswelt“

Es war die Osterwoche im Jahr 1987. In der Niederlassung von McKinsey & Co. in San Francisco, wo ich damals als Berater arbeitete, beschloss der Hauptcomputer, den Geist aufzugeben – sechsunddreißig Stunden, bevor unser Managing Director dem Topmanagement von Dart Industries in Los Angeles einen Bericht über ein wichtiges Projekt abliefern sollte.

Ohne Computer war es seinem Team unmöglich, die Art von Präsentation vorzubereiten, die er sich wünschte. Ich für meinen Teil arbeitete gerade wie verrückt an einem Projekt für die New Yorker Zentrale unserer Firma. Obwohl ich wirklich begeistert davon war, trug es den langweiligen Titel „Steigerung der organisatorischen Effektivität“. John Larson, der Chef unserer Niederlassung in San Francisco, kam verzweifelt auf mich zu (Dart war ein extrem wichtiger Kunde) und fragte in etwa: „Kannst du etwas Kurzes, aber Schönes vorbereiten, das Dart zufriedenstellt und mir aus der Klemme hilft?“

„Klar“, sagte ich wie aus der Pistole geschossen. Wer möchte seinem Chef nicht aus der Klemme helfen?

Zeit hatte ich so gut wie keine, deshalb wollte ich unbedingt sofort loslegen. Für den Abend, als die Aufgabe auf meinem Schreibtisch landete, hatten meine Frau und ich allerdings Karten für das San Francisco Ballett. Um eine weitere Auseinandersetzung über „Schon wieder hast du etwas vergessen, was mit wichtig ist“ zu vermeiden, trottete ich also zur Oper, wo das Ballettensemble auftrat. Obwohl ich ein Ballettneuling war und extrem unter Strom stand, verzauberte mich die Vorstellung in ihrer Schönheit und Anmut.

Gegen 22:30 Uhr war ich wieder zu Hause und setzte mich pflichtbewusst, aber noch ganz benommen, an den Schreibtisch, um die Präsentation für Dart zusammenzustellen. Ich habe keine Ahnung, was dann geschah. Ich weiß nur noch, dass ich – ausgestattet mit einem Kugelschreiber und emotional noch völlig aufgewühlt von der Erinnerung an die prachtvolle Ballettaufführung – eine erste Seite entwarf, auf nur ein einziges Wort in Großbuchstaben stand: SPITZENLEISTUNG.

Sie sehen, ich hob ab auf das, was in Unternehmen nicht gut funktioniert und was man dagegen tun kann. Das war auch das Thema meiner kurz zuvor (1977) fertiggestellten Abschlussarbeit an der Stanford Business School. Und ich glaube, was mir damals durch den Kopf ging, war in etwa Folgendes: „Mensch, wir verbringen die meiste Zeit des Tages – unseres Lebens, um ehrlich zu sein – in Unternehmen. Was wäre, wenn wir uns dabei gut statt schlecht fühlen würden (laut Umfragen mögen 30 Prozent der Menschen ihren Job)“? Mit der herrlichen Ballettaufführung vor Augen argumentierte ich folgendermaßen:

Ballett ist ein organisiertes menschliches Bestreben, das Schönheit und Anmut hervorbringt – im besten Fall sogar Exzellenz – und die Zuschauer begeistert. Warum zum Teufel kann der Arbeitsalltag nicht genauso sein? Warum bringt man Formulierungen wie „beeindruckende Performance“ ausschließlich mit Ballettensembles, Footballteams oder den Laboren des MIT in Verbindung, nicht aber mit einer vierungszwanzigköpfigen Einkaufsabteilung?

Das heißt …

Warum können wir „Spitzenleistung“ und „Unternehmen“ nicht im selben Atemzug verwenden?

Absurde Frage!

(Rückblickend.)

Natürlich können wir!

Am Karfreitag 1978 hielt ich dann meine Präsentation. Sie kam gut an, und mein Chef war zufrieden. Ich kann nicht behaupten, dass man in der Vorstandsetage von Dart in L.A. die Engelchöre hat singen hören. Was ich aber sagen kann, ist, dass bei mir ein Schalter umgelegt wurde. Ja, der Begriff „exzellente Unternehmensorganisation“ muss kein Widerspruch sein.

Der Gedanke, dass Unternehmen SPITZENLEISTUNG erbringen können, ist viele Jahre eingesickert und hat meine umfangreichen Untersuchungen bei McKinsey beeinflusst. Schließlich hat er es auf den Titel des Buches *Auf der Suche nach Spitzenleistungen – Was man von den bestgeführten US-Unternehmen lernen kann* geschafft, das ich 1982 gemeinsam mit Bob Waterman veröffentlichte. Um das Ganze hier abzukürzen: Viele Leute haben das Buch gekauft. Dafür gab es zahlreiche Gründe, unter anderem gutes Timing: Der US-Wirtschaft ging es schlecht, und Geschäftsleute hatten es satt, in Bestsellern wie *The Art of Japanese Management* zu lesen, dass der einzige Ausweg darin bestehe, die Japaner zu kopieren. (Um Himmels willen! Zu diesem Zeitpunkt gab es praktisch keinen CEO, dessen

Vater nicht im Zweiten Weltkrieg gekämpft hatte.) Wie auch immer: Ich glaube, ein weiterer wichtiger Grund für den Erfolg unseres Buches bestand darin, dass wir diese Wörter „Unternehmen" und „Spitzenleistungen" miteinander kombinierten.

Unternehmen (und Arbeit) können aufregend sein.
Unternehmen (und Arbeit) können begeistern.
Unternehmen (und Arbeit) können EXZELLENT sein.

Leistung aus Leidenschaft – der Titel meines zweiten Buches, das ich 1985 mit Nacy Austin schrieb, ist auch vierzig Jahre später noch aktuell, wie wir in diesem Kapitel sehen werden. Die Handlung verläuft nicht linear und gipfelt nicht in einem Aha-Moment. Vielmehr zeige ich Ihnen vierzehn Momentaufnahmen von Spitzenleistung – für mich eine der besten Möglichkeiten, Unternehmen und Personen zu beschreiben, die ihre Sache tipptopp (exzellent!) machen.

(Übrigens: Im Jahr 2000 erschien ein Buch mit dem Titel *Die 75 besten Managemententscheidungen aller Zeiten*, in dem Menschen wie Julius Caesar, Ted Turner, Henry Ford und Warren Buffett vorkamen. Auf Platz 48 der Liste tauchte – zu meiner Verblüffung – die spontane Entscheidung von John Larson auf, mich mit der Präsentation für Dart Industries am Karfreitag 1978 zu beauftragen. *Spitzenleistung* war also in der Geschäftswelt angekommen!)

Spitzenleistung – die Geschichte

2.1

2.1.1 Spitzenleistung im Management ist ein großartiger menschlicher Erfolg

„*Management*", wie es weitläufig verstanden wird, ist ein dröger, mechanischer, enger Begriff. Sehen Sie sich stattdessen bitte einmal folgende umfassendere, genauere und erfüllendere Definition an: „Management *ist die Gestaltung und Förderung menschlicher Angelegenheiten beim Streben nach einem gewünschten und gesellschaftlich lohnenswerten Ergebnis.*"
Beim Management geht es nicht um Theorie X oder Theorie Y, um „top down" oder „bottom up". Management beschäftigt sich mit

dem Kern menschlichen Verhaltens, damit, wie wir unsere gemeinsamen Anstrengungen so organisieren, dass wir überleben, uns anpassen und – so hoffen wir – Erfolg haben und persönlich wie unternehmerisch Spitzenleistung erzielen.

Warum ich das Kapitel mit diesen Ausführungen beginne? So komisch es klingen mag: Ich versuche, die bleibende Bedeutung sowie die moralische und künstlerische Natur des Managements hervorzuheben. Das heißt, ich möchte verdeutlichen, dass gutes Management und SPITZENLEISTUNG im Management die größten menschlichen Erfolge sind (d. h. durch die Entwicklung meiner Mitmenschen beeindruckende und lohnenswerte Dinge zu erreichen). Klingt eindrucksvoll? Zugegeben, aber ich möchte, dass Sie als Führungskraft ihren nächsten Tag im Büro als Chance begreifen, nach nichts weniger als Spitzenleistung zu streben bei der Art und Weise, wie Sie die menschlichen Angelegenheiten organisieren, und dadurch Ihre Mitarbeiter und die Welt ein bisschen besser machen. Nebenbei ist das auch die beste Möglichkeit, zu wachsen, einigermaßen sichere Jobs zu schaffen und Gewinn zu erzielen.

2.1.2 Spitzenleistung oder nicht

WAS IST MANAGEMENT FÜR SIE? IHRE ENTSCHEIDUNG …

MANAGEMENT ALS EXTREM NERVIG. Jemand muss es tun. Frustrationsventil für die über einem, griesgrämige Mitarbeiter unter einem. Wenn es schlecht läuft, ist das Management schuld. Wenn es gut läuft, ernten die großen Bosse die Lorbeeren.

MANAGEMENT ALS GRÖSSTE MENSCHLICHE LEISTUNG. Die größte Chance im Leben, die man haben kann. Mittel- und langfristiger Erfolg ist nichts weniger und nichts mehr als eine Funktion der eigenen Hingabe zu seinen Mitarbeitern und der Effektivität, mit der man sie dabei unterstützt, sich zu entwickeln und zu entfalten – als Individuen und als aktive Mitglieder eines lebendigen, sich selbst erneuernden Unternehmens, das unablässig nach Spitzenleistung strebt.

Mir ist bewusst, dass „die größte menschliche Leistung" ziemlich eindrucksvoll klingt. Es *ist* tatsächlich ziemlich eindrucksvoll. Wirklich. Ich möchte Ihnen zeigen, dass ein Managementjob, jeder Managementjob, alles andere als alltäglich ist. Er ist die einzigartige Chance, das Leben jedes einzelnen Mitarbeiters, der Ihnen unterstellt ist, maßgeblich zu verändern und den Kunden und der Gesellschaft Dienste von unschätzbarem Wert zu erbringen.

Einmal bin ich darüber in einen ziemlichen Streit geraten. Gut, das war beabsichtigt. In einer Präsentation vor zahlreichen Mitarbeitern des Gesundheitswesens sagte ich, dass ein Manager oder eine Managerin de facto mehr Leben retten könne als ein Chirurg oder eine Chirurgin. Damit will ich die lebensrettenden Handlungen eines Chirurgen nicht kleinreden. Im Verlaufe seiner Berufstätigkeit kann der Manager jedoch – manchmal dramatisch – dem Leben Abertausender Menschen eine neue Richtung geben.

Mit dieser Behauptung gebe ich den Ball direkt an Sie ab. Die Chance – „die größte menschliche Leistung" – ist da.

Zur Untermauerung: In einer Oscar-Rede sagte der mittlerweile verstorbene Regisseur Robert Altman einmal:

> **Aufgabe des Regisseurs ist es, einen Raum zu schaffen, in dem die Schauspielerinnen und Schauspieler über sich hinauswachsen können und mehr sein können, als sie sich jemals zugetraut hätten.**

Das deckt sich fast wortwörtlich mit meiner Sichtweise. Lesen Sie das Zitat bitte noch einmal. Halten Sie inne. Lassen Sie es auf sich wirken. Ich würde Altmanns Formulierung „mehr als sie sich jemals zugetraut hätten" gar als *tiefgründig* bezeichnen.

2.2 Spitzenleistung: Management ist eine Geisteswissenschaft

Die obigen Ausführungen legen nahe, dass Management letztlich ein geisteswissenschaftliches Unterfangen ist. Diese Beschreibung kommt einem leider kaum in den Sinn, wenn man sich die Managementausbildung, vor allem den MBA, ansieht.

2.2.1 Erfolgreiche Geisteswissenschaftler: Zwanzig Jahre sprechen für sich

Es gibt wenige, die Henry Mintzberg und seinem jahrzehntelangen Bestreben, die Gründe für unternehmerischen Erfolg zu verstehen, das Wasser reichen können. In seinem Meisterwerk *Manager statt MBAs – Eine kritische Analyse* beruft er sich auf Studien, die herkömmliche Annahmen infrage stellen und nahelegen, dass im Verlauf von zwei Jahrzehnten der Nutzen eines geisteswissenschaftlichen Studiums den eines MBAs in den Schatten stellt.

DIREKT NACH DEM STUDIUM werden Absolventen der Wirtschaftswissenschaften oder solche mit einem anderen Berufsabschluss (MBAs, Ingenieure, Anwälte usw.) häufiger zu Vorstellungsgesprächen eingeladen, sie werden öfter eingestellt und haben ein höheres Einstiegsgehalt als Geisteswissenschaftler.

ZWANZIG JAHRE SPÄTER stehen Geisteswissenschaftler jedoch besser da als Wirtschaftswissenschaftler und andere Berufsgruppen. In einem großen Tech-Unternehmen bestand das mittlere Management zum Beispiel zu 43 Prozent aus Geisteswissenschaftlern und nur zu 32 Prozent aus Ingenieuren. Und bei einem großen Finanzdienstleister hatten laut einer Mitarbeiterbefragung 60 Prozent der am wenigsten beliebten Manager einen MBA und 60 Prozent der beliebtesten Manager einen geisteswissenschaftlichen Abschluss.

Ich erinnere mich noch, wie mein Doktorvater in Standford einmal sagte: „Weißt du, wenn unsere Studierenden ihren MBA machen, zählen für sie lediglich 'mehr Finanzen' und 'mehr Marketing'. Wenn sie dann fünfzehn Jahre später für Managementkurse wiederkommen, suchen sie Unterstützung bei Mitarbeiterfragen und beim Thema organisatorische Effektivität." Es sind diese Bereiche, in denen Geisteswissenschaftler glänzen, vermutlich aufgrund ihres stärker katholisch geprägten Hintergrunds, und deshalb kommt es zu den oben genannten Ergebnissen. (Mintzberg empfiehlt tatsächlich einen *Abschluss in Philosophie* als die beste Vorbereitung für Führungskräfte – ohne jegliche Ironie. Ich gebe ihm da absolut recht.)

2.2.2 Peter Drucker über seine wichtigste Aussage: Management als Geisteswissenschaft

Während eines Seminars im Jahr 1999 fragte der Seminarleiter Peter Drucker, der als Begründer der modernen Managementtheorie gilt, was er für seinen wichtigsten Beitrag im Bereich Management erachte. Drucker antwortete:

Ich habe den Schwerpunkt dieser Disziplin auf Menschen und Macht, auf Werte, Struktur und Regeln gelegt und vor allem auf Verantwortung. Das heißt, ich habe das Management immer als eine wahre Geisteswissenschaft betrachtet.

Ich finde, das ist eine erstaunliche Aussage. MBA-Programme konzentrieren sich in der Regel auf quantitative Analysen, denn das ist es, was die Kunden (Studierenden) wollen. Die „weichen Dinge" – Mitarbeiterführung, betrieblich Abläufe – betrachten sie meist als nervige Ablenkung vom Eigentlichen.

Seit einigen Jahren versuche ich in Anlehnung an Druckers Sichtweise, den MBA wegzubekommen vom **Master of Business Administration** hin zu einem **Master of Business Arts**. Wirkliche Erfolge kann ich noch nicht vorweisen, aber in einigen Fällen habe ich zumindest manche Deans und Fakultäten von Business Schools zum Nachdenken gebracht.

2.3 Spitzenleistung: Unternehmensverantwortung – das Wohl der Gemeinschaft steigern

In *Flow im Beruf* argumentiert Mihaly Csikszentmihalyi (bekannt geworden mit seinem Buch *Flow – Das Geheimnis des Glücks*) auf überzeugende Weise, dass Unternehmen die Zentren des gesellschaftlichen Lebens geworden sind. Als solche hätten sie in erster Linie eine Verpflichtung der Gemeinschaft gegenüber. Unternehmen als gesellschaftliches Fundament, so Csikszentmihalyi, seien verpflichtet, **das Wohl der Gemeinschaft zu steigern**.

Unternehmen sind nicht „Teil der Gemeinschaft". Wenn man bedenkt, dass erwachsene Menschen dort den Großteil ihrer Zeit verbringen, sind sie *die Gemeinschaft*. Entsprechend sollten sie und die Menschen in ihnen sich verhalten. Die wirklich gute Nachricht ist (hier wiederhole ich mich und werde das auch weiterhin ungeniert tun): Wer das Gemeinwohl großschreibt, hat hervorragende (wohl die besten) Chancen, mutige, engagierte, kundenorientierte Mitarbeiterinnen und Mitarbeiter zu bekommen und letztlich Innovation, Wachstum und Gewinn zu steigern (maximieren?).

Spitzenleistung zahlt sich aus baut direkt auf der Idee von Csikszentmihalyi auf. Angesichts der bevorstehenden Umbrüche wird die ethische Rolle von Unternehmen hinsichtlich ihrer Mitarbeiterinnen und Mitarbeiter und der Gemeinschaft immer wichtiger; sie darf und kann nicht ignoriert werden.

2.4 Spitzenleistung: Arbeit neu gedacht – warum nicht mit Freude?

Es mag radikal, unkonventionell und wie eine verrückte Geschäftsidee klingen. Doch so lächerlich es auch klingt: Freude ist das Grundprinzip unserer Arbeit. Freude ist der Grund, aus dem mein Unternehmen, Menlo Innovations – wir designen und entwickeln Kundensoftware – in Ann Arbor, Michigan, existiert. Sie definiert, was wir tun und wie wir es tun. Sie ist die Grundüberzeugung, die alle unsere Mitarbeiterinnen und Mitarbeiter eint.

– Richard Sheridan, Joy, Inc.: *How We Built a Workplace People Love*

Es gibt kaum eine Branche, die so brutal und hart umkämpft ist wie der Bereich der Systemsoftware. Und doch hat der Gründer von Menlo Innovations, Richard Sheridan, die **FREUDE** als Waffe gewählt, um sich in diesem Faustkampf zu behaupten.

Das ist mal fantasieanregend und eine spannende Herausforderung! Übrigens: Die Unternehmensperformance von Menlo ist erstklassig.

Mitarbeiter „befähigen".

Okay.

Mitarbeiter „einbinden".

Okay.

„Teamgeist" schaffen.

Okay.

Okay. Okay. Okay. Alles Themen, die mir seit Jahrzehnten am Herzen liegen. Aber Sheridan hat den Einsatz noch einmal erhöht:

Freude ist der Grund, aus dem mein Unternehmen existiert.

Nun kann man dieses Zitat schnell lesen, zustimmend nicken und dann einfach weitermachen. Ich hoffe, Sie tun das nicht. Ich hoffe, Sie halten inne und denken: *Hm, vielleicht ist das gar nicht übertrieben … Ich denke mal darüber nach. Ich spreche mal mit meinem Team. Das wäre schon cool. Immerhin hat sich der Typ (Richard Sheridan) damit in einem echt schwierigen Umfeld behauptet.* Tun Sie mir den Gefallen, darüber nachzudenken? Mir und Herrn Sheridan?

2.5

2.5.1 Spitzenleistung gibt es überall

Ein Unternehmen (*in Hochform*):

Ein emotionales, vitales, innovatives, fröhliches, kreatives, unternehmerisches Unterfangen, das das größtmögliche geballte menschliche Potenzial hervorbringt bei dem aufrichtigen Streben nach Spitzenleistung im Dienst an anderen (zum Beispiel Mitarbeitern, Kunden, Lieferanten, Kommunen, Eigentümern, temporären Partnern).

Ich bin am Ende der Welt – in Sibirien. Meine – für uns US-Amerikaner so typische – überschwängliche Botschaft wird das Ziel wahrscheinlich um eine Meile, um zehn oder zehntausend verfehlen. Aber ich beschließe, mich nicht zurückzuhalten, und, so absurd es klingt, mein Jetlag-geplagter Geist bringt plötzlich die anspruchsvolle, optimistische Aussage von oben hervor.

Ist diese Aussage in Sibirien oder irgendwo sonst gängig? Natürlich nicht. Im Geiste von Richard Sheridan – Freude als Ziel – muss ich jedoch fragen:

WARUM NICHT?

Bevor Sie das als Wunschtraum abtun, sehen Sie sich einmal die folgenden Wörter an:

- *emotional*
- *vital*
- *innovativ*
- *fröhlich*
- *kreativ*
- *unternehmerisch*
- *Spitzenleistung*

!

Bilden Sie dann einmal die Gegenteile: Möchten Sie in einer **un**emotionalen, freud**losen**, **un**kreativen Umgebung arbeiten, wo es **keine** Spitzenleistung gibt? Natürlich nicht. Ich muss also noch einmal fragen:

WARUM NICHT?

Warum nicht nach den Sternen greifen?

Ich habe leider die Erfahrung gemacht, dass der durchschnittliche Manager oder Unternehmenslenker nicht einmal daran denkt, ein *emotionales, vitales, innovatives, fröhliches, kreatives, unternehmerisches* Umfeld mit *Spitzenleistungen* zu schaffen. Sie sind meist zu sehr auf Kostensenkung und kurzfristige Kennzahlen fixiert, um ihrer Fantasie freien Lauf zu lassen.

Deshalb.
Bitte.
Jetzt.
Heute Vormittag.
Atmen Sie tief ein.
Lassen Sie Ihrer Fantasie freien Lauf!

2.5.2 Spitzenleistung gibt es überall: ein Foodtruck in Brattleboro, Vermont

Spitzenleistung findet man bei den Starprogrammierern im Silicon Valley, in den berühmten Modehäusern auf der Madison Avenue, in einer die Seele erquickenden Ballettaufführung und, ja, auch in Sibirien.

Ich glaube jedoch felsenfest, dass **Spitzenleistung** sich genauso gut in einem Foodtruck in Brattleboro, Vermont, manifestieren kann.

Und zwar, wie die Ausgabe der *SO Vermont Arts & Living* aus dem Sommer 2017 belegt:

DIE 10 BESTEN FOODTRUCKS IM SÜDLICHEN VERMONT

Es hat schon etwas, sein Essen von einer handbeschriebenen Aushängetafel auszuwählen, dem Koch beim Zubereiten zuzusehen und es dann bei einem Picknick in der Natur zu genießen …

- Andrzej's Polish Kitchen (Brattleboro, Vermont: „Der ehemalige Koch des New York City Russian Tea Room, Andrzej Mikijaniec, bereitet an seinem Stand die traditionellen Gerichte seiner Heimat zu.")
- Bert's Chuck Wagon
- Dosa Kitchen
- Ro's Petite Fête

- Tito's Taqueria („Tito Garza hat das Zubereiten authentischer mexikanischer Speisen von seiner Großmutter gelernt ...")
- Jamaican Jewelz (Westminster, Vermont: Der karibische Koch Julian „Jewelz" Perkins)
- Mio Bistro (Dorset, Vermont: „Besonders beliebt ist die Maissuppe mit Garnelen. 'Die ist regelmäßig ausverkauft.' ")
- Smokin' Bowls (Bellows Falls, Vermont: „Das Fleisch, das von der Ephraim Farm in Springfield stammt, wird ganz in der Nähe geräuchert und dann für das beliebte Pulled-Pork-Sandwich verwendet ...")
- Taste of Thai, Brattleboro
- Two Neanderthals Smokin' BBQ

Spitzenleistung.
Foodtruck.
Brattleboro, Vermont.
Westminster, Vermont.
Dorset, Vermont.
Warum nicht?

2.6

2.6.1 Spitzenleistung beim Dienen (oder Service)

Unternehmen existieren, um zu DIENEN.
Punkt.
Führungskräfte existieren, um zu DIENEN.
Punkt.
SERVICE ist ein schönes Wort.
SERVICE ist Persönlichkeit, Gemeinschaft, Hingabe.
(Und Gewinn)
SERVICE ist *nicht* „Wow".
SERVICE sind *nicht* „tobende Fans".
SERVICE ist *nicht* „ein tolles Erlebnis".
SERVICE ist „einfach nur" SERVICE.

2.6.2
Dienst ist die höchste menschliche Berufung

Diese mächtige Idee ist unmittelbar aus Robert Greenleafs hervorragendem Buch *Servant Leadership* abgeleitet. Greenleaf bittet seine Leser, die folgenden zwei „Testfragen“ zu ihren Mitarbeitern zu beantworten:

1. Entwickeln sich diejenigen, denen Sie dienen, persönlich weiter?
2. Werden sie durch Ihren Dienst gesünder, klüger, freier, autonomer und in die Lage versetzt, selbst einmal zu dienen?

Na?

Schwieriger Test, oder?

Und wenn Sie mir und der Logik dieses Buches folgen, ein Selbsttest, der regelmäßig durchgeführt werden sollte – täglich.

(Natürlich mag ich nach wie vor das Wort und die Konnotationen von „Wow!“. Mit geht es hier jedoch darum, dass Sie innehalten und einmal über die ursprüngliche Bedeutung dieses Wortes nachdenken: SERVICE. Überhaupt möchte ich, dass Sie in diesem Kapitel viel nachdenken. Das hat seinen Sinn: Spitzenleistung ist keine Kennzahl. Sie ist eine Geisteshaltung, ein Seinszustand – das Wunder und der Zauber des San Francisco Balletts. Der belebende Gedanke, der diesem Buch zugrunde liegt, ist „Spitzenleistung als bestes Gegenmittel für den digitalen Wandel“. Sie ist meiner Meinung nach das beste Gegenmittel, weil sie letztendlich menschlich, spirituell und intuitiv ist. Man erkennt sie, wenn sie da ist. Also, ja, die Ansage dieses Kapitel lautet in einem Wort: NACHDENKEN.)

2.7

2.7.1
Spitzenleistung = die nächsten fünf Minuten

SPITZENLEISTUNG ist *kein* langfristiges Ziel.
SPITZENLEISTUNG *ist* die ultimative Kurzfrist-Strategie.
SPITZENLEISTUNG *sind* DIE NÄCHSTEN FÜNF MINUTEN.
(Oder nicht)

SPITZENLEISTUNG ist das nächste Gespräch.

Oder nicht

SPITZENLEISTUNG ist das nächste Meeting.

Oder nicht

SPITZENLEISTUNG ist Mund halten und zuhören – wirklich zuhören.

Oder nicht

SPITZENLEISTUNG ist der nächste Kundenkontakt.

Oder nicht

SPITZENLEISTUNG ist „Danke" sagen für die kleinen Dinge.

Oder nicht

SPITZENLEISTUNG ist das nächste Mal, wenn Sie Verantwortung übernehmen und sich entschuldigen.

Oder nicht

SPITZENLEISTUNG ist, sofort alle Hebel in Bewegung zu setzen, wenn etwas schiefgegangen ist.

Oder nicht

SPITZENLEISTUNG sind die Blumen, die Sie heute mit ins Büro gebracht haben.

Oder nicht

SPITZENLEISTUNG ist, einem „Außenseiter" zu helfen, der dem Zeitplan hinterherhinkt.

Oder nicht

SPITZENLEISTUNG ist, sich die Mühe zu machen, zu verstehen, was die Leute im Rechnungswesen (oder in der IT- oder Personalabteilung) denken.

Oder nicht

SPITZENLEISTUNG ist, für eine dreiminütige Präsentation viiiel zu „gut" vorbereitet zu sein.

Oder nicht

SPITZENLEISTUNG ist, „unbedeutende" Aufgaben in Modelle für SPITZENLEISTUNG zu verwandeln.

Oder nicht

Spitzenleistung wird in der Regel – eigentlich immer – als langfristiges Bestreben angesehen. Ich sehe das anders. Total anders. Spitzenleistung ist kein Ziel, an dem Sie irgendwann an einem wunderbar sonnigen Tag nach Jahren des Abrackerns ankommen.

Spitzenleistung ist ein Lebensstil, der uns Kraft gibt und uns inspiriert – jeden Tag und jede Minute. Es gibt kein „langfristig". Es gibt nur die Art und Weise, wie Sie sich verhalten, wenn Sie nach dem Meeting auf den Büroflur treten oder – oh ja – wie viel Mühe Sie sich für die nächste vierzeilige E-Mail geben.

(Ja, verdammt, die nächste E-Mail: Unternehmensverantwortliche sind immer „auf an" – immer, immer, immer – und selbst die noch so kleinste Führungshandlung verstärkt – oder schmälert – das Engagement der übrigen Akteure im Unternehmen für Spitzenleistung. Sie können mich einen Spinner nennen, aber ich bin der festen Überzeugung, dass schlechte Grammatik, schlechte Wortwahl und jedwede Nachlässigkeit unmittelbar darauf schließen lässt, wie ernst – oder eben nicht – es Ihnen mit Spitzenleistung ist.)

Der Ausdruck von Spitzenleistung in unserem täglichen Verhalten ist das Fundament unter dem Fundament.

2.7.2 Spitzenleistung = eine Minute

Über Thomas Watson, den legendären Gründer und ehemaligen Chairman von IBM, ist folgende Geschichte überliefert:

„Mr. Watson, wie lange braucht man für Spitzenleistungen?"
Watson: „Eine Minute. Sie beschließen einfach, nie wieder etwas bewusst zu tun, das weniger ist als Spitzenleistung."

Wenn ich Sie also bitten dürfte: Ihr Reise in Richtung Spitzenleistung beginnt …

IN DEN NÄCHSTEN SECHSZIG SEKUNDEN.

2.7.3 Spitzenleistung = *weniger* als eine Minute

Rance Crain von der Zeitschrift *Adertising Age* sprach mit Linda Kaplan Thaler, der Gründerin der Werbeagentur Kaplan Thaler, nachdem sie in die Advertising Hall of Fame aufgenommen wurde:

Auf die Frage, warum ihre Agentur so schnell gewachsen war, antwortete Linda: „Wir haben uns nie auch nur eine Minute mit der Zukunft beschäftigt. Wir haben uns immer darauf konzentriert, was wir heute tun können. Ich sage den Leuten immer, sie brauchen keine Vision, vergessen Sie die Vision. Träumen Sie sich nicht Ihren Weg zum Erfolg. Wir haben nie daran gedacht, dass wir einmal zu groß oder extrem erfolgreich sein würden,

wir haben einfach nur jeden Tag so gut wie möglich unsere Arbeit gemacht.“

Vergessen Sie die Zukunft – verschwenden Sie nicht mal eine Minute daran.
Vergessen Sie die „Vision“ – denken Sie nicht mal eine Sekunde daran.
Vergessen Sie „Träume“.
Machen Sie Ihre Arbeit einfach genau jetzt so gut wie möglich.
(Bitte denken Sie darüber nach.)

2.8 Spitzenleistung: die größte Entscheidung des Lebens!

Man kann einem Menschen alles nehmen, außer eines: Die letzte der menschlichen Freiheiten besteht in der Wahl der Einstellung zu den Dingen.

– Viktor Frankl, einer der erfolgreichsten Psychologen unserer Zeit und KZ-Überlebender

Die Botschaft: Sie können heute jede nur erdenkliche Einstellung zu Ihrer Arbeit einnehmen!

Welche Einstellung Sie heute Morgen wählen, ist tatsächlich die …

größte Entscheidung Ihres *Lebens*!

Ich übertreibe keinesfalls!

Das ist wieder eine hervorragende Gelegenheit, zu betonen, für wie wichtig ich kurzfristiges Denken im Zusammenhang mit Spitzenleistung halte. Etwas so Einfaches, wie mit einem Lächeln ins Büro zu kommen, kann dem ganzen Tag eine positive Richtung geben. Und *noch* einmal: Ich übertreibe nicht.

Natürlich ist nichts daran einfach. Wenn Sie tausend Dinge zu erledigen haben – und das ist bei Chefs in der Regel so –, ist es weder einfach noch geht es Ihnen automatisch von der Hand, sich zusammenzureißen, freundlich zu lächeln und ein paar Nettigkeiten auszutauschen. Aber ich bitte Sie, konkret darüber nachzudenken und entsprechend zu handeln. Die Perfektionierung dieses „Guten-Morgen-Lächelns“ könnte die wichtigste Investition sein, die Sie an diesem Tag tätigen.

2.9

2.9.1
Spitzenleistung: Gewinn ist sekundär

UNSER AUFTRAG
Mitarbeiter entwickeln und führen
Diese Mitarbeiter rund um den Globus zum Wohle
unserer Kunden einsetzen
Partnerschaftlich
Gewinnorientiert

– WPP, ein großer Marketingdienstleister mit Sitz in Großbritannien

Normalerweise zucke ich zusammen, wenn ich Unternehmensleitbilder lese. Das sind in einer Kneipe zusammengeschusterte Standardformulierungen der wenigen (Topmanagement), die dann den vielen (zehn oder zehntausend Mitarbeiterinnen und Mitarbeiter) aufgezwungen werden und an die sich niemand hält.

Dennoch besteht die Firmenphilosophie von WPP meine Prüfung. Denn …

Gewinn ist *tatsächlich* wichtig!

Aber …

Gewinn ist SEKUNDÄR.
Zuallererst, als unabdingbare Voraussetzung, ist Gewinn das, was entsteht, wenn man sich primär, ganzheitlich und kontinuierlich bemüht, seine MITARBEITERINNEN UND MITARBEITER zu entwickeln.

Die Formulierung von WPP hat mich inspiriert, es selbst einmal zu versuchen. Im Folgenden also mein Vorschlag für ein Unternehmensleitbild – zugegeben das Ergebnis aus fünfzig Jahren Praxis:

MITARBEITER zuerst.
Jetzt BEGINNEN.
Aufmerksam ZUHÖREN.
BEGEISTERN oder untergehen.
Immer SPITZENLEISTUNG bieten.

2.9.2 Spitzenleistung: mehr als Shareholder-Value

„Die Maximierung des Shareholder-Value ist ein unverzichtbares Gebot."

Sagt wer?

Jack Welch!

Immer und immer wieder.

Dieses Ziel war der Kern seiner legendären zwanzigjährigen Führung bei General Electric.

Aber Moment ...

Nach seinem Rückzug von GE hat Welch der *Financial Times* Folgendes gesagt:

> **Von außen betrachtet ist Shareholder-Value die dümmste Idee überhaupt. Shareholder-Value ist ein Ergebnis, keine Strategie. Was Sie wirklich interessieren sollte, sind Ihre Mitarbeiter, Ihre Kunden und Ihre Produkte.**

Genau, *der* Jack Welch, der über viele, viele Jahre der vehementeste und unnachgiebigste Verfechter des Aktionärsprimats und der Shareholder-Value-Maximierung war!

Hm ...

Die Steigerung des Aktionärsgewinns ist in der Tat ein ehrenwertes Ziel und wird von einigen Aktionären auch erwartet. Aber die Maximierung des Shareholder-Value um jeden Preis als A und O zu betrachten, ist zumindest fragwürdig.

Und es ist, wie sich herausstellt, definitiv keine rechtliche Voraussetzung.

Lynn Stout ist Professorin für Unternehmens- und Gesellschaftsrecht an der Cornell Law School. In ihrem kurzen, aber sehr lesenswerten Buch *The Shareholder Value Myth – How Putting Shareholders First Harms Investors, Corporations, and the Public* bringt sie die Sache auf den Punkt:

> **Die Annahme, dass das Unternehmensrecht Vorstände, Führungskräfte und Mitarbeiter dazu verpflichtet, den Shareholder-Value zu steigern, ist einfach nicht richtig. Es gibt keine belastbaren gesetzlichen Quellen für die Behauptung, dass Vorstände und Führungskräfte in US-amerikanischen Aktiengesellschaften eine einklagbare gesetzliche Verpflichtung haben, den Gewinn der Aktionäre zu steigern. DIESE IDEE IST EIN MÄRCHEN.**

Interessanterweise hielt ich, kurz nachdem ich das Buch von Professor Stout gelesen hatte, eine Präsentation vor der Führungsriege eines großen (über 10 Billionen US-

Dollar) börsennotierten Unternehmens für Elektronikkomponenten. Das Buch war mir noch sehr präsent und so kam es, dass ich in einer Unterhaltung mit dem CEO die Behauptung von Lynn Stout fallen ließ. Woraufhin er antwortete:

> **Ich habe dem Board gesagt, dass ich den Aktienkurs innerhalb der nächsten zwölf bis achtzehn Monate um 50 Prozent steigern könnte, wenn sie das wollten, ohne dabei ins Schwitzen zu geraten. *Es würde jedoch den langfristigen Erfolg des Unternehmens zerstören.* Ich gab ihnen zu verstehen, dass das mit mir nicht zu haben sei und sie sich jemand anderen für den Job suchen müssten.**

Das sagen auch der Dean der Harvard Business School, Nitin Nohria, und Rakesh Khurana in ihrem Artikel „Die Neuerfindung des Managers" im *Harvard Business Manager* aus dem Januar 2009. Dort findet man folgende Passage:

> **In den vergangenen zehn Jahren gab es einen Verfall von Vertrauen und Selbstkontrolle in der Wirtschaft. Manager haben dadurch an Legitimität verloren. Sie können das Vertrauen der Gesellschaft nur dann zurückgewinnen, so unsere Überzeugung, wenn sie sich nicht mehr allein gegenüber den Anteilseignern verantwortlich fühlen. Stattdessen müssen sie begreifen, dass zu ihrer Aufgabe auch ein gesellschaftliches und persönliches Engagement als Hüter einer Institution gehört. Anders ausgedrückt: Es ist an der Zeit, dass Management endlich eine Profession wird.**

Management als eine umfassende Profession zu begreifen ist ein faszinierender Gedanke. Noch faszinierender ist für mich, dass Management in seiner jetzigen Form *kein* breit angelegter Beruf ist. Nohria würde dies vielleicht folgendermaßen kommentieren: „Die Topmanager von heute sind einzig und allein Shareholder-Value-Maximierungs-Mechaniker. Im Leben geht es jedoch um mehr."

(Mitte 2017 wurde das Thema plötzlich brandaktuell. Duff McDonalds 657-seitiges Buch *The Golden Passport – Harvard Business School, the Limits of Capitalism, and the Moral Failure of the MBA Elite* traf die Harvard Business School schwer. Er argumentierte, dass die HBS aus den richtigen Motiven gegründet wurde: um die Qualität des Managements zu verbessern. In den 1970ern sei sie jedoch vom rechten Weg abgekommen, als sie den Gedanken verinnerlichte, Unternehmensverantwortliche sollten sich allein auf den Aktionärsgewinn konzentrieren und alle anderen Ziele ignorieren. Das habe der Welt insgesamt, so McDonald, geschadet.

Zur selben Zeit als McDonalds Buch erschien, stürzte sich auch das hausinterne Magazin, der *Harvard Business Review*, in den Kampf und veröffentlichte einen vernichtenden Artikel seines vielleicht bekanntesten Professors, Joseph Bower, mit dem Titel „The Error at the Heart of Corporate Leadership". Dieser Fehler, so Bower, sei die Annahme, Manager müssten den Shareholder-Value maximieren.

Was lernen wir daraus? Das wird die Zeit zeigen. Ich befürchte jedoch, dass die Shareholder-Value-Maximierer, die sich behaupten werden, und mit ihnen die Mehrheit unserer großen Unternehmen unter dem Druck der kurzfristig denkenden Kostensenker und Technikanbeter immer weniger investieren werden und immer weniger in der Lage sein werden, mit den revolutionären Kräften umzugehen, die auf uns zuströmen. Das ist auch der Grund, warum ich *mein* Geld lieber in kleine und mittlere Unternehmen stecke (siehe Kapitel 4).

2.9.3 Spitzenleistung: genug!

Den Geist des „mehr als Shareholder-Value" hält der Gründer des Vanguard Fonds, Jack Bogle, in der Einleitung seines erfrischenden Buches *Was wirklich zählt* fest:

> **Auf einer von einem Milliardär auf Shelter Island veranstalteten Party verriet Kurt Vonnegut seinem Schriftstellerkollegen Joseph Heller, dass ihr Gastgeber, ein Hedgefonds-Manager, an einem einzigen Tag mehr Geld verdient hatte als Heller mit seinem Erfolgsroman *Catch-22* insgesamt. Darauf Heller: „Ja, aber ich habe etwas, das er niemals haben wird … genug."**

Um einen Eindruck von Bogles Buch zu erhalten, genügt es, sich die Kapitelüberschriften anzusehen:

Zu hohe Kosten, nicht genug Wert
Zu viel Spekulation, nicht genug Investition
Zu viel Komplexität, nicht genug Schlichtheit
Zu viele Zahlen, nicht genug Vertrauen
Zu viel Geschäftsgebaren, nicht genug Berufsethos
Zu viel Vertrieb, nicht genug Verwaltung
Zu viel Gewicht auf Materiellem, nicht genug auf Engagement
Zu viele Werte des 21. Jahrhunderts, nicht genug Werte des 18. Jahrhunderts
Zu viel „Erfolg", nicht genug Charakter

Bogles Leidenschaft springt einem auf jeder Seite des Buches entgegen. Der Gründer der weltgrößten Investmentgesellschaft (4 Billionen US-Dollar unter dem Management im Jahr 2017) und Erfinder der Indexfonds sagt, dass es im Leben mit Sicherheit mehr gebe – und geben sollte – als den Shareholder-Value!

2.10 Spitzenleistung: „Jeder gibt sein Bestes" schlägt jede schicke Methode

> **Ich hatte keine Unternehmensphilosophie für Burger King. Ich hatte einen Traum. Ganz einfach. Der lautete in etwa so: „Wir sind 250.000 Leute bei Burger King und jeder gibt sein Bestes. Jeder. Die Buchhaltung. Die Systemabteilung. Nicht nur die Mitarbeiter im Drive-Through. Alle sind die Marke. Darum geht es, um nichts weniger.**
>
> – Barry Gibbons, ehemaliger CEO von Burger King und verantwortlich für einen außergewöhnlichen Turnaround; ich kenne Barry gut und das ist eine seiner Grundüberzeugungen

Seine Ausführungen haben mich dazu inspiriert, einen Tweet-Stream zum Thema zu starten. Im Folgenden einige der Einträge unter @tom_peters:

1. Habe plötzlich festgestellt, wie satt ich dieses „Methode A (Six Sigma, agil usw.) vs. Methode B" habe. Lieber Dinge wie Respekt/Zuhören/Wertschätzung/Freundlichkeit richtig machen. Vergessen Sie die Methoden.
2. Wenn Ihnen Ihre Mitarbeiter wirklich, wirklich (wirklich) am Herzen liegen, sind andere „Wunder bewirkende" Managementsysteme sekundär.
3. Wenn Sie *keine* Kultur des Respekts/Miteinanders/Jeder-gibt-sein-Bestes haben, machen „gute" Methoden das Ganze meist nur schlimmer: mehr Bürokratie, weniger Mitsprache.

Mein (persönliches) Fazit:
RESPEKT schlägt jede Methode.
ZUHÖREN schlägt jede Methode.
JEDER-GIBT-SEIN-BESTES schlägt jede Methode.

Dieses „Jeder gibt sein Bestes" (abgeleitet von Gibbons Mantra) ist wohl der Schlüssel zum Schaffen einer Umgebung, die produktive, innovative Mitarbeiterinnen und Mitarbeiter hervorbringt und dadurch zufriedene Kunden.

2.11

2.11.1 Spitzenleistung schlägt Erfolg, Spitzenleistung schlägt Glück

> **Streben Sie nach Exzellenz. Vergessen Sie Erfolg.**
>
> – Bill Young, Rennfahrer

Autorennen zu fahren und ein museumswürdiges Kunstwerk zu schaffen haben für mich denselben Stellenwert. Ich glaube, dass so gut wie jede Tätigkeit in ihrer höchsten Perfektion die Zuschreibung „Kunst" verdient. Tatsächlich ist das die Grundprämisse dieses Buches: Wenn wir den Fängen von künstlicher Intelligenz & Co. entkommen wollen, müssen wir über Güter (und die damit verbundenen kurzfristigen Gewinne, die allzu häufig das Maß für „Erfolg" sind) hinausdenken und die Kunst Einzug in unsere Produkte und Dienstleistungen halten lassen. Das kann wiederum nur geschehen, wenn jeder einzelne Mitarbeiter mit vollem Engagement bei der Sache ist.

> **Man rät den Absolventinnen und Absolventen auch, nach Glück und Freude zu streben. Nun ist es aber doch so: Wenn Sie eine Biografie eines Menschen lesen, den Sie bewundern, rufen die Dinge, die die Person glücklich gemacht haben, selten Ihre Bewunderung hervor. Sondern die Dinge, die die Person unglücklich gemacht haben, die beschwerlichen und elenden Dinge, die mitunter Freunde gekostet und der Person Verachtung gebracht haben. Was wir am meisten bewundern, ist Spitzenleistung, nicht Glück.**
>
> – David Brooks: „It's Not About You", Gastkommentar in der *New York Times*

Damit liegt Brooks genau richtig, auch wenn die Formulierung Unbehagen auslösen mag. Es lohnt sich, darüber nachzudenken. Zumindest aber sollte man anerkennen, dass das Erzielen von Spitzenleistung in jeder Hinsicht das Ergebnis großer Anstrengung und ständiger Frustration ist, nicht nur auf dem langen Weg zu außergewöhnlichen Leistungen, sondern vor allem, wenn es um die harte Arbeit geht, die erforderlich ist, um diese Spitzenleistung auch – zumindest annähernd – zu halten.

2.11.2
Spitzenleistung ist für mich spirituell

Zu den beiden obigen Zitaten möchte ich noch etwas hinzufügen:

> **SPITZENLEISTUNG ist für mich vor allem ein Lebensstil, bei dem wir unseren Mitmenschen jeden Tag und jede Minute mit Umsicht und Respekt begegnen.**
> **Kurz gesagt: SPITZENLEISTUNG ist ein spiritueller Akt.**

Und noch einmal, da es in diesem Buch ja vor allem um Unternehmen geht: SPITZENLEISTUNG durch Fürsorge und Aufmerksamkeit gegenüber unseren Mitarbeitern, Kunden und Kommunen generiert und sichert Profitabilität und erhält oder schafft Arbeitsplätze. Das ist von enormer Bedeutung, gerade in unsicheren Zeiten.

2.12
Die 18 Es von Spitzenleistung

- Elan (Vibrieren Sie – lösen Sie Erdbeben aus!)
- Energie (Brennen Sie! Entzünden Sie Feuer!)
- Erledigen (Umsetzen! Machen! Jetzt!)
- Ermöglichen (Respekt und Wertschätzung! Fragen Sie stets: „Was denken Sie darüber?" Dann: Zuhören! Befähigen! Zelebrieren! Hundertprozentige Innovatoren oder zugrunde gehen.)
- Extravaganz (Tanzen Sie immer an der Grenze und ein bisschen oder auch mehr darüber hinaus.)
- Entschlossen (Stellen Sie den Status quo regelmäßig infrage und verändern Sie ihn!)
- Engagiert (Praktizieren Sie intensiv „Führung durch Herumgehen" – MBWA/*Management by Wandering Around*. Seien Sie erreichbar. Immer.)
- Elektronisch (Verbinden Sie sich über die digitale Community rund um die Uhr mit der Welt und vernetzen Sie sich in jeglicher Form. Crowdsourcing- und Crowdworking-Power!)
- Einbeziehen (Hören Sie sich beharrlich verschiedene Meinungen an – je mehr Vielfalt, desto besser. Diversity funktioniert!)
- Emotionen (Das A und O. Das Wesen von Führung. Das Wesen des Vertriebs. Das Wesen des Marketings. Die Essenz. Punkt. Erkennen Sie das an.)
- Empathie (Lernen Sie die Wirklichkeit und die Ziele der anderen kennen. Sehen Sie die Welt mit den Augen der anderen, bis Ihnen die Augen wehtun!)

- Erfahrung (Das Leben ist ein Theater. Sorgen Sie dafür, dass jede Handlung in Erinnerung bleibt. Machen Sie zum Beispiel Steve Jobs' Anspruch zu Ihrem eigenen: „Wahnsinnig genial".)
- Experimentieren (Anlegen. Feuern. Zielen! Wer am meisten ausprobiert, gewinnt!)
- Erfolg durch Fehler (Wer Fehler macht, kommt schneller zum Erfolg. Wenn Sie vieles ausprobieren, wird Ihnen vieles misslingen. Es ist jedoch ein notwendiger und lobenswerter Teil des Prozesses.)
- Egalität (Seien Sie unvoreingenommen: fair bei Fehlern. Ehrlich in der Kritik.)
- Erwartungen (Michelangelo: „Die größte Gefahr besteht nicht darin, dass wir uns zu hohe Ziele setzen und sie nicht erreichen, sondern darin, dass wir uns zu niedrige Ziele setzen und sie erreichen." Amen.)
- Eudaimonie (Streben Sie nach dem höchsten ethischen Ziel des Menschen, dem Kern der Aristotelischen Philosophie: stets zu dienen.)
- EXZELLENZ (Spitzenleistung – der einzige Standard!)

(Originalquelle: Plakat der Tom Peters Company)

2.13 Spitzenleistung: immer

Spitzenleistung, immer.

Wenn keine Spitzenleistung, was dann?
Wenn nicht jetzt Spitzenleistung, wann dann?

2.14 Spitzenleistung: darüber hinaus

Spitzenleistung … erzielen Sie, wenn Sie:
… sich mehr kümmern, als andere für sinnvoll halten,
… mehr riskieren, als andere für sicher halten,
… mehr träumen, als andere für nützlich halten,
… mehr erwarten, als andere für möglich halten,

– K. Sriram in einem Post auf *tompeters.com*

3 Kultur – die notwendige Bedingung

Meine Geschichte

Es herrschte Krieg. Totaler Krieg. Das ist natürlich Quatsch. Für mich fühlte es sich damals allerdings so an.

Wir schreiben das Jahr 1977. Der damalige Chef von McKinsey, Ron Daniel, hatte das Gefühl, dass seine Vorzeige-Firma unter Beschuss stand, vor allem von der Boston Consulting Group. McKinsey war zweifellos das Alphatier unter den „Beratern des Topmanagements". Manche behaupteten sogar, McKinsey habe die US-amerikanische Geschäftswelt und mit zunehmenden Maße auch die Wirtschaft weltweit nachhaltig geprägt. BCG bot jedoch eine Reihe gut aussehender Konzepte an. Die Stars von McKinsey waren die Berater des Topmanagements. Die Stars von BCG waren die Ideen-Leute, die Unternehmen fit für die Zukunft machten.

Daniel wollte, dass McKinsey die führende Managementberatung bleibt und gleichzeitig schnell in den Ideen-Markt einstieg. Und die intellektuelle Power von McKinsey konnte sich tatsächlich mit der von BCG messen. Daniel stieß zwei Projekte an, die von erfahrenen Akteuren aus der New Yorker Niederlassung geleitet wurden. Bei dem einen ging es um die Entwicklung von *Erfolgsstrategien*, bei dem anderen um *effizienzsteigernde Betriebssysteme* in den Unternehmen eines Klienten.

Daniel hatte jedoch auch ein ganz persönliches Anliegen. Ihm war aufgefallen, dass McKinsey seine Klienten seit Jahren zwar gut beriet. Viel zu häufig bestanden die großen Ideen den Praxistest jedoch nicht. Also beschloss er, ein drittes, „energiesparendes" Ideen-Projekt zu initiieren – unter dem Radar sozusagen –, das sich mit *organisatorischer Effektivität* befassen sollte. Ich war zu dieser Zeit eine Art Juniorpartner, ohne Partner zu sein, mit einer positiven, wenn auch kurzen Erfolgsbilanz in der „verrückten" Niederlassung in San Francisco. Was für Daniel von besonderem Interesse war: Erst vor Kurzem hatte ich meinen Doktor in organisatorischer Effektivität in Stanford gemacht. Kurzum: Das Projekt landete auf meinem Schreibtisch und man stellte mir einen erfahrenen Partner zu Seite: Bob Waterman, der fünf Jahre später zusammen mit mir *Auf der Suche nach Spitzenleistungen* schreiben sollte.

Zum Projektauftakt erhielt ich ein unbegrenztes Reisebudget, um durch die Welt zu fliegen – vor allem die akademische – und die besten und fortschrittlichsten Denker im Bereich organisatorischer Effektivität aufzuspüren. Diese Suche dauerte etwa sechs Monate, in denen ich Zehntausende Flugmeilen sammelte. Ich traf so gut wie „jeden, der Rang und Namen hatte", darunter den angehenden Nobelpreisträger Herb Simon an der Carnegie Mellon University.

Was mir begegnete, waren offen gesagt genau dieselben intellektuellen Herausforderungen, die auch schon meine Doktorarbeit inspiriert hatten. Einer meiner Mentoren war Jim March, der von Carnegie Mellon nach Stanford gekommen war und mit dem Dr. Simon über viele Jahrzehnte hauptsächlich zusammengearbeitet hatte.

Um das Ganze abzukürzen: Meine Ergebnisse standen in starkem Widerspruch zum Kanon von McKinsey, denn sie enthielten weder mathematische Formeln noch andere analytische Tricks. Ich kam zu dem Schluss, dass der Erfolg eines Unternehmens bestimmt wird durch das, was meine McKinsey-Kollegen abfällig die „weichen Dinge" nannten – zum Beispiel der nichtlineare „Menschenkram". Zudem entdeckte ich die Bedeutung dessen, was wir heute „Unternehmenskultur" nennen. Der Begriff existierte 1977 jedoch noch nicht. Damals nannte man das „die informelle Organisation", „Managementstil" oder „wie die Dinge bei uns laufen".

Meine Präsentation stieß bei den McKinsey-Größen auf Desinteresse. Mir gelang es jedoch, innerhalb des Unternehmens ein Netzwerk an Überläufern aufzubauen, und diese stellten mich ihren Klienten vor, die fasziniert von den Konzepten waren, die ich zusammengetragen hatte. Sie wussten, dass das, was die McKinseyasten für zweitrangig hielten – die anstrengende Umsetzung – in Wahrheit über Erfolg oder Misserfolg entschied.

Als ich an Boden gewann, schlugen die Traditionalisten bei McKinsey zurück. Dank meines Netzwerks erhielt ich die Möglichkeit, einen Gastkommentar im *Wall Street Journal* zu veröffentlichen, in dem ich die Bedeutung der Unternehmenskultur für den betrieblichen Erfolg hervorhob und implizit (explizit, wenn ich ehrlich bin) die Rolle der Strategie als zweitrangig bezeichnete. Später erfuhr ich, dass der Chef des New Yorker Büros an Daniel herangetreten war, weil er wollte, dass ich für meine ketzerischen achthundert Wörter gefeuert würde. Daniel blieb jedoch standhaft; tatsächlich waren die Debatte über und die Aufmerksamkeit für diese „McKinsey-Ideen" genau das, was er sich gewünscht hatte.

Einige Jahre später erhielt ein Überläufer des Deutschlandbüros von McKinsey, Herb Henzler, Geld von einem seiner Klienten, Siemens, das eine weitere „Weltreise" ermöglichte. Diesmal ging es um Unternehmen, nicht Hochschulen, und das Ziel war, dem Erfolgsgeheimnis der weltweit führenden Unternehmen auf die Schliche zu kommen. Die Ergebnisse wurden 1979 intern veröffentlicht; Erfolgsgeheimnis Nummer eins waren die „weichen Dinge", allen voran die Unternehmenskultur.

Dieser Krieg um hart vs. weich wütete weiter und offen gesagt zeigte sich die Hälfte der McKinsey-Mitarbeiter nach außen hin verstört, als *Auf der Suche nach Spitzenleistungen* im Oktober 1982 erschien. Die gute Nachricht für die Widerständler: Die Erwartungen des Verlegers waren gering, weshalb sich die erste Auflage auf magere 5.000 Exemplare belief. Die schlechte Nachricht für die Widerständler: Ein Jahr später kam derselbe Verleger nach Palo Alto, um mit Bob Waterman und mir den Verkauf des millionsten Exemplars unseres Buches zu feiern.

Die „weichen Typen" hatten gesiegt – oder zumindest Fuß gefasst. Und Konzepte wie „Unternehmenskultur" hatten es in die Liga der großen Business-Ideen geschafft. (Der Wandel vollzog sich langsam, aber manche sagen, dass bei McKinsey heute ein Großteil – vielleicht die Hälfte – des Umsatzes zumindest indirekt mit der *„Organization Effectiveness Practice"* und ihren Folgeideen erzielt wird.

Kultur – die Geschichte

3.1

3.1.1 Alles dreht sich um Kultur

Niemand bei McKinsey stand den „weichen Dingen", die ich postulierte, so ablehnend gegenüber wie Seniorpartner Lou Gerstner. Lou war knallhart, geradeheraus und der Oberstratege. „Mit der richtigen Strategie sind drei Viertel des Weges bereits geschafft", lautete die implizite Botschaft. Er verließ McKinsey schließlich und hatte hohe Ämter bei American Express inne, bevor er CEO von RJR Nabisco wurde. Es gab jedoch noch eine Station für ihn: Big Blue.

IBM war in den 19070ern und 1980ern das typische US-Unternehmen überhaupt. Gegen Ende der 80er verlor das Unternehmen jedoch an Kraft, ließ viele Chancen ungenutzt und befand sich schließlich in einer äußert schwierigen Lage.

In einem letzten verzweifelten Versuch, IBM wieder zu alter Stärke zu führen, berief das Board im Jahr 1993 Lou Gerstner. Er sollte es richten. Und das tat er. Am Ende seiner neunjährigen Amtszeit spielte IBM wieder ganz vorne mit und war für die Zukunft gut aufgestellt.

Gerstner erzählt dieses Kapitel der IBM-Geschichte in seinem 2002 erschienenen Buch *Wer sagt, Elefanten können nicht tanzen? – Der Wiederaufstieg von IBM*. An einer Stelle beschreibt er, was er dabei vor allem gelernt hat:

> **Offen gesagt: Wenn ich die Wahl gehabt hätte, von einem Frontalangriff auf die IBM-Kultur abzusehen, wäre mir das lieber gewesen. Denn zum einen gingen meine Neigungen, als ich bei IBM anfing, in Richtung Strategie, Analyse und objektive Messungen. … Im Vergleich dazu ist es eine ungeheuer schwierige Aufgabe, die Einstellung und das Verhalten Hunderttausender von Menschen zu verändern. … In meinen zehn Jahren bei IBM lernte ich zu begreifen, dass Kultur keine Nebensache ist – alles dreht sich vielmehr darum.**

Gerstner.
Kultur.

Alles dreht sich darum.

Das ist die Wahrheit. Im Verlauf dieses Buches taucht der Begriff „Kultur“ sehr häufig auf. Wenn ich zum Beispiel über einen zentralen Gedanken spreche – etwa im ersten Kapitel zum Thema Innovation – wie die Wichtigkeit, zig Experimente parallel durchzuführen, schreibe ich etwa: „Ständige Innovation als Nebenprodukt schneller Experimente zu begreifen ist viel leichter gesagt als getan. Damit es funktioniert, braucht es eine „Kultur des Ausprobierens“, die in der Psyche des Unternehmens verankert ist.“ Jede große Idee wird bedeutungslos und ist nicht tragfähig, wenn sie nicht von einer übergreifenden Kultur unterstützt und begleitet wird.

3.1.2 Kultur ist das Wichtigste

Beweise dafür:

1. Ed Schein, Professor am MIT, der als Gründer der Kulturbewegung gilt:

   „Kultur isst Strategie zum Frühstück.“

2. Interview im *Wall Street Journal* aus dem Jahr 2013:
   Reporter: „Was ist langfristig wichtiger für ein Unternehmen: Strategie oder Kultur?“
   Dominic Barton, Managing Director von McKinsey & Co.:

   „Kultur.“

(Das ist ein langer Weg vom anfänglichen Widerstand bei McKinsey gegen die Kultur-Idee, wie ich es in der Kapiteleinleitung beschrieben habe.)

3. Alles dreht sich um Kultur, selbst beim Football:
   Der berühmte NFL-Trainer Bill Walsh übernahm 1979 das Team der San Francisco 49ers, das in einem desolaten Zustand war. Die Erwartungen an ihn waren extrem hoch, doch in seinem ersten Jahr verbesserte sich das Sieg-Niederlage-Verhältnis nicht. (In dem Jahr, bevor Walsh anfing, gab es zwei Siege und vierzehn Niederlagen. In seinem ersten Jahr erzielte das Team ebenfalls zwei Siege und vierzehn Niederlagen.)
   Warum gelang ihm der Turnaround nicht sofort? In seinem Buch *The Score Takes Care of Itself* erzählt Walsh, dass er sich das erste Jahr nur um die *Kultur* gekümmert habe – ja, in einem Footballteam! Er schreibt:

„Kultur geht positiven Ergebnissen voraus. Sie wird auf dem Weg zum Siegertreppchen nicht im Nachhinein angeheftet."

In diesem ersten Jahr, so Walsh, habe er daran gearbeitet, ein Ethos der Professionalität, des Anstands und der Unterstützung im Team zu schaffen. Das Ergebnis dieses ersten Jahres waren wie gesagt zwei Siege und vierzehn Niederlagen. Aber nur zwei Jahre später, im Jahr 1982, gewannen die 49ers den Super Bowl mit siebzehn Siegen und zwei Niederlagen.

3.2 Das Leben eines CEO: Eine andauernde Kulturbesessenheit

Als Folge der obigen Ausführungen präsentiere ich Ihnen nun mein „erstes Gebot für CEOs":

Die wichtigste Aufgabe eines CEO ist es, eine effektive Unternehmenskultur zu schaffen, die die Mitarbeiter in den Mittelpunkt stellt und – alles oder nichts! – nach Innovationen und Spitzenleistungen strebt sowie diese Kultur jeden Tag, jede Stunde und jede Minute liebevoll pflegt.

Die Schlüsselbegriffe meiner Formulierung sind:

„jeden Tag, jede Stunde und jede Minute“

Kultur ist die Obsession des Chefs oder sie ist gar nichts. Kultur wird geprägt durch die beiläufige Bemerkung, die der Chef gegenüber der Empfangsmitarbeiterin macht, wenn diese morgens das Gebäude betritt. Kultur wird geprägt durch die drei beiläufigen Bemerkungen – keine davon länger als dreißig Sekunden –, die der Chef ihr gegenüber äußert, wenn sie den Weg von der Empfangstheke zu ihrem Büro zurücklegt. Kultur wird stark geprägt durch den Ton und die Qualität der sechs E-Mails, die der Chef in der Viertelstunde schreibt, nachdem die Empfangsmitarbeiterin an ihrem Schreibtisch Platz genommen hat. Kultur wird geprägt durch jedes Zucken, jedes Blinzeln und jede Äußerung, die der Chef in der morgendlichen Besprechung von sich gibt.

DIE REGELN:

Kultur ist das Allerwichtigste.
Kultur lässt sich nur sehr schwer verändern.
Der Kulturwandel kann/darf nicht vermieden werden.
Die Kultur aufrechtzuerhalten ist genauso schwierig, wie sie zu verändern.
Die Kultur aufrechterhalten: jeden Tag, jede Stunde, jede Minute.
Kulturwandel/Kulturpflege muss ein bewusster/ständiger/persönlicher Tagesordnungspunkt werden.
Kulturwandel/Kulturpflege zeigt sich vielmehr in „den kleinen Dingen“ als in den großen.
Und noch einmal: Kulturwandel/Kulturpflege – jeden Tag, jede Stunde, jede Minute.
Für immer.
Amen.

3.3 Kultur ist ein sauberer Schnürsenkel

Mary Ann Morris, Mitarbeiterin bei Mayo Rochester und in der Verwaltung im General Service und dem Büro für Patientenangelegenheiten tätig, erzählt gern von ihren ersten Tagen im Unternehmen: Sie arbeitete in einem Labor und musste eine

weiße Uniform und weiße Schuhe tragen. Eines hektischen Morgens, nachdem sie ihre zwei kleinen Kinder in die Schule gebracht hatte, kam sie auf der Arbeit an und sah, wie ihr Vorgesetzter auf ihre Schuhe starrte. Ihm war aufgefallen, dass die Schnürsenkel an der Stelle, an der sie durch die Ösen gingen, schmutzig waren. Er bat Morris, sie zu säubern. Morris fühlte sich angegriffen und sagte, sie arbeite in einem Labor und nicht mit Patienten. Warum sollte das also wichtig sein?

Daraufhin erwiderte ihr Chef, dass sie auf eine Weise Kontakt mit Patienten habe, die ihr nicht bewusst sei: wenn sie zum Beispiel das Gebäude verlasse und ihr Namensschild trage oder wenn sie in den Fluren den Patienten und ihren Familien begegne. Deshalb könne sie die Mayo Clinic nicht mit schmutzigen Schnürsenkeln vertreten.

„Obwohl ich mich zuerst angegriffen fühlte, verstand ich mit der Zeit, dass alles, was ich tue – bis hinunter zu meinen Schnürsenkeln –, Aufschluss darüber gibt, wie sehr mir unsere Patienten und Besucher am Herzen liegen. Die Geschichte der schmutzigen Schnürsenkel nutze ich immer noch, um die Messlatte für den Service, den ich und meine Kollegen bieten, zu veranschaulichen.

– Leonard Berry und Kent Seltman: „Orchestrating the Clues of Quality" (Kapitel 7), in: *Management Lessons from Mayo Clinic*

(Mayo wird immer wieder zum besten Gesundheitsdienstleister der USA gewählt. Bestandteile der einzigartigen „Team-Medizin" – Kultur! – des Unternehmens sind in Kapitel 1 beschrieben.)

3.4

3.4.1
Kultur plus: „Hart ist weich. Weich ist hart."

Ich übertreibe nur minimal, wenn ich sage, man könne *Auf der Suche nach Spitzenleistungen* in sechs Wörtern zusammenfassen:

„Hart ist weich.

Weich ist hart."

Hart **(Zahlen/Pläne) ist *weich*: Pläne sind häufig nur Fantasien, und Zahlen können problemlos manipuliert werden. Paradebeispiel: Die Wertpapieranalysten und Ratingagenturmitarbeiter haben clevere „Derivate" wertloser Hypotheken zusammengestellt und bewertet und dadurch die milliardenschwere Finanzkrise von 2007/08 ausgelöst.)**
Weich **(Mitarbeiter/Beziehungen/Kultur) ist *hart* (schwer zu erreichen und nur von Dauer, wenn man unablässig daran arbeitet).**

Ich möchte die „harten Dinge", auf die traditionell viel Wert gelegt wird, nicht kleinreden. Ich bestehe jedoch darauf, dass die „weichen Dinge" der Schlüssel zu langfristigem Erfolg und das Fundament von Spitzenleistung sind.

Ich bin diplomierter Zahlenmensch. Ich habe ganze vier Abschlüsse in analytischen Disziplinen – zwei im Ingenieurswesen und zwei in Wirtschaftswissenschaften. Auch mein Co-Autor von *Auf der Suche nach Spitzenleistungen*, Bob Waterman, hat eine analytische Ausbildung genossen. Auch er hat einen Abschluss im Ingenieurswesen und einen in Wirtschaftswissenschaften.

In der einleitenden Geschichte in Kapitel 1 habe ich von meiner Zeit als Soldat in Vietnam berichtet. Ich kam mit einer Menge Tiefbauwerkzeugen ins Land, erhielt aber nach kurzer Zeit das Kommando über einen Trupp in einer ziemlich ungemütlichen Gegend. Über Nacht stellte ich fest, dass 99 Prozent meiner Sorgen mit Menschen zu tun hatten (sogenannten – fälschlicherweise so bezeichneten – „weichen" Faktoren). Und ich war vollkommen unvorbereitet für eine „weiche" Führung in einer Gegend, in der böse Typen auf uns schossen und die Straßen stark vermint waren.

Das Langzeitergebnis dieser rauen Einführung in das Leben eines Managers:

Mein Lebenswerk.
Hart ist weich.
Weich ist hart.

3.4.2
Hart ist weich/Weich ist hart: Das 7-S-Modell von McKinsey

Die 7 S:

STRATEGIE
STRUKTUR
SYSTEME

STIL
SPEZIALFERTIGKEITEN
STAMMPERSONAL
SELBSTVERSTÄNDNIS

Die (häufig betonten) harten S:

STRATEGIE
STRUKTUR
SYSTEME

Die (häufig vernachlässigten/unterschätzten) weichen S:

STIL („wie die Dinge bei uns laufen"/Unternehmenskultur)
SPEZIALFERTIGKEITEN (charakteristische Fähigkeiten des Unternehmens)
STAMMPERSONAL (die Mitarbeiter)
SELBSTVERSTÄNDNIS (die Basis für langfristige Spitzenleistung)

Das 7-S-Modell von McKinsey, das Bob Waterman und ich 1979 gemeinsam mit Tony Athos, Richard Pascale und Julien Phillips entwickelt haben, hat den Test der Zeit bestanden – bis dato 39 Jahre. Bei McKinsey bekamen die 7 S schließlich fast den Status einer Heiligen Schrift. Der in den 1990ern amtierende Managing Director bezeichnete das Modell als „das nützlichste Modell zur Bewertung der organisatorischen Effektivität eines Unternehmens".

Die Idee, die dem „Hart ist weich, weich ist hart" zugrunde liegt und durch das Modell erweitert wird, ist folgende: Es gibt weiche S und harte S, die beide berücksichtigt und gesteuert werden müssen, um das Wohlergehen des Unternehmens und seine Wettbewerbsstärke zu maximieren. In der Vergangenheit saßen die weichen S dabei eher in der zweiten Reihe, wenn sie überhaupt eingeladen wurden.

Der Trick besteht nun nicht etwa darin, den weichen S die erste Reihe zu überlassen, sondern ein Gleichgewicht herzustellen. Allen Elementen muss die gleiche Aufmerksamkeit gelten. Die wahre Kunst ist es, langfristigen Erfolg zu erzielen, indem man das Gleichgewicht der S an die Bedürfnisse der Zeit anpasst. Und dazu braucht man einen Dirigenten mit absolutem Gehör. Vor neunzig Jahren sagte der legendäre Chef von General Motors, Alfred Sloan (der als CEO Kultstatus genoss), das Geheimnis der Effektivität bestehe darin, das Gleichgewicht zwischen Zentralisierung (hart: das Ruder fest in der Hand halten) und Dezentralisierung (weich: hundert Blumen sprießen lassen) ständig neu auszuloten. Manchmal müsse man die Zügel straffen und ein anderes Mal müsse man den Bereichsleitern (Chevrolet, Cadillac usw.) freien Lauf lassen. Das gilt auch für die Implementierung des 7-S-Ansatzes.

3.4.3
Anmerkungen zu den „harten Dingen" und zu Zahlen

Ich habe absolut nichts gegen die „harten Dinge". Nehmen Sie zum Beispiel Zahlen. Ich denke und träume wohl oder übel in Zahlen. Es geht mir nicht darum, Zahlen als unwichtig abzutun. Ich möchte nur nicht, dass sie verstanden werden als der Schwanz, der mit dem Hund wedelt.

Zahlen sind abstrakt.

Zahlen sind Ableitungen realer Handlungen.

„Weiche" Beziehungen sind dagegen das echte Leben.

Zahlen sind wichtig.

Sehr.

Aber „Unternehmensführung nach Zahlen" ist eine Illusion der Verlierer.

(Ja, selbst in Zeiten von Big Data und Co.)

Kaum einer hat das besser auf den Punkt gebracht als der Meinungsforscher Daniel Yankelovich, den Jack Bogle in seinem Buch *Was wirklich zählt* zitiert. Zu den Grenzen analytischer Modelle sagt Bogle Folgendes:

Der erste Schritt besteht in der Messung dessen, was leicht zu messen ist. Das ist so weit in Ordnung. Der zweite Schritt besteht darin, zu ignorieren, was nicht gemessen werden kann, oder ihm willkürlich einen quantitativen Wert beizumessen. Das ist unnatürlich und irreführend. Der dritte Schritt besteht in der Annahme, dass nicht wirklich wichtig sein kann, was nicht messbar ist. Das ist Blindheit. Der vierte Schritt besteht in der Behauptung, dass gar nicht existiert, was nicht gemessen werden kann. Das ist Selbstmord.

(Amen.)

3.4.4
Die weiche Seite als Erfolgsfaktor – auch im Silicon Valley

Herausgeber des *Forbes Magazine* und Silicon-Valley-Begeisterter Rich Karlgaard verfolgt seit Langem die Kräfte, die auf die Tech-Giganten einwirken, die unsere Wirtschaft derzeit stark beeinflussen. Die Faktoren, die über Erfolg oder Misserfolg entscheiden, fasste er 2014 in seinem Buch *The Soft Edge – Where Great Companies Find Lasting Success* zusammen. Karlgaards Argumentation geht im Wesentlichen folgendermaßen:

Ich glaube, dass die Businesswelt sich derzeit am Scheideweg befindet, an dem die Leute mit „harter Seite" die Erzählung und Diskussion dominieren. … Der Kampf um Geld, um Aufmerksamkeit, der gerade in vielen Unternehmen und unter vielen Managern tobt, ist der zwischen harter und weicher Seite. …

Viel zu wenige Unternehmen investieren Zeit und Geld in „weiche“ Spitzenleistungen. Das hat vor allem drei Gründe:

- Die harten Faktoren lassen sich leichter quantifizieren.
- Erfolgreiche „harte“ Investitionen führen zu einer schnelleren Kapitalrendite.
- CEOs, CFOs, COOs, Vorstände und Aktionäre sprechen die Sprache der Finanzen.

Ich möchte Ihnen zeigen, warum Unternehmen lieber Zeit und Geld in ihre weiche Seite investieren sollten:

- Stärke in den weichen Faktoren … steigert die Markenbekanntheit und die Gewinnmargen. Es ist der Weg raus aus Komforthausen.
- Unternehmen mit starker weicher Seite sind widerstandsfähiger gegen große strategische Fehler oder dramatische Veränderungen. …
- Stärke in den harten Faktoren ist absolut notwendig, um zu überleben und im Wettbewerb zu bestehen, sie verschafft jedoch nur einen kurzzeitigen Vorteil.

Eine ziemlich eindrucksvolle Liste an Vorteilen, finden Sie nicht auch? Ohne *Auf der Suche nach Spitzenleistungen* kleinmachen zu wollen: Die Hart-weich-Bewertung von Karlgaard ist mit Abstand das Beste, was ich bislang zu diesem Thema gehört habe.

Um Ihnen einen Eindruck von der Art und Weise zu geben, wie Karlgaard argumentiert, sehen wir uns einmal die Überschriften der „weichen“ Abschnitte seines Buches an:

- Vertrauen
- Teams
- Geschmack
- Cleverness
- Story

Karlgaard führt zahlreiche Beispiele an, auch jenseits der Tech-Welt und des Silicon Valley. Dennoch liegt für mich die Stärke des Buches in seinen Silicon-Valley-Wurzeln. Wenn man an das Silicon Valley denkt, fallen einem Begriffe wie *Technik*, *Programmieren*, *Software*, *Algorithmen*, die *Cloud* und *Big Data* ein – also das Härteste vom Harten. Dennoch gelingt es Karlgaard, deutlich zu machen, dass die Gewinner – sogar oder gerade im Silicon Valley – diejenigen sind, die die andere Seite der Medaille, die „weichen Faktoren“, erfolgreich integrieren.

Das ist eine starke Botschaft. Das Buch ist für mich übrigens eines der besten Wirtschaftsbücher der 2010er-Jahre. Wer weiß, wie viele Exemplare ich davon bereits verteilt habe oder wie vielen Leuten ich das gebundene Buch bereits über die Rübe gezogen habe, damit sie es lesen.

3.4.5 Die weiche Seite: Geisteswissenschaftler erobern das Silicon Valley

Als Beispiel für die obigen Ausführungen eignet sich diese ungewöhnliche Titelgeschichte, die das *Forbes Magazine* im Juli 2015 brachte:

Die neue goldene Eintrittskarte: reich werden auch ohne Programmierkenntnisse. Wie Geisteswissenschaftler das Silicon Valley erobern

Hier die Highlights des Artikels:

Rache der Philosophieabsolventen: Hervorragende Programmierkenntnisse und technisches Know-how sind im Silicon Valley längst Standard. Mehrwert bringen zunehmend diejenigen, die verkaufen und gut mit Menschen können. Deshalb reißen sich Tech-Start-ups zunehmend um Geisteswissenschaftler.

Es ist eines der schillerndsten Tech-Unicorns mit 1,1 Millionen Nutzern und einem Marktwert von 2,8 Milliarden US-Dollar. Wenn Sie die teambasierte Messeging-Software von Slack schon einmal benutzt haben, kennen Sie sicher den Slackbot, eine der erfolgreichsten Innovationen des Unternehmens. Das ist ein kleiner hilfreicher Avatar, der immer wieder auftaucht, um dem User Tipps zu geben und dabei so flott daherspricht, dass man fast denken könnte, man hätte es mit einem Menschen zu tun.

Dieses Maß an Kreativität lässt sich nicht programmieren. Tatsächlich stammt vieles von dem, was der Slackbot von sich gibt, aus der Feder der 38-jährigen Anna Pickard, eine der 180 Mitarbeiter(innen) des Unternehmen und Editorial Director. Sie hat ihren Abschluss in Theaterwissenschaften an der Manchester Metropolitan University in Großbritannien gemacht, litt dann aber zunehmend unter den ständigen Absagen, die sie nach Vorsprechen erhielt. Bevor Pickard die Tech-Welt für sich entdeckte, hatte sie sich als Bloggerin einen Namen gemacht, Videospiele konzipiert und bei Twitter aus der Sicht einer Katze geschrieben. Jetzt denkt sie sich witzige Antworten aus, zum Beispiel wenn Nutzer eintippen: Ich liebe dich, Slackbot. Ihre Mission sei es, so Pickard, „die Nutzer mit kleinen Überraschungen und Freuden zu entzücken". Die Bezahlung ist gut, die Aktienoptionen sind noch besser.

Eine Titelgeschichte ist natürlich noch kein Trend. Sie unterstreicht aber das steigende Bewusstsein für „weich ist hart" und die Bedeutung der „weichen Seite" in ungewohnten Kontexten.

3.4.6 Die weichen Dinge: Unter unserer Würde?

In *Der Vorteil – Warum nur virale und robuste Unternehmen in Führung gehen* berichtet der Autor Patrick Lencioni von einem vielsagenden Erlebnis:

> **Ich saß also neben dem Vorstandsvorsitzenden und lauschte einer Präsentation nach der anderen und verfolgte, welch bemerkenswert ausgefallenen Maßnahmen [der Leitsatz „ Mitarbeiter zuerst“, Führungsstil, Kultur der Gemeinschaft] das Unternehmen so solide machen. Irgendwann raunte ich meinem Nachbarn die halb rhetorisch gemeinte Frage ins Ohr: „Warum zum Kuckuck macht keiner Ihrer Wettbewerber vergleichbare Sachen?“**
> **Er überlegte und wisperte dann fast traurig: „Ehrlich gesagt nehme ich an, sie halten es für unter ihrer Würde.“**

Wow.

Das deckt sich auch mit meinen Beobachtungen der letzten Jahrzehnte.

3.4.7 Abschließender Gedanke zu „hart vs. weich“: Ist man mit den weichen Dingen auf der sicheren Seite?

Der digitale Wandel und die damit verbundenen möglichen (wahrscheinlichen) Jobverluste werfen die Frage auf:

> **Was kann man dagegen tun?**
> **Oder besser: Wie kann man seiner Zeit voraus sein?**

Nach meiner Überzeugung ist der beste Weg, vielleicht der einzig wirksame Weg –, sich auf die „weichen Dinge“ (zum Beispiel Kultur, Mitarbeiterinnen und Mitarbeiter, intensives Zuhören, Innovation durch Fehlerfreudigkeit, Abgrenzung durch ein „wahnsinniges geniales“ Design) zu konzentrieren und unablässig – jeden Tag, jede Stunde, jede Minute – nach SPITZENLEISTUNG zu streben.

Dafür gibt es natürlich keine Garantie.

Aber es gibt vielversprechende Pfade, die es sich zu erkunden lohnt.

Und es gibt Beispiele, die uns inspirieren.

4 Die Pioniere – kleine und mittlere Unternehmen

Meine Geschichte

Ein Treibanker, auch Seeanker genannt, hat den Zweck, ein Boot bei starkem Wellengang zu stabilisieren. Anstatt das Boot auf dem Meeresgrund festzumachen, verstärkt der Anker den Strömungswiderstand und fungiert als Bremse. Er kann auch am Heck eines Schiffs befestigt werden und verhindert so, dass das Schiff quer zu den Wellen zu stehen kommt.

Meine Frau und ich entfliehen den nordamerikanischen Wintermonaten in der Regel, indem wir uns andere Ende der Welt begeben, genauer gesagt nach Neuseeland, an die nördliche Spitze der Südinsel. Wir haben dort ein kleines Cottage an der Tasmanischen See.

Etwa vierzig Kilometer entfernt befindet sich das Städtchen Motueka. Auf der Hauptstraße findet man eine unscheinbare Tür, die in die Geschäftsstelle und Fabrik von W. A. Coppins führt, der gemeinhin als der weltweit führende Konstrukteur und Hersteller von Treibankern und verwandten Produkten gilt.

Die Wurzeln des Unternehmens reichen zurück bis in das Jahr 1896, als W. A. Coppins als Textildesigner und -hersteller begann. Heute gründet das Unternehmen seinen Erfolg auf das Lösen „verzwickter Probleme", wie es der Chef nennt. Das Produktsortiment reicht von leichter Freizeitausrüstung bis zu riesigen Systemen für Premiumkunden wie die US Navy und die norwegische Regierung.

Ich gebe es zu: Ich habe mich in W. A. Coppins (und andere seiner Art) verliebt. Coppins und Co. sind „Category-Killer", wie der Einzelhandel diese Unternehmen nennt. Ihnen ist es gelungen, mit grenzenlosem Ideenreichtum und Spitzenleistung eine Marktnische zu erobern, meist weltweit und meist von so abgelegenen Orten wie Motueka aus.

Unternehmen wie W. A. Coppins und etwas größere Firmen, die in die Gruppe der KMU fallen, sind das „geheime Rückgrat" der Wirtschaft, wie es jemand mal scherzhaft formulierte, ob es jetzt die neuseeländische (BPI ca. 200 Milliarden US-Dollar) oder die US-amerikanische (17 Billionen US-Dollar) Wirtschaft ist. Rückgrat im Sinne von a) treibende Innovationskraft und b) führender Job- und Beschäftigungsmotor, was in Zeiten des technologischen Wandels von besonderer Bedeutung ist.

2014 hielt ich eine Keynote auf dem ersten jährlichen Business- und Behördenkongress in Neuseeland. Ich verstimmte damals so einige Teilnehmer, als ich sagte, Neuseeland müsse weitere Unternehmen wie Coppins auf den Weg bringen und unterstützen, anstatt zu sehr auf volatile Güter zu setzen, wie es das Land bislang getan hatte. (Milchpulver für Babynahrung für den chinesischen Markt ist die tragende Säule des neuseeländischen Exports – und ganz schön riskant. Ich sage nur: Eine verlorene Schiffsladung und die Exportzahlen rutschen in den Keller.) Wie gesagt, so einige Leute waren aufgeschreckt, was zugegebenermaßen meine Intention war.

Oh Mann, ich liebe diese mächtigen Magier von Motueka, W. A. Coppins, die sich eine weltweite Marktnische erobert haben!

Bravo!

Bravo, Bravo, BRAVO!

(Es ist kein Zufall, dass Coppins von zwei mächtigen Magiern als Partner unterstützt wird. Die Produktbasis des Treibankers ist eine Nylonart, Dyneema, die von dem Spezialisten DSM Netherlands entwickelt und hergestellt wird. Darüber hinaus bezieht Coppins maßgeschneiderte Stoffe von einem weiteren mittelgroßen Spezialisten – W. Wiggins aus dem benachbarten Wellington. Solche Partnerschaften zwischen kleinen Superstars sind nicht ungewöhnlich und sie unterstreichen das Argument, dass die Wirtschaft eines Landes enorm von einem dynamischen, sich selbst verstärkenden Ökosystem aus KMU profitiert.)

Unternehmen wie Coppins findet man überall, auch wenn die Bücher der Wirtschaftsgurus, die nur die Giganten unter den Unternehmen in den Blick nehmen (auch ich trage Mitschuld daran) oder die Lehrpläne der Business Schools anderes vermuten lassen. In diesem Kapitel möchte ich drei Dinge verdeutlichen: Erstens verdienen Gewinnerunternehmen wie Coppins und Co. in Neuseeland, Deutschland, den USA und anderswo stehende Ovationen sowie unsere persönliche und öffentliche Unterstützung für ihren Beitrag zur nationalen Wirtschaft und zu den Kommunen vor Ort, vor allem für die vielen Millionen Arbeitsplätze, die sie schaffen und erhalten. Zweitens möchte ich zeigen, dass es in jeder Ecke und in jedem Winkel der Wirtschaft tolle Vorbilder gibt. Manchmal scheint es, als bekämen die Programmierkönige und App-Entwickler des Silicon Valley allen Beifall ab. Dabei sollten wir gerade Ausschau halten nach

Treibanker-Königen, die sich den „verzwickten Problemen“ widmen. Drittens findet sich die reinste Form von Spitzenleistung gerade bei den Coppins und Co., von denen wir noch viel lernen können.

Lichten wir also den (Treib-)Anker und sehen uns das große Ganze an.

KMU – die Geschichte

4.1 Ungewöhnliche Helden: Coppins++

Ich liebe die Spitzenleistung des Treibankergeschäfts.

Wohin sollen wir unseren Blick als Nächstes richten?

Von unter der Wasseroberfläche hin zu unter dem Haus?

4.1.1 Die Könige des Kellers: Basement Systems Inc. – „All Things Basementy“

Basement Systems Inc. aus Seymour in Connecticut entfernt Schimmel und legt Keller trocken. Das, was einst ein fauler und vielleicht giftiger Teil Ihres Hauses war, wird auf Vordermann gebracht und Sie gewinnen Stauraum oder bekommen ein Wohnzimmer oder ein zusätzliches Schlafzimmer, also ein ganzes Zimmer, dazu. (Nicht schlecht, oder?)

„Kellerumbau “, was für ein trostloses Geschäft!

Nicht für Larry Janesky.

Für Larry und sein dynamisches Team ist Keller klasse.

Janesky ist sehr umtriebig und hat seine Arbeit („All Things Basementy“) in seinem Buch *Dry Basement Science* beschrieben, das sich mehr als 100.000 Mal verkauft hat. Darüber hinaus besitzt er über fünfundzwanzig Patente.

Das 1986 gegründete Unternehmen wächst schnell, arbeitet mit mindestens vierhundert Händlern in sechs Ländern und macht einen Umsatz von mehr als 100 Millionen US-Dollar. Zudem gewinnt Basement Systems regelmäßig Preise (auf lokaler, regionaler und nationaler Ebene) in den Kategorien „Bester Arbeitsplatz“, „Bestes Kleinunternehmen“, „Unternehmer des Jahres“. Das Unternehmen ist in vielerlei Hinsicht ein Musterbeispiel.

4.1.2
Nächster Stopp: ein Parkhaus in 1111 Lincoln Road

In seinem hervorragenden Buch *Simply Brilliant – How Great Organizations Do Ordinary Things in Extraordinary Ways!* nimmt uns Bill Taylor unter anderem mit nach Miami Beach, genauer gesagt in die

1111 Lincoln Road.

Diese Adresse ist zu einem Wahrzeichen von Miami Beach geworden. LeBron James, der damals bei den Miami Heat spielte und ohne Zweifel der beste Basketballspieler der Welt ist, stellte beispielsweise seinen elften Nike-Turnschuh, dessen Erstverkauf mit großem Tamtam gefeiert wurde, in der **1111 Lincoln Road** vor.

Was zum Kuckuck verbirgt sich hinter dieser Adresse?

Ein Parkhaus mit 300 Stellplätzen!

Ziel von Entwickler Robert Wennett war es, das Originalstraßenbild der Lincoln Road aus den 10290ern wiederherzustellen. Dazu bedurfte es unter anderem einer Grundsanierung, mit der die Schweizer Stararchitekten Herzog & de Meuron beauftragt wurden. Das Ergebnis war eine „Autarchitektur" (*carcitecture*), wie es ein Journalist formulierte, eine „geniale Verschmelzung von Highend-Architektur und Parkplatz".

In 1111 Lincoln Road gibt es Kunst im öffentlichen Raum sowie eine große Freitreppe (unzählige Jogger laufen dort jeden Morgen ihre Runden, bevor sie im Anschluss zu einem der im Parkhaus angebotenen Yogakurse gehen). Wennett nennt den Ort einen „kuratierten Raum, der zum Erleben einlädt und eine Geschichte erzählt".

Wennett selbst wohnt in einer Penthouse-Wohnung im obersten Stockwerk des Parkhauses. Ist das übertrieben? Natürlich. Gleichzeitig ist es jedoch ein profitables Geschäft, eine Chance für die Stadt und ein einzigartiges Werk menschlicher Vorstellungskraft! (*Simply Brilliant* stellt einige solch inspirierende Beispiele vor.)

4.1.3
Die Jim's Group: australischer Star bei den Dingen, die Kunden nicht selbst machen wollen

1984 gründete Jim Penman die Firma Jim's Mowing (er machte damals gerade seinen Doktor in kulturübergreifender Anthropologie und finanzierte sich seine Miete mit Rasenmähen). 2016 war aus seinem Ein-Personen-Betrieb mit einem

Rasenmäher die Jim's Group geworden – ein Unternehmen mit **3.600 Franchisenehmern** in Australien, Neuseeland, Großbritannien und Kanada. Jims erklärter Brotverdienst, wie bereits die Kapitelüberschrift verrät: Dinge, die die Kunden nicht selbst machen wollen.

Category-Killer – eine Zusammenstellung:

Jim's Mowing Canada
Jim's Mowing UK
Jim's Antennas
Jim's Bookkeeping
Jim's Building Maintenance
Jim's Carpet Cleaning
Jim's Car Cleaning
Jim's Computer Services
Jim's Dog Wash
Jim's Driving School
Jim's Fencing
Jim's Floors
Jim's Painting
Jim's Paving
Jim's Pergolas
Jim's Pool Care
Jim's Pressure Cleaning
Jim's Roofing
Jim's Security Doors
Jim's Trees
Jim's Window Cleaning
Jim's Windscreens
Und so weiter.

Wie Larry Janesky in *Dry Basement Science* zeichnet auch Jim Penman die Reise seines Unternehmens in seinen Büchern *What Will They Franchise Next?* und *Every Customer a Raving Fan* nach.

Coppins, Basement Systems Inc., 1111 Lincoln Road und Jim's Group sind Paradebeispiele für das Potenzial des KMU-Sektors. Und zwar dort, wo man es am wenigsten erwartet: weit weg von Palo Alto.

Würde man allein die Literatur der Wirtschaftsgurus lesen oder einen Blick auf die Kursliste einer typischen Business School werfen, man hätte keine Ahnung von der wirtschaftlichen Dominanz dieser KMU. Die Gurus, die Business Schools und die nationale Presse berichten fast ausschließlich von den großen Jungs. Das ist schlecht. Erstens weil es so viele tolle KMU an den faszinierendsten Orten gibt, die faszinierende Dinge tun, von denen wir lernen können. Zweitens, und genauso wichtig, ist zu bezweifeln, ob uns diese hoch gelobten großen Jungs wirklich so viel beibringen können. Offen gesagt ist ihre langfristige Performance fraglich, und das ist noch untertrieben.

4.2 Spulen wir noch einmal zurück und beginnen wir dieses Kapitel mit einer kurzen Bewertung der (wackeligen) großen Jungs

Was folgt, ist eine solide Argumentation, die Sie so jedoch nie in einer wirtschaftswissenschaftlichen Dissertation in Oxford finden würden. Es gibt erstklassige Großunternehmen – das war immerhin Sinn und Zweck meines ersten Buches *Auf der Suche nach Spitzenleistungen*. Und man kann viel von ihnen lernen. (Es ist allerdings verdammt schwer, den Exzellenzvorteil aufrechtzuerhalten. Alles in allem haben sich „unsere" Spitzenunternehmen überraschend gut behauptet, wenn man sich die Zahlen ansieht. Nicht wenige Superstars aus *Auf der Suche nach Spitzenleistungen* haben allerdings in den sechsunddreißig Jahren seit Erscheinen des Buches viel von ihrem Glanz verloren.)

Letztlich ist der Beitrag, den die Konzernriesen zur Wirtschaft leisten, stark überbewertet, besonders wenn es um Beschäftigung, die Schaffung von Arbeitsplätzen und Innovation geht. Darüber hinaus ist die langfristige Performance der großen Jungs einfach mies. Und herkömmliche Versuche, über Fusionen und Übernahmen zu alter Größe zu gelangen, scheitern kläglich. Tatsächlich sind die Übernahmeversuche fast schon lachhaft; allerdings nicht für die vielen Hunderttausend Beschäftigten, die auf die Straße gesetzt werden, wenn wieder ein Reise versucht, den exorbitanten Übernahmepreis mit Kostensenkungen (grundsätzlich immer mit dabei: FuE) und Gehaltskürzungen zu rechtfertigen.

Deshalb finden Sie im Folgenden lediglich eine Auswahl an Beispielen, die zusammengenommen den Erfolg der Großunternehmen gehörig infrage stellen:

> **Ich glaube nicht an Skaleneffekte. Man wird nicht besser dadurch, dass man größer wird. Man wird schlechter.**
> – Dick Kovacevich, ehemaliger CEO von Wells Fargo

Diese Aussage wird durch folgende Tatsache untermauert: Die Strategie von Wells Fargo, Wachstum um jeden Preis zu erzielen, ist in jüngster Vergangenheit ziemlich nach hinten losgegangen (zum Beispiel hat das unerlässliche Streben nach Umsatzwachstum zu unerhörtem Verhalten gegenüber den Kunden des Finanzdienstleisters geführt).

Forster und seine McKinsey-Kollegen haben detaillierte Daten zur Performance von 1.000 [großen/börsennotierten] US-Unternehmen aus den letzten 40 Jahren gesammelt. Das Ergebnis: KEINEM dieser langfristigen Überlebenden ist es gelungen, sich von der Marktentwicklung abzuheben. Schlimmer noch: Je länger ein Unternehmen in der Datenbank war, desto schlechter schnitt es ab.

– *Financial Times*

(Überlegen Sie mal: Das ist ein Verhältnis von *null* zu tausend. Ein eher mageres Ergebnis, finden Sie nicht auch?)

Angehende Unternehmer, die dem Leben in Konzernstrukturen entfliehen wollen, fragen mich häufig: „Wie gründe ich meine eigene kleine Firma?“ Die Antwort scheint mir naheliegend: Einfach ein großes Unternehmen kaufen und abwarten.

– Paul Ormerod, Ökonom, in: *Why Most Things Fail – Evolution, Extinction and Economics*

(Witzig. Oder doch nicht?)

Multinationalen Unternehmen, den Strippenziehern der globalen Integration, ging es schon schlecht, lange bevor die populistische Revolte 2016 [in den USA] begann. Ihre Geschäftsergebnisse sind zurückgegangen, sodass sie nicht mehr besser dastehen als lokale Firmen. Es scheint, als hätten viele von ihnen ihre Möglichkeiten zur Kostensenkung und Steuerersparnis ausgeschöpft und fänden keinen Weg mehr, ihre lokalen Konkurrenten zu übertrumpfen. Zentral für den Aufstieg der globalen Unternehmen war ihre Behauptung, erstklassige Geldmaschinen zu sein. Diese Behauptung trifft nicht länger zu.

– Titelgeschichte des *Economist*: „The Multinational Company Is in Trouble“, 28. Januar 2017

Fast alle meine Freunde arbeiten an der Wall Street. Wir können ein- und dasselbe Unternehmen sechsmal verkaufen und alle verdienen daran. Aber ob wir auch für Innovationen sorgen, darüber bin ich mir nicht so sicher.

– Jeff Immelt, ehemaliger CEO von General Electric

Immelt ist sich da nicht so sicher, aber ich bin es: Die Innovationsliste dieser wieder und wieder verkauften Unternehmen ist alles andere als glanzvoll. Ein langjähriger Wall-Street-Beobachter beschreibt diesen jämmerlichen Prozess treffend als „Kaufen und kürzen“.

Als Ergänzung zu Immelts Aussage:

> **Als er kürzlich gebeten wurde, eine große Fusion der jüngeren Vergangenheit zu nennen, die die Erwartungen erfüllt habe, antwortete Leon Cooperman, ehemaliger Co-Chairman des Investment Policy Committee von Goldman Sachs: „Ich bin mir sicher, es gibt da draußen Erfolgsgeschichten, aber gerade will mir einfach keine einfallen.“**
>
> – Mark Sirower: *The Synergy Trap*

(Ups, schon wieder *null*.)

> **Kein Einziges der Unternehmen, die sich von Grund auf erneuert haben, hat diesen Wandel mit einer spektakulären Fusion oder Übernahme begonnen. Dagegen haben Unternehmen, die die Transformation nicht geschafft haben oder nicht lange aufrechterhalten konnten, häufig versucht, mithilfe einer großen Fusion oder Übernahme zum Erfolg zu kommen. Sie haben einfach nicht verstanden, dass man sich zwar den Weg zum Erfolg kaufen kann, nicht aber den Weg zu wahrer Größe.**
>
> – Jim Collins: „The Merger Mystery“, in: *Time*, 21. November 2004

(Es gibt zahlreiche Studien zu großen Fusions- und Übernahmeprojekten, und sie kommen in der Regel zu dem Schluss, dass etwa 75 Prozent der daraus hervorgehenden Unternehmen Wert vernichten.)

Hierbei will ich es erst einmal belassen. Es ist sicherlich nicht der Wahrheit letzter Schluss, aber doch eine alles andere als triviale Sammlung ziemlich bestechender Beweise.

4.3

4.3.1
Die wahren Stars: die Eroberer der Nischen

> **Studien belegen, dass neu gegründete kleine Unternehmen den Großteil der Jobs im privaten Sektor schaffen und im Vergleich wesentlich innovativer sind.**
> – *The Future Is Small – Why AIM [Alternative Investment Market] Will Be the World's Best Market Beyond the Credit Boom* von Gervais Williams, erfolgreicher Fondsmanager, zitiert in der *Financial Times*

Fast alle („den Großteil" – siehe oben) Jobs.

Wesentlich innovativer.

(Und, ich wiederhole mich, von politischen Entscheidungsträgern oder mir kaum zur Kenntnis genommen.)

4.3.2
Der Beste sein

In seinem Buch *Retail Superstars. Inside the 25 Best Independent Stores in America* stellt George Whalin fünfundzwanzig beeindruckende Beispiele für den Mut und Ideenreichtum kleiner und mittlerer Unternehmen vor. Ich verschenke das Buch als Inspiration gern an Finanzexperten und Personalleiter, nicht nur an Gründer kleiner Unternehmen. Viele Dutzend Exemplare bin ich bereits los geworden.

Alles Beispiele für einzigartigen Ideenreichtum!

Große Erfolge der „kleinen Leute" über die Größten der Großen!

Es ist machbar!

Nicht nur wegen der Ideen-Komponente verschenke ich das Buch. Ein weiterer Grund ist folgende vorzügliche Formulierung von Whalin:

> **Seien Sie der Beste. Das ist der einzige Markt, der noch nicht gesättigt ist.**

Ich habe noch nie ein Credo für KMU gelesen, das es dermaßen auf den Punkt bringt.

(Der mittlerweile verstorbene Jerry Garcia von den Greatful Dead ging noch einen Schritt weiter als Whalin: „Sie wollen nicht bloß der Beste der Besten sein. Sie wollen der Einzige auf Ihrem Gebiet sein.")

4.3.2.1 Die beste Toilette der USA!

Sehen wir uns einmal den **JUNGLE JIM'S INTERNATIONAL MARKET** in Fairfield, Ohio, an. Die Kunden kommen von nah und fern, sogar sehr fern, um **„Shoppertainment“** zu erleben, wie es der Chef nennt. Allein das Lebensmittelangebot ist beeindruckend: Sie können aus **1.600** Käsesorten, **1.400** Würzsoßen und **12.000** Weinen für 8 bis 8.000 US-Dollar pro Flasche wählen. Die Lebensmittel sind jedoch das Kleinste. Whalin schreibt weiter:

> **Der Laden von Jungle's ist buchstäblich bis oben hin vollgestopft mit visuellen Überraschungen. Neben einer Oase im Freien, in der sich Tiere tummeln, und einem Rennauto über dem Eingang können die Kunden einem zwei Meter großen mechanisch betriebenen Löwen lauschen, dem Elvis-Presley-Song, den *Jailhouse Rock* von sich gibt. Im Sherwood Forest in der Abteilung für englische Lebensmittel gibt es sogar einen sprechenden Robin Hood. Über der Delikatessenabteilung prangt ein alter Boar's Head-Lkw. Die China-Abteilung schmückt eine lebensgroße Rikscha. Andere Augenweiden sind eine von Pferden gezogene Kutsche der Amish People in der Fleischabteilung und ein mit Süßigkeiten gefüllter Coney-Island-Autoscooter bei den Süßwaren. Manchmal sind die Requisiten auch etwas bizarr. Zwei mobile Toilettenkabinen, eine für Männer, eine für Frauen, vor dem Geschäft würden wohl eher auf eine Baustelle passen als in einen Lebensmittelladen. Die Türen sind jedoch nur Attrappen, und sobald der Kunde durch sie hindurchgeschritten ist, findet er sich in einer wunderschön gestalteten Toilette wieder. Diese kreativen Räumlichkeiten wurden 2007 im zum sechsten Mal stattfindenden Jahreswettbewerb der Cintas Corporation, einem Anbieter von Toilettenreinigern und Hygieneartikeln, als die „beste öffentliche Toilette der USA“ ausgezeichnet.**

Besonders gefällt mir „beste öffentliche Toilette der USA“. Es gibt viele Preise, die ein Unternehmen einheimsen kann, zum Beispiel den Malcolm Baldrige National Quality Award (MBNQA), der manchmal vom US-Präsidenten auf dem Rasen vor dem Weißen Haus überreicht wird. Wenn ich jedoch Eigentümer eines Unternehmens in der entsprechenden Branche wäre, würde ich einen Preis wie „beste öffentliche Toilette der USA“ einem Herumtollen auf dem Rasen des Weißen Hauses vorziehen. Denn solch ein Preis zeugt von einer Kreativität und Kundenpflege, die man einfach nicht toppen kann.

Übrigens: Bevor wir das Thema Toilette abschließen, sehen Sie sich bitte noch kurz den folgenden Text einer Werbetafel auf einem Highway in Texas an:

Nur 262 Meilen bis zum nächsten Buc-ee. Halten Sie durch!

Oder diesen hier:

Unsere Toiletten sind so sauber, dass Sie ein Pfefferminzbonbon auf der Klobrille ablegen können.

Buc-ee ist eine Kette von Lebensmittelgeschäften und Tankstellen in Texas. Die größte davon befindet sich in New Braunfels und sie gilt mit über 6.000 Quadratmetern als der größte Lebensmittelladen der USA. Es gibt dort 120 Zapfsäulen, 83 Toiletten, 31 Kassen und vieles mehr. Und ja, die Buc-ee-Servicestation in New Braunfels wurde 2012 als **„beste öffentliche Toilette der USA“** ausgezeichnet. Das muss man einfach lieben, oder? „Spitzenleistung in New Braunfels“ ist ein weiteres schönes Beispiel für den Ideenreichtum der KMU – die verrücktesten Features an den verrücktesten Orten.

(Warum ich meinen Job liebe: *Als ich die obigen Zeilen schrieb, erhielt ich unerwartet eine E-Mail von einem Brasilianer, der an einem meiner Seminare teilgenommen hatte. Im Anhang waren vier Fotos einer grandiosen Tankstellen-Toilette im brasilianischen Bauru. Der Absender schrieb, er habe sofort an mich und einen Vortrag, den ich in São Paulo gehalten hatte, denken müssen, als er dort Halt machte. Spitzenleistung in Bauru! Spitzenleistung in öffentlichen Toiletten! Ja!*)

4.3.2.2 Und noch ein Superstar des Einzelhandels: Abt Electronics – Ideenreichtum und Differenzierung vom Feinsten

Das Internet hat viele traditionelle Elektroeinzelhändler hinweggefegt. Es gibt jedoch Ausnahmen. Hier ein weiteres Beispiel aus Whalins *Retail Superstars*:

Das Familienunternehmen Abt Electronics wurde 1936 gegründet und die Geschäfte laufen immer noch gut. Die Firma wächst sogar – und das in der hart umkämpften Metropolregion Chicago. Im Folgenden ein paar Dinge, die Abt Electronics so besonders machen:

- Verkaufsfläche: 32.000 Quadratmeter
- 300 Millionen US-Dollar Umsatz
- ein Design Center mit Kursen zu allen möglichen Themen
- Erlebniswelt (wie Ikea): Restaurant, Atrium mit beeindruckenden Blumen, 28.000-Liter fassendes Aquarium usw.

- eigener Lieferservice (flotte Uniform usw.)
- Weiterbildungsangebot
- sehr gute Behandlung der Mitarbeiter (Gehalt und anderes)
- eine Kultur des „Ja", auch wenn der Kundenwunsch noch so verrückt ist. KEINE AUSNAHMEN.
- überdurchschnittlicher Personalbestand!
- Merchandising (Schiffe mit Schiffselektronik des Unternehmens, Autos ausgestattet mit verschiedenen Systemen usw.)
- Internetfanatiker (äußerst umfangreiche Informationen zu fast allen Produkten, Blog, Live-Chat mit Experten rund um die Uhr usw.)
- Kunden bewerten den Service von Abt Electronics wesentlich besser als bei Home Depot, Lowe's und anderen

4.3.3 Kleine Riesen: Unternehmen, die großartig statt groß sein wollen

Die Kapitelüberschrift ist der Titel eines von Inc.-Mitbegründer Bo Burlingham verfassten Buches: *Small Giants*. Es ist praktisch ein Pendant zu Whalins *Retail Superstars*. Darin untersucht Burlingham vierzehn Unternehmen in sehr spezialisierten Märkten: ECCO aus Boise in Idaho ist zum Beispiel der „führende Hersteller von Rückfahralarmen und Warnleuchten für Nutzfahrzeuge. Reell Precision Manufacturing aus Saint Paul in Minnesota fertigt „Bewegungssteuerungsprodukte, zum Beispiel Scharniere für Laptopdeckel".

Diese Top-Performer sind führend in ihrem Marktsegment. Laut Burlingham verbindet diese Unternehmen Folgendes:

1. Sie pflegen sehr enge Beziehungen zu ihren Kunden und Lieferanten. Diese gründen auf persönlichem Kontakt und einer wechselseitigen Verpflichtung, Zusagen einzuhalten.
2. Jedes Unternehmen unterhält sehr enge Beziehungen zur örtlichen Kommune oder der Region, in der es tätig ist. Eine Beziehung, die weit über die Idee, etwas zurückzugeben, hinausgeht.
3. Die Arbeitsumgebung ist sehr persönlich.
4. Auffällig finde ich auch die Leidenschaft der Führungsverantwortlichen für das, was das Unternehmen produziert oder anbietet. Sie lieben das Thema, sei es Musik, Sicherheitsleuchten, Lebensmittel, Spezialeffekte, Drehmomentscharniere, Bier, Dokumentenaufbewahrung, Bau, Gastronomie oder Mode.

Vier starke Erfolgsfaktoren, die alle diese Unternehmen gemeinsam haben. Die Liste ist banal und inspirierend zugleich; eine Formel für Erfolg am Markt und verblüffend ähnlich zu dem, was George Whalin beobachtet hat. Den Punkt „Leidenschaft“ möchte ich besonders hervorheben. Man sucht ihn bei den typischerweise schlaffen Riesen vergeblich. Okay, das ist nicht ganz fair: Sie haben tatsächlich eine Leidenschaft – es ist allerdings die Leidenschaft für kurzfristigen Erfolg und weniger für das Gewinnen von Preisen wie „beste öffentliche Toilette“.

4.3.4 Die Hidden Champions des 21. Jahrhunderts: Erfolgsstrategien unbekannter Weltmarktführer

Auch Hermann Simon, *der* Managementdenker Deutschlands, hat mit *Hidden Champions* ein Meisterwerk zum Thema KMU vorgelegt. Ein gebundenes Exemplar des Buches habe immer dabei. Damit wedele ich auf Podiumsdiskussionen wild herum und knurre: **„JA, IHR SCHAFFT DAS!“**

> **KAUZIGE ORTE.**
> **KAUZIGE UND HÄUFIG „LANGWEILIGE“ UNTERNEHMEN.**
> **SUPERDUPERSTARS.**
> **UND NOCH EINMAL: ZUSAMMENGENOMMEN DAS RÜCKGRAT DER NATIONALEN WIRTSCHAFT.**

Im Folgenden einige der Hidden Champions, die Simon vorstellt (Aufnahmekriterium: mindestens unter den Top-3-Unternehmen der Branche, weniger als 4 Milliarden US-Dollar Umsatz):

- Baader (Island; 80 Prozent Weltmarktanteil; Fischverarbeitungssysteme)
- Gallagher (Neuseeland; Elektrozäune)
- W.E.T (Deutschland; Hersteller von Autositzheizungen; 50 Prozent Weltmarktanteil)
- Gerriets (Deutschland; Theatervorhänge und Bühnenausstattung)
- Electro-Nite (Belgien; Sensoren für die Stahlindustrie)
- Essel Propack (Indien; Zahnpastatuben)
- SGS (Schweiz; Produktaudit und -zertifizierung)
- DELO (Deutschland; Spezialkleber)
- Amorim (Portugal; Korkprodukte)
- EOS (Deutschland; Lasersintern)
- Omicron (Deutschland; Tunnel-Raster-Mikroskope)
- Dickson Constant (Frankreich; technische Textilien)
- O.C. Tanner (USA; Mitarbeitererkennungssysteme)
- Höganäs (USA; pulvermetallurgische Produkte)

4.3.5
Der Mittelstand

> **Wendige Kreaturen, die zwischen den Beinen der multinationalen Monster hindurchschießen.**
>
> – *Bloomberg Businessweek* über die Wirksamkeit des deutschen **MITTELSTANDS**

Mittelständische Unternehmen, führend in ihrer Marktnische, sind zweifelsohne verantwortlich für den beeindruckenden, anhaltenden, beispiellosen Exportrekord Deutschlands. Seit Jahren war die Bundesrepublik Exportweltmeister vor den USA, Japan und China. Vor Kurzem hat nun China diese Rolle übernommen.

4.4

4.4.1
Grundsatz 1: Besser vor billiger

In einer fünfjährigen Studie haben Michael Raynor und Mumtaz Ahmed, Seniorpartner bei Deloitte, eine Datenbank mit Daten aus den vergangenen 45 Jahren zu über 25.000 Unternehmen aus Hunderten von Branchen ausgewertet. Sie stießen auf 344 Firmen, deren Performance statistisch gesehen „herausragend" war. Sie grenzten die Auswahl weiter ein und kamen am Ende auf 27 Unternehmen, deren Langfriststrategien sie genauesten unter die Lupe nahmen. Zu den Firmen, die diese akribische Prüfung bestanden, gehörten, Linear Technology, Thomas & Betts, Weis Markets und Heartland Express. Die Untersuchungen von Raynor und Ahmed bildeten die Grundlage ihres genialen Buches *The Three Rules – How Exceptional Companies Think*.

Die Autoren testeten Dutzende von Hypothesen zu der Frage, was den außerordentlichen Erfolg dieser Unternehmen ausmachte. Am Ende kristallisierten sich drei (und nur drei) heraus:

1. BESSER VOR BILLIGER.
2. UMSATZ VOR KOSTEN.
3. ES GIBT KEINE WEITEREN REGELN.

Das mag simpel und selbsterklärend erscheinen. Ist es jedoch nicht. Denn, wie *The Three Rules* zeigt, sind es nur wenige, die sich – komme, was wolle – an diese drei Maximen halten. Genauer: 27 von 25.000!

4.4.2
Grundsatz 2: Langfristiger Wert vor kurzfristigem Gewinn

Zu einem verblüffend ähnlichen Ergebnis kommt der führende Managementexperte des *Forbes Magazine*, Geoff Colvin. In einem Schwerpunktartikel mit dem Titel „The Economy Is Scary, but Smart Companies Can Dominate“ präsentiert er, was seinen Recherchen zufolge diese Unternehmen so außerordentlich erfolgreich macht:

1. SIE STREBEN NACH LANGFRISTIGEM WERT, NICHT NACH KURZFRISTIGEN GEWINNEN.
2. SIE STELLEN DEN KUNDEN RADIKAL IN DEN MITTELPUNKT.
3. SIE ENTWICKELN IHRE MITARBEITERINNEN UND MITARBEITER KONSEQUENT.

Bingo. Bingo. Bingo.

4.4.3
Grundsatz 3: Kostensenkung ist eine Todesspirale – wir setzen auf Umsatzwachstum

Klappe, die dritte: Erinnern Sie sich noch an die zwei Millionen Hundekekse aus der Einleitung, also die Geschichte von Vernon Hill und der Commerce Bank/ Metro Bank? Kunden in die Filialen locken, lange Öffnungszeiten bieten, sich um die Kunden kümmern, sie in Fans verwandeln, die Commerce Bank für 8,6 Milliarden US-Dollar an die TD Bank verkaufen, dann das Ganze in Form der Metro Bank nach Großbritannien exportieren – und den etablierten Banken in kurzer Zeit 1 Millionen Kunden wegschnappen.

Die zugrunde liegende Philosophie dabei, wie schon in den zwei vorherigen Beispielen:

1. „FÜHRT IHR WEG ZUM ERFOLG ÜBER KOSTENSENKUNGEN? ODER FÜHRT IHR WEG ZUM ERFOLG ÜBER INVESTITIONEN?“
2. „INVESTIEREN SIE STARK IN IHRE MITARBEITER. INVESTIEREN SIE STARK IN IHRE STANDORTE.“
3. „KOSTENSENKUNG IST EINE TODESSPIRALE. WIR SETZEN VOLL UND GANZ AUF UMSATZWACHSTUM.“

Der Leitsatz der KMU: Grundsatz 1 = Grundsatz 2 = Grundsatz 3

Umsatzpriorität. Exzellente Produkte und Dienstleistungen. In Mitarbeiter investieren.

4.4.4 Grundsatz 4: Es muss gar kein Produkt geben

> **David Lefkovitz, Mitbegründer von LEFKO Renovations in Atlanta, vermeidet klassische Werbebriefe. Wenn er ein Renovierungsprojekt startet, schreibt er den Nachbarn und teilt ihnen mit, dass er jegliche Unannehmlichkeiten für sie vermeiden wolle. Er fordert sie auf, sich persönlich bei ihm zu melden, falls sie etwas stört. Viele sind von seiner Freundlichkeit beeindruckt und bewahren seine Briefe auf. Später engagieren sie ihn selbst.**
>
> – Verne Harnish, *Fortune*

Ich hasse den Begriff „Ware" wie in „Das ist ein Warenmarkt. Entweder Sie verkaufen über den Preis oder Sie können einpacken." Meiner Meinung nach – und David Lefkovitz scheint es ähnlich zu sehen – ist „Ware" eine Geisteshaltung. *Alles* kann sich deutlich (dramatisch?) vom Rest abheben. Die Möglichkeiten für erkennbare Spitzenleistung sind allgegenwärtig.

Beispiel: Der Klempner oder Elektriker vor Ort bietet nicht einfach einen „Warendienst" an …

- *wenn* er/sie sich auskennt in dem was er/sie tut
- *wenn* er/sie ständig Neues lernt
- *wenn* er/sie einen guten Charakter hat
- *wenn* er/sie pünktlich ist
- *wenn* er/sie anständig gekleidet ist
- *wenn* er/sie einen schicken Transporter fährt
- *wenn* er/sie ein Problem elegant und in der angemessenen Zeit behebt und anschließend genau erklärt, was gemacht wurde und warum
- *wenn* er/sie hinter sich sauber macht, sodass der Kunde später „vom Boden essen kann"
- *wenn* er/sie weitere kleine Dinge repariert, die über den eigentlichen Auftrag hinausgehen – gratis
- *wenn* er/sie 24 Stunden später anruft (keine E-Mail) und sich erkundigt, ob alles in Ordnung ist
- *wenn* er/sie vielleicht einen Blog ins Leben ruft, auf dem er/sie den Kunden praktische Tipps gibt (eine kleine Firma aus Virginia, die Swimmingpools herstellt, wurde mit solch einer Social-Media-Strategie buchstäblich Weltklasse)
- *wenn* …

Er/Sie ist keine Ware!

Solche eine „Entwarisierung" und ein kontinuierliches Streben nach SPITZENLEISTUNG ist ein Alleinstellungsmerkmal, das sein Geld absolut wert ist!

(Während eines Vortrags Ende 2016 hatte ich einmal eine ziemliche Auseinandersetzung. Ich sprach vor einer Gruppe von Franchisenehmern, die sich bitter darüber beschwerten, dass sie aufgrund ihrer schrecklichen Lage (neue Wettbewerber, neue Technologien, neue Richtlinien) dazu gezwungen seien, niedrige Löhne zu zahlen, was wiederum häufig zu schlechter Arbeit und schlechtem Kundenservice führe.

Ich gebe zu, die Pferde gingen etwas mit mir durch, als ich sie dafür schalt und dabei den Geist von George Whalin, Vernon Hill, Larry Janesky, Jim Penman und David Lefkovitz heraufbeschwor. Ich sagte, ihr erklärtes Ziel müsse es sein, die höchsten Gehälter der Branche zu zahlen, und dass sie das nur mit einem Service erreichen würden, der der beste ist und den es so kein zweites Mal gibt. Dafür könnten sie dann einen Preis verlangen, der deutlich über dem Marktpreis liege.

Es gab erheblichen Widerstand, aber zum Glück wurde der (mein) Tag dadurch gerettet, dass einer der Franchisenehmer, ein ziemlich großer und wohl der erfolgreichste unter ihnen, aufstand und mir zu Hilfe eilte. Er betonte, dass meine Ausführungen „genau richtig" seien und dass das „endlich mal gesagt werden musste".)

4.4.5 Mein Traum: eine Millionen Arbeitsplätze durch KMU

Erst kürzlich dachte ich wieder an das Klempner-/Elektriker-Beispiel von oben. Ich war gerade auf dem Weg, Pläne für die Reparatur einer Kläranlage bei einem lokalen Ingenieurbüro abzuholen, als ich durch einen Vorort etwa achtzig Kilometer südlich von Boston fuhr. Dabei kam ich an einem mittelgroßen Gebäudekomplex mit Geschäften und Büros vorbei. Auf dem Schild an der Straße war zu lesen:

- Deckengeschäft
- Hochzeitstortenhersteller
- Verkauf, Service und Einbau von Swimmingpools
- Änderungsschneiderei
- Medizinischer Abrechnungsdienst
- Rechtsanwalt
- Fitnessstudio
- usw.

In den USA gibt es tausende solcher Gewerbekomplexe. Sie beschäftigen Millionen von Menschen. Und jedes einzelne dieser Unternehmen hat die Chance, ein lokaler Superstar zu sein. Kein milliardenschweres Einhorn, sondern ein hypothetischer Klempner/Elektriker oder ein echter David Lefkovitz wie oben. Sie alle haben die Chance, besonders zu sein. Sehr besonders. Die Besten. Ein Arbeitgeber, bei dem man gern arbeitet, einer, der nicht zig Leute einstellt, sondern nachhaltige Spitzenleistung erbringt und wachsendes Ansehen genießt, der sein Personal von, sagen wir, drei auf fünf, sechs oder auch neun aufstockt. Und die Arbeitsplätze, die er zusätzlich schafft, wären verdammt gute Arbeitsplätze. Wahrscheinlich nicht mit dem allerbesten Gehalt, aber doch mit einem anständigen Gehalt in einem tollen Unternehmen. Die drei oder fünf oder sechs oder neun Mitarbeiterinnen und Mitarbeiter dieses kleinen „Wir wollen die Besten sein"-Betriebs würden einige gute Gewohnheiten entwickeln und sich wichtige Soft Skills und Hard Skills aneignen, wodurch sich ihre Jobaussichten erhöhen würde. Davon würden sie über Jahre, wenn nicht Jahrzehnte, profitieren.

Auf den ersten Blick wirken diese Dienstleistungen sehr gewöhnlich. Aber keine dieser Tätigkeiten muss eine Ware sein. Besonders zu sein, exzellent, „Wow!", die Einzigen (in der Region), die etwas anbieten, ist nicht einigen wenigen vorbehalten. Diese Alleinstellungsmerkmale kann jeder erreichen, der eine lebhafte Fantasie, eine exzellente Arbeitsmoral, eine Leidenschaft für Verbesserung, eine Haltung des Kümmerns und einen unerschütterlichen Willen zu Spitzenleistung mitbringt.

Witzigerweise bin ich direkt, nachdem ich die Pläne für die Kläranlage abgeholt hatte, zum Friseur gegangen. Ich war etwas zu früh und habe mich in den Wartebereich gesetzt. Wie es der Zufall will, entdeckte ich auf dem Tisch mit den Zeitschriften neben mir folgendes Motto: „Wer kleine Unternehmen unterstützt, unterstützt einen Traum." Was für ein passender Abschluss meiner kleinen Erledigungsfahrt!

Weiter träumen!
Exzellent sein oder zugrunde gehen!
Der Beste sein!
Ein Arbeitgeber, bei dem man gern arbeitet!
Groß denken/der Beste sein/universelle Spitzenleistung/Programm „Eine Million neue (gute!) Jobs schaffen"
Eine Million Kleinbetriebe (mit, sagen wir, weniger als zehn Mitarbeitern) verpflichten sich in diesem Jahr dazu, ihren Kunden einen Service der Spitzenleistung/„Wow!" zu bieten, wodurch sie dermaßen erfolgreich sind, dass sie einen weiteren Mitarbeiter einstellen müssen, den sie wiederum in Spitzenleistung/„Wow!" schulen, was seine Jobaussichten in Zukunft deutlich erhöht.
FAZIT MEINES EINE-MILLIONEN-TRAUMS: VOM EINZELNEN ÜBER DIE KOMMUNE BIS HIN ZUM STAAT: ALLE GEWINNEN. UND ZWAR RICHTIG.

(Das ganze Thema macht mich schon ein bisschen plemplem. Vielleicht sogar mehr als ein bisschen. Immer wenn ich an einem kleinen Unternehmen vorbeilaufe, überlege ich, welche zusätzlichen Services die Leute anbieten könnten, auf wie viele unterschiedliche Weisen sie aus der Masse herausstechen könnten und wie Spitzenleistung in

ihrem konkreten Fall aussehen würde. DIESEM GEDANKENSPIEL SIND KEINE GRENZEN GESETZT. Nennen Sie es „Toms KMU-Nirwana". WARUM NICHT?)

4.5 Hoffnung = KMU

> **Es besteht keine Gefahr, dass uns die Kombinationsmöglichkeiten ausgehen. Selbst wenn der technologische Fortschritt auf dem derzeitigen Stand stehen bleiben würde, gäbe es mehr Möglichkeiten, die vielen Anwendungen, Maschinen, Aufgaben und Vertriebskanäle zu neuen Prozessen und Produkten zu kombinieren, als wir jemals ausprobieren könnten.**
>
> – Erik Brynjolfsson und Andrew McAfee: *Race against the machine – Wie die digitale Revolution dem Fortschritt Beine macht*

Wenn die Hoffnung besteht, die gewaltigen Herausforderungen des digitalen Zeitalters zu meistern – und Brynjolfsson und McAfee (und ich) sagen Ja –, wird diese nicht von den stotternden Kolossen kommen, sondern von kleinen Unternehmen wie Coppins, Jungle Jim's, Basement Systems, Abt Electronics, Burlinghams „kleinen Riesen", Taylors „einfach brillanten" Firmen sowie den Mittelständlern in Deutschland und anderswo.

Teil III

Mitarbeiter

5 Und noch einmal: Mitarbeiter zuerst

Meine Geschichte

Pat Carrigan begrüßte mich im Stehen, als ich ihr Büro in Bay City, Michigan, Anfang 1988 betrat.

Das war kein Ausdruck guter Manieren, sondern sie wollte das Ganze einfach nicht mit den üblichen Formalitäten beginnen. Wenn wir wegen des Werks hier waren, dann sollten wir auch sofort raus in die Betriebshallen gehen. (Hintergrund meiner Anwesenheit war, dass ich für den Public Broadcasting Service, PBS, ein Special mit dem Titel „The Leadership Alliance“ erstellte und dafür eine Sequenz mit Pat drehen wollte.)

Pat war die erste Frau, die ein Werk von General Motors (in Lakewood, Georgia) geleitet hatte. Nachdem sie dort ein Wunder vollbracht hatte (ihr war es unter anderem gelungen, einen Krieg mit der Gewerkschaft der United Auto Workers (UAW) in einen produktiven Frieden zu verwandeln, wodurch mehrere Tausend Arbeitsplätze, die einer Werksschließung zum Opfer gefallen waren, wieder geschaffen wurden), wurde sie nach Bay City entsandt, um die schlingernde Triebwerksfertigung bei GM wieder auf den rechten Kurs zu bringen.

Pat, ich und der Produzent machten uns also auf in Richtung Werkshallen. Die Kamera lief noch nicht (wir wollten uns erst mal einen Eindruck von den Örtlichkeiten verschaffen) und wir hatten auch keine Vorgesetzten oder Assistenten der Geschäftsleitung im Schlepptau. Ich möchte Pat nicht glorifizieren, aber die nächste knappe Stunde war ein Wunder außergewöhnlicher Gewöhnlichkeit. Ich glaube wirklich, dass sie jeden einzelnen ihrer mehr als tausend Mitarbeiterinnen und Mitarbeiter beim Namen kannte. Und sie schien auch über jeden Einzelnen ein paar Details zu wissen. Immer wieder, so als seien wir gar nicht da, stellte sie einer Person eine Frage zu dem, was sie gerade tat, und sagte zum Abschluss jedes Mal „Denken Sie immer an unsere goldene Regel: Wenn es etwas gibt, das ich für

Sie tun kann, ist es Ihre Aufgabe, auf mich zuzukommen. Meine Tür steht immer offen." (Das sei Routine, wie uns mehrere Leute im Nachhinein bestätigten, kein Spruch fürs Fernsehen, und auch ihre Tür stehe tatsächlich immer offen.)

Am Ende unserer Tour führte uns Pat zum Büro des für das Werk zuständigen Gewerkschaftsvertreters. Sie tauschten ein paar Nettigkeiten aus und sprachen über einige Dinge, die sie beide gerade beschäftigten. Pat berichtete von einem Treffen mit ihren GM-Vorgesetzten am Tag zuvor. Dabei rollte sie immer wieder mit den Augen, wenn sie von den Hürden erzählte, auf die sie dabei gestoßen war. Beide lachten. Sie beendete das Gespräch mit ihrem offensichtlichen charakteristischen „Melden Sie sich, wenn sie Hilfe brauchen".

Nachdem Pat gegangen war, setzten wir uns und der Gewerkschaftsvertreter erzählte uns eine halbe Stunde die „Vorher-nachher-Geschichte" über Pat. Ein Punkt ist mir dabei besonders in Erinnerung geblieben. Ich versuche, ihn so genau wie möglich wiederzugeben; manchmal entspricht die Formulierung wahrscheinlich nicht hundertprozentig dem Original:

„Pat war gegen Mittag angekommen. Etwa eine Stunde später klopfte es an meiner Tür und sie fragte: 'Kann ich reinkommen und Ihnen Hallo sagen?'"

So weit so gut. Aber was als Nächstes passierte, glauben Sie mir vielleicht nicht:

Er fuhr fort: „Tom, ich bin hier seit zehn Jahren der verantwortliche Gewerkschaftsvertreter. Es war das erste Mal, dass ein Werksleiter an *meine* Tür klopfte und fragte, ob er eintreten dürfe. Vorher war ich immer in das Büro des Werksleiters beordert worden, wenn es etwas zu besprechen gab." Die Formulierung „das erste Mal" gebrauchte er dabei mindestens dreimal. Später, als die Kamera lief, äußerte er dann meinen Lieblingssatz aus der ganzen PBS-Sendung: „Pat Carrigan ist durch und durch authentisch."

(Zu dem Punkt „das erste Mal", den der Gewerkschaftsvertreter gemacht hatte, drehten wir eine Szene mit sechs Fließbandarbeitern während eines morgendlichen Schichtwechsels. Das Dienstalter war sehr hoch – in Summe kamen die Mitarbeiter auf über hundert Jahre Werkserfahrung. Zu meiner riesigen Überraschung (wie mein Gesicht auf dem Bildschirm belegt) berichteten sie – und das ließ ich jeden einzelnen von ihnen vor der Kamera wiederholen –, dass sie vor Pat nie einen Werksleiter an ihrem Arbeitsplatz zu Gesicht bekommen hätten. Ich fragte sie auch, ob sie jemand auf das Interview vorbereitet hätte, woraufhin einer der Arbeiter antwortete: „Oh ja, [der zuvor erwähnte Gewerkschaftsvertreter] hat uns gesagt: 'Pat erzählt keinen Blödsinn – sagt diesen Typen [meinem Produzenten und mir] die Wahrheit mit allen Ecken und Kanten, keine Schönfärberei.'"

In diesem Kapitel geht es also darum, Mitarbeiter (wirklich!) an erste Stelle zu setzen, über die Slogans. Um meine Ausführungen zu verstehen, ist keine höhere Bildung vonnöten. Ich könnte Ihnen fünfundzwanzig oder einhundertfünfundzwanzig Geschichten über Menschen wie Pat Carrigan erzählen – Menschen, die Besonderes erreicht haben, weil sie sich Namen gemerkt haben, durch den Betrieb gelaufen sind, gefragt haben „Wie kann ich Ihnen helfen?" und zehnmal mehr zugehört als Fragen gestellt haben.

Wenn es sich um eine schwierige Sache handeln würde, wäre mein Blutdruck niedriger. Wenn es eine komplexe Formel wäre, könnte man verstehen, wenn manche Leute es falsch machen. Die Sache ist jedoch im Großen und Ganzen nicht kompliziert. Es gibt also keine (ich wiederhole: keine) Ausrede, es nicht hinzubekommen. Ich nenne dieses Kapitel im Stillen deshalb auch „das wahnsinnige Kapitel". Denn ich werde wahnsinnig, wenn Chefs nicht fragen: „Wie kann ich Ihnen helfen?" oder wenn sie ihre Mitarbeiterinnen und Mitarbeiter nicht wie verrückt weiterbilden. Also, ja, ich werde oft wahnsinnig, und das schon seit 35 Jahren.

Lesen Sie einfach weiter und sagen Sie mir dann, was so schwer daran sein soll. (Ich bin nicht besonders religiös, das Ganze hat jedoch einen „religiösen" Aspekt: Wenn Sie einem Menschen helfen, fühlen Sie sich selbst ebenfalls besser und Ihre kurze Existenz bekommt einen Sinn. Okay, okay, ich schreibe diese Zeilen an einem Sonntag, deshalb die kleine Ansprache.

(Noch zwei Anmerkungen zu Pat Carrigan: Nachdem Pat in den Ruhestand gegangen war, verabschiedete der Staat Michigan eine Resolution, die ihre Arbeit bei GM würdigte. Außerdem möchte ich klarstellen, dass mein TV-Beitrag über Pat keine Schönfärberei war. Mein Produzent war derselbe, unter dem Mike Wallace bei der CBS-Sendung *60 Minutes* gearbeitet hatte. Glauben Sie mir: Er war alles andere als ein Schmusekater und er roch Bullshit hundert Kilometer gegen den Wind. Mehr als einmal habe ich seinen Bullshit-Detektor in Aktion erlebt.)

Mitarbeiter – die Geschichte

5.1 Mitarbeiter wirklich zuerst: 13 kurze Einstellungen

KEINE QUANTENPHYSIK

Es sind die Mitarbeiter, die die Arbeit machen.
Es sind die Mitarbeiter, die die Kundenbeziehung zum Funkeln oder zum Erliegen bringen.
Es sind die Mitarbeiter, die Wachstum und Gewinn erzielen.
Es sind die Mitarbeiter, auf die es ankommt – als Individuen genauso oder noch mehr als Dienstleister.

5.1.1 Marke = Mitarbeiter

Das ist neu für Sie?

Nicht für die Metropolitan Opera.
Nicht für das MIT Media Lab.
Nicht für die Golden State Warriors.

Aber leider für die meisten Unternehmen, wie es scheint.

Und das ist auch der Grund, warum ich mit 75 Jahren dieses Buch schreibe und immer noch wie ein Verrückter um die Welt reise, um das Offensichtliche zu predigen, anstatt im Schaukelstuhl auf der Veranda zu dösen.

Ich habe ein Bild für Sie: Ein berühmter Footballtrainer schreibt mir eine E-Mail und bittet mich, ihn zur Effektivität seiner Truppe zu beraten. Ich stimme zu und nenne ihm ein unerhörtes Honorar. Er ist einverstanden. Ich sehe mir die Sache an, was etwa einen Monat in Anspruch nimmt.

Dann ist es Zeit, Bericht abzulegen. Ich betrete das Büro des berühmten Footballtrainers, wir tauschen Nettigkeiten aus. Dann setze ich ein ernstes Gesicht auf und sage: „Trainer, ich denke, Ihre Spieler sind Ihr wichtigstes Kapital." Woraufhin er zu einem schweren Pokal greift und in meine Richtung schleudert. Ich renne wie von der Tarantel gestochen aus dem Raum.

In einem typischen Unternehmen wäre ich wahrscheinlich anders empfangen worden. Man hätte meine Beobachtungen als clever erachtet, mich für meine Arbeit gelobt und mir mit der nächsten Post meinen Honorarscheck zukommen lassen.

Ich übertreibe natürlich. Aber nur ein wenig.

5.1.2 „Mitarbeiter vor Strategie"

Quelle: Titel eines Leitartikels in der *Harvard Business Review* vom August 2015, Autoren: Ram Charan, Dominic Barton (Managing Director bei McKinsey) und Dennis Carey.

Ah, sogar McKinsey, *die* Zentrale für Strategie und Analyse, hat anscheinend verstanden: „Mitarbeiter zuerst."

Halleluja.

5.1.3 „Sie müssen Ihre Mitarbeiter wie Kunden behandeln"

Herb Kelleher, Gründer und ehemaliger CEO von Southwest Airlines, auf die Frage, was für ihn das „Erfolgsgeheimnis" Nummer eins sei.

Über die Jahre habe ich sehr viel Zeit mit Kelleher verbracht. Die obige Aussage ist nicht irgendein Marketingslogan. Es ist die frohe Botschaft – in einer Branche, der Luftfahrtindustrie, in der die Beschäftigten in den letzten 25 Jahren immer wieder Kürzungen hinnehmen mussten aufgrund eines Konkurrenzdrucks, der immer stärker wurde und sich schließlich entlud.

Übrigens: Als Kelleher in den Ruhestand ging, legten die gewerkschaftlich organisierten Pilotinnen und Piloten zusammen und finanzierten eine ganzseitige Zeitungsanzeige, in der sie Kelleher für 35 Jahre inspirierende Führung dankten.

5.1.4 „Wenn Sie wollen, dass Ihre Mitarbeiter erstklassigen Service leisten, müssen Sie Ihren Mitarbeitern erstklassigen Service bieten."

Per Ari Weinzweig, Zingerman's (Superfood-Imperium), in Bo Burlinghams Buch *Small Giants – Companies That Choose to Be Great Instead of Big*.

Lesen Sie das Zitat ruhig ein paar Mal. Sie (Chef) arbeiten im Dienstleistungsbereich, also ist es Ihre oberste Aufgabe, Ihren Mitarbeiterinnen und Mitarbeitern mehr oder weniger in Vollzeit zu dienen.

Ein anderer erfolgreicher Entrepreneuer hat es einmal so formuliert: „Von dem Moment an, in dem ich jemanden einstelle, arbeite ich für ihn."

Betrachten Sie diese Kapitelüberschriften bitte nicht als kluge Sprüche, sondern als das, was sie sind: die tiefe Wahrheit. Haben Sie die Prioritäten, die diese Zitate enthalten, heute schon beherzigt (oder werden Sie es noch)? Bitte keine verallgemeinernde Antwort; seien Sie präzise.

5.1.5 „So, wie es Ihren Mitarbeiter geht, wird es auch Ihren Kunden gehen. Das beste Marketing sind zufriedene, motivierte Mitarbeiter. Ihre Kunden werden niemals zufriedener sein als Ihre Mitarbeiter."

So der erfolgreiche Unternehmer und Serviceguru John DiJulius in seinem Buch *The Customer Service Revolution – Overthrow Conventional Business, Inspire Employees, and Change the World*.

WIE RECHT ER HAT.

Das ist eine wirklich hübsche Formulierung, und sie kommt mit so wenigen Worten aus.

Noch einmal: Lesen Sie nicht darüber hinweg. Halten Sie inne. Denken Sie nach. (Und hängen Sie sich das Zitat zur Erinnerung vielleicht an die Wand hinter Ihrem Schreibtisch. Noch einmal: Es handelt sich nicht um Quantenphysik.)

5.1.6 „Wir sind Damen und Herren und wir dienen Damen und Herren."

Teil des Mottos von Ritz-Carlton. (Die Hotelkette wird immer wieder zum besten Arbeitgeber der USA gewählt.)

Im Hotelgeschäft werden Frontline-Mitarbeiterinnen und -Mitarbeiter traditionell eher wie Kanonenfutter als wie „Damen und Herren" behandelt. Dieses Zeichen des Respekts, festgehalten als zentraler Leitsatz des Unternehmens, bedeutet demnach viel. Und nach meiner Erfahrung wird er auch tatsächlich gelebt.

Mitarbeiterinnen und Mitarbeiter als ehrenwerte Damen und Herren. Das gefällt mir!

5.1.7
„Unternehmen müssen ihren Mitarbeitern ein bereicherndes, erfüllendes Leben ermöglichen. Sonst können sie es gleich lassen."

Sagt Richard Branson. Ich verstehe seine Worte folgendermaßen: Egal wie cool, unwiderstehlich oder profitabel Ihr Produkt oder Ihre Dienstleistung auch sein mag: Das große Business-Spiel sollten Sie nur beginnen, wenn Ihre Mitarbeiter am Ende die Gewinner sein werden.

Prägen Sie sich das ein: **„SONST KÖNNEN SIE ES GLEICH LASSEN."**

Dieses Zitat, und hier wiederhole ich mich, ist alles andere als „weich". Einfach ausgedrückt: Ihren Mitarbeitern dabei zu helfen, eine lebenswerte Zukunft zu haben, ist die profitabelste Art und Weise, ein Unternehmen zu führen. Ende.

5.1.8
„Ich beginne mit folgender Prämisse: Die Aufgabe von Führungspersonen besteht darin, weitere Führungspersonen zu entwickeln, nicht weitere Gefolgsleute."

Sagt Ralph Nader. Warum nur verstehen das so wenige? (Ich weiß, das frage ich mich sehr oft, besonders in diesem Kapitel.) Als ich 1999 *The Brand You 50* schrieb, sagten viele Chefs, die Idee, dass, sagen wir, fünfundzwanzig putzmuntere *Brand Yous* – also Ich-Marken – herumlaufen, einer Anarchie gleichkomme.

Dem widersprach ich vehement und argumentierte wie folgt: In unserer schönen neuen Welt hängt das Überleben davon ab, dass jeder einzelne unserer 25 – oder 2 oder 250 – Mitarbeiter sich persönlich weiterentwickeln will und eine unternehmerische Veranlagung besitzt. Nur auf diesem Weg haben Beschäftigte wie Unternehmen die Chance, sich anzupassen und zu überleben, geschweige denn erfolgreich zu sein.

Um zu überleben, brauchen wir also … **Führungspersonen in jedem einzelnen von uns!**

Siehe Nader!

5.1.9 Wie wäre es nun noch mit Gastfreundlichkeit? – Führungspersonen als Gastgeber ihrer Mitarbeiter

Der Weg zu einer gastfreundlichen Kultur des Hostmanship führt nicht über den Gast. Echte gastfreundliche Führungspersonen stellen ihre Mitarbeiter in den Mittelpunkt.
Wir machten einen Rundgang durch das Hotel [unmittelbar nachdem wir es erworben hatten] und nahmen eine „Renovierung des Respekts" vor. Anstatt die Bade-, Ess- und Schlafzimmer auf Vordermann zu bringen, statteten wir die Angestellten mit neuen Uniformen aus, besorgten Blumen und Obst und änderten die Farben. Wir konzentrierten uns voll und ganz auf die Mitarbeiterinnen und Mitarbeiter. Sie wollten wir glücklich machen. Sie sollten von nun an jeden Morgen mit dem Gefühl aufwachen, dass ein neuer spannender Arbeitstag vor ihnen liegt."

– Jan Gunnarsson und Olle Blohm: *Hostmanship – The Art of Making People Feel Welcome*

(Gunnarsson und Blohm sind nicht nur Managementgurus; sie besitzen auch ein Hotel. Das heißt, ihre Haltung entspringt nicht bloßer Theorie.)

„Renovierung des Respekts" – was für eine schöne Formulierung. Denken Sie mal darüber nach.

Die Autoren schreiben weiter: **„Würden Sie lieber in einem Hotel übernachten, in dem die Angestellten ihre Arbeit lieben oder in dem das Management den Kunden zur obersten Priorität erklärt hat?"**

Das mag auf den ersten Blick sonderbar klingen. In vielen Unternehmensleitbildern steht allerdings der Kunde an erster Stelle. Den dem Kunden dienenden Mitarbeitern gegenüber wird lediglich ein Lippenbekenntnis abgelegt. Wie oft ist das Realität? Leider sehr häufiger. Das Gegenteil, wie es hier präsentiert wird, lohnt eine Betrachtung. Es ist goldrichtig.

5.1.10 Jetzt wird es fantasievoll: der Manager als „Dream Manager"

Ein Unternehmen kann nur in dem Maße das Beste in sich hervorbringen, indem auch die Unternehmensverantwortlichen danach streben, das Beste in sich hervorzubringen. ... Unsere

Mitarbeiterinnen und Mitarbeiter sind unsere wichtigsten und unsere einflussreichsten Kunden.

– Matthew Kelly, *The Dream Manager*

„Das Beste in sich hervorbringen“: Jeder Mitarbeiter, so Kelly, träumt in seinem Job und wahrscheinlich auch generell im Leben von etwas. Nehmen wir zum Beispiel das Zimmermädchen im Hotel, eine alleinerziehende Mutter mit zwei Kindern und zwei Jobs, die so gern ein Zertifikat, einen Hochschulabschluss oder etwas Ähnliches machen würde, das ihr erlaubt, sich eine Zukunft ohne Wischmopp, Lappen und Staubsauger vorzustellen.

Mitarbeiterinnen und Mitarbeiter dabei zu unterstützen, diese Träume bezüglich ihres Jobs oder darüber hinaus zu verwirklichen – deshalb der Begriff „Dream Manager“ –, ist eine äußerst wirksame Art und Weise, eine Umgebung zu schaffen, in der die Beschäftigten praktisch jeden Tag danach streben, besser zu werden, und dabei sich gegenseitig und dem Kunden mit Begeisterung dienen.

(Und man muss wohl auch hinzufügen, dass es das einzig Anständige ist, was man tun kann in einer Welt, in der ständige Beschäftigung nur durch Wachstum gesichert ist.)

Das Buch *The Dream Manager*, das in Form einer Parabel geschrieben ist (sonst eigentlich nicht so mein Ding), basiert auf der Geschichte einer extrem erfolgreichen Gebäudereinigungsfirma, die lieber anonym bleiben will. Ich hatte das Glück, die publikumsscheue CEO kennenzulernen. Sie ist ein echtes Original.

Dank Matthew Kelly frage ich mich nun jedes Mal, wenn ich einem Hotelangestellten begegne, ob er oder sie das Glück hat, einen Dream Manager zum Chef zu haben.

(Der Schlüssel zur Etablierung eines Dream-Manager-Ansatzes ist wie üblich, und man kann es gar nicht oft genug sagen, die Unternehmenskultur. Das gesamte Führungsteam muss Hilfsbereitschaft an den Tag legen und sich dazu verpflichten, die Mitarbeiter bei der Erreichung ihrer Träume tatkräftig zu unterstützen. Andernfalls floppt die Idee und richtet vermutlich Schaden an: den Schaden eines nicht gehaltenen Versprechens.)

5.1.11
Mitarbeiter zuerst: Eine Revolution im Gesundheitswesen?

Niemand kommt nach einer Operation zurück nach Hause und sagt: „Mensch, da hat mich jemand wirklich gut zugenäht!“ Oder: „Ach schön, sie haben mir die richtige Niere entfernt!.“ Stattdessen sprechen wir über die Menschen, die sich um uns gekümmert haben, über diejenigen, die das Ganze koordiniert haben – von der Empfangsdame über die Krankenschwester bis

zur Chirurgin. Und davon erzählen wir nicht nur beim gemeinsamen Abendessen. Wir teilen unsere Erfahrungen mit Freunden und Kollegen und über soziale Medien wie Facebook und Twitter.
– Paul Spiegelman und Britt Berrett: *Patients Come Second – Leading Change By Changing the Way You Lead*

Das Gesundheitswesen ist die mit Abstand größte Branche und mit Sicherheit die komplexteste. Patienten werden jedoch immer mehr wie Vieh behandelt. Und Ärzte müssen alberne Quoten erfüllen, die ihnen vorgeben, wie vielen Patienten sie pro Tag eine Visite abstatten müssen. Diese erfolgt dann häufig nur flüchtig und führt viel zu oft zu fehlerhaften Diagnosen. Dann sind da noch die modernen Technologien, die dazu führen, dass Krankenpfleger und Krankenschwestern die Zeit am Bett eines Patienten damit verbringen, Daten in ein Tablet einzugeben. Wie zahlreiche Studien belegen, sehen sie den Patienten dabei häufig noch nicht einmal an, was so wichtig für den Heilungsprozess wäre.

Der springende Punkt ist, dass der gehetzte Krankenhausmitarbeiter dem Patienten keine erinnerungswürdige (oder mitfühlende oder *sichere*) Behandlung zukommen lassen kann, solange die Klinik sich nicht um die Zwänge kümmert, die den Angestellten davon abhalten, genau das zu tun. Folgt man dem Hostmanship-Beispiel von oben, könnte der kluge Vorgesetzte mit einer mitarbeiterorientierten „Renovierung des Respekts" beginnen. Nur so können wir mit Recht erwarten, dass sich die Qualität der Kundenbeziehung (Patientenbehandlung) verbessert.

Zufriedene (oder zumindest nicht unzufriedene) Mitarbeiter = bessere Patientenbehandlung und, wie wiederholt gezeigt wurde, deutlich bessere Behandlungserfolge.

Kurzum: das Wichtigste zuerst. Und im Fall von Kliniken, wie er in *Patients Come Second* dargestellt wird, ist das Wichtigste, die Krankenhausbeschäftigten zu befähigen und zu ermuntern, das zu tun, weshalb sich viele von ihnen überhaupt für diesen Beruf entschieden haben: bettlägerigen Patienten, die oft Angst haben und sich überfordert fühlen, emotionale Unterstützung zukommen zu lassen.

Halten Sie für eine Minute inne – oder auch für zwei, drei, fünf der zehn Minuten.

Lesen Sie noch einmal die Hauptzitate dieses Kapitel und achten Sie auf den genauen Wortlaut:

- Ein unternehmerisches Unterfangen kann man auch gleich lassen, wenn es nicht das Leben der Mitarbeiterinnen und Mitarbeiter verbessert. Aus dem Munde eines über jeden Zweifel erhabenen Richard Branson, der sich in den schwierigsten Branchen behauptet hat. „Sonst kann man es auch gleich lassen." Wenn es nicht gut für die Mitarbeiter ist, vergessen Sie es.

- Der Gründer von Southwest Airlines, Herb Kelleher, bläst in dasselbe Horn: Auf die Frage, was das Geheimnis seines Erfolgs sei, antwortet er wie Conrad Hilton in der Einleitung mit dem Satz: Die Mitarbeiter bei Southwest Airlines sind unsere wichtigsten Kunden.
- Feinkosthändler Ari Weinzweig, einer der Helden in *Small Giants*, sieht seine Aufgabe darin, den Mitarbeitern guten Service zu bieten.
- John DiJulius erklärt uns, dass unsere Kunden niemals zufriedener sein werden als die Mitarbeiter, die sie bedienen.
- Und: eine mitarbeiterorientierte „Renovierung des Respekts".
- Und: „Dream Manager", die Mitarbeitern helfen, ihrer Lebensziele zu erreichen, auch wenn diese häufig nichts mit dem Unternehmen zu tun haben.
- usw.

Übung: Lassen Sie die letzten 24 Stunden noch einmal Revue passieren. Wie schneiden Sie (und Ihr Unternehmen) im Hinblick auf diese Prämissen erfolgreicher Unternehmer ab?
Bitte beachten Sie: Das sind *keine* „coolen Sprüche". Es sind kompromisslose, gewinnbringende, praktische Ansätze großer und kleiner Unternehmen aus den schwierigsten Branchen. Und sie lassen sich ...

IN DIE TAT UMSETZEN.
Und zwar JETZT.

5.1.12
Ich fasse zusammen

EXZELLENTE Kundenerlebnisse basieren AUSSCHLIESSLICH auf EXZELLENTEN Mitarbeitererlebnissen.

Wenn Sie Ihre Kunden BEGEISTERN wollen, müssen Sie ZUERST diejenigen BEGEISTERN, die Ihre Kunden BEGEISTERN.

5.2

5.2.1
Ein paar Worte zur Führung nach dem Prinzip „Mitarbeiter (wirklich) zuerst“: Werden wir religiös

> **Mitarbeiter zu entwickeln war für mich genauso spannend, wie neue Modetrends zu entdecken.**
> – Les Wexner, Gründer und CEO von Limited Brands

Die Geschichte von Limited Brands (jetzt L Brands), gegründet und geführt von Lex Wexner, hat die Bezeichnung „einzigartig“ verdient. Wexner hat nicht nur auf revolutionäre Weise dafür gesorgt, dass den Kunden bezahlbare Kleidung angeboten wird, sondern auch zahlreiche finanzielle Erfolg erzielt, die laut *Bloomberg Business* diejenigen von Jack Welch während seiner glorreichen Zeit an der Spitze von General Electric noch übertreffen.

In einem Artikel von *Bloomberg Business* auf die Frage, was seinen langfristigen Erfolg ausmache, antwortet Wexner mit dem obigen Zitat. Er berichtet, wie er mit der Zeit erkannt habe, dass sein Unternehmen nur wachsen und dynamisch bleiben würde, wenn es ihm gelänge, eine einzigartige Mannschaft zusammenzustellen – vom jungen Vertriebler bis zur Führungsriege.

Eigentlich ist das der Subtext aller obigen Zitate. Ich hatte das Glück, fast alle der hier zitierten Manager kennenlernen zu dürfen, auch Wexner. Die Leidenschaft, mit der sie ihre Mitarbeiter jeden Tag aus Neue in den Mittelpunkt stellen, ist herausragend.

5.2.2
Mitarbeiter (wirklich) zuerst: Was heißt das im Alltag?

Im Folgenden möchte ich ein Gespräch wiedergeben, das sich vor einiger Zeit in der Pause während einem meiner Seminare ereignet hat:

„Also, Tom, der Kern deiner Praxis ist 'Mitarbeiter zuerst'. Aber was heißt das genau? Wie setze ich das im Arbeitsalltag um?“

Ich habe lange überlegt und viele Antworten schossen mir durch den Kopf. Und dann hat es plötzlich Klick gemacht. Ich erinnerte mich an ein Gespräch mit einer extrem erfolgreichen Regionalleiterin von Nordstrom. Wir sprachen über dies und das, und plötzlich – ich weiß nicht, wie sie darauf kam, aber es ist mir noch gut in Erinnerung – sagte sie fast wehmütig:

Das, was ich jetzt mache, ist wichtig für das Unternehmen, aber es kommt nicht an die Freude heran, die ich empfand, als ich etwa fünf Jahre lang meinen eigenen Laden hatte. Damals gab es immer einen Haufen Probleme zu lösen, aber wenn ich nicht weiterkam, frustriert war oder mir Sorgen machte, wusste ich immer genau, was ich tun musste.
Ich stand dann von meinem Schreibtisch auf, schlenderte durch den Laden und sprach zwischendurch immer wieder mit einem meiner Mitarbeiter, manchmal eine halbe Minute, manchmal fünf Minuten lang. So streifte ich bestimmt eine halbe Stunde durch den Laden. Das klingt jetzt vielleicht kitschig, aber allein die Tatsache, in der Nähe meiner Mitarbeiterinnen und Mitarbeiter zu sein, hob meine Stimmung gewaltig. Wir waren ein echtes Team, jeder war dem anderen wichtig. Meine Mitarbeiter waren praktisch mein soziales Netz.
Das soll jetzt nicht melodramatisch klingen, aber wenn ich dann nach etwa 30 Minuten Herumlaufen an meinen Schreibtisch zurückkehrte, waren meine Gedanken so klar, dass ich das „Problem", das mich zuvor verwirrt hatte, plötzlich als Chance sah, etwas Gutes zu tun. Nun, da ich Führungskraft bin, werde ich diesen Kick nie wieder erleben.

Das, meine lieben Kolleginnen und Kollegen, ist eine wahre Menschenfreundin!

5.3 Mitarbeiter (wirklich) zuerst: der hoch motivierte, KI-befähigte „soziale Mitarbeiter"

Angesichts der Tatsache, dass künstliche Intelligenz unsere Arbeitswelt neu strukturieren und dabei auch des Öfteren Jobs zerstören wird, wirkt „Mitarbeiter zuerst" für manche wie ein Anachronismus. Es gibt jedoch guten Grund zu der Annahme, dass genau das Gegenteil der Fall ist. „Mitarbeiter (wirklich) zuerst" wird eine Eigenschaft der Überlebenden sein. Und sie kann und wird höchstwahrscheinlich auch in Zukunft wichtiger denn je sein. Manche sehen in KI sogar eher einen Verbündeten als einen Feind und sind der Meinung, dass voll befähigte und miteinander interagierende Mitarbeiter KI nutzen werden, um neue, sehr individuelle Kundenerlebnisse zu schaffen.

In ihrem wegweisenden Buch *The Social Employee* beschreiben Cheryl und Mark Burgess beispielsweise eine Welt, in der jeder Mitarbeiter, befähigt (statt überflüssig gemacht) durch die neue Technologie, beträchtlichen und einzigartigen Mehrwert schafft, indem er zu einem echten und innovativen „Star der Kundenbeziehung" werde.[3] Führend bei der Verfolgung dieser Strategie der Mitarbeiterbefähigung durch moderne Technologien unter den großen Unternehmen ist IBM. Die neue Theorie lautet mit den Worten von Ethan McCarty, dem früheren Director for Enterprise Social Strategy bei IBM, in etwa so:

> ***Stellen Sie sich einen Ball und einen Sack Murmeln nebeneinander vor. Die beiden Objekte mögen das gleiche Volumen haben. Wenn man sie in einen Eimer mit Wasser gäbe, würden sie dieselbe Menge an Wasser verdrängen. Der Unterschied besteht jedoch in der Größe der Oberfläche.***
> ***Ein Sack Murmeln enthält viele einzelne Murmeln und die Summe der Oberflächen aller Murmeln ist wesentlich größer (um ein Vielfaches, wenn der Sack sehr groß ist) als die Oberfläche des Balls.***
> ***Diese erweiterte Oberfläche innerhalb des Sacks steht für die gestiegene Diversität der sozialen Marke. Die Oberflächen der einzelnen Murmeln berühren sich und interagieren auf einzigartige Weise miteinander und bieten Kunden und Mitarbeitern so die verschiedensten Wege zu einer Vielzahl von Lösungen. Wenn keiner dieser Wege passt, können soziale Mitarbeiter eigenständig neue Wege finden.***

Ich halte dieses Bild für extrem stark. Einfach ausgedrückt bedeutet es: In einer Welt mit hundertprozentig engagierten Mitarbeiterinnen und Mitarbeitern, die die Möglichkeiten von KI nutzen, statt von ihr ausgenutzt zu werden, hält die neue Technologie ein außerordentliches Innovationspotenzial bereit im Vergleich zu der sehr eng gefassten Version von „befähigt", die man in den relativ statischen Organisationsmodellen findet, die derzeit immer noch die Norm sind.

So sehr das Murmelbild besticht: Die Umsetzung hält gewaltige Herausforderungen bereit, wie Cheryl und Mark Burgess in *The Social Employee* beschreiben. Hier soll nur erwähnt werden, dass alle Aspekte des Unternehmens umgekrempelt werden müssen – von der Personalgewinnung und -entwicklung über die Umsetzung und Kontrolle bis hin – und das ist das Wichtigste – zur Schaffung einer Kultur, in der eine völlig andere Organisationsstruktur und eine ganzheitliche Mitarbeiterentwicklung möglich ist.

---

[3] Häufig wird unterschieden zwischen AI (*artificial intelligence*) und IA (*intelligence augmented*). Die Autoren untersuchen und argumentieren überzeugend für IA.

5.4 Mitarbeiter zuerst: Personalgewinnung

> **Kurz gesagt ist die Personalgewinnung der wichtigste Aspekt der unternehmerischen Tätigkeit und doch wird sie bedauerlicherweise immer noch missverstanden.**
> – *The Wall Street Journal*, Buchrezension zu *Who: The A Method for Hiring* von Geoff Smart und Randy Street

Lesen Sie das bitte zweimal.

Eine starke Aussage.

Und so wahr.

Action Item der allerwichtigsten Sorte.

Und:

> **Personalentwicklung kann dabei helfen, aus tollen Mitarbeitern noch bessere zu machen. Aber wenn ich einen Dollar übrig hätte, würde ich 70 Cent davon ausgeben, um von Anfang an den richtigen Mitarbeiter einzustellen.**
> – Paul Russel, Director Leadership and Development bei Google

Wie würden Sie Ihre Kompetenzen in der Personalgewinnung bewerten? Denken Sie bitte gründlich nach und seien Sie ehrlich: Sind Sie ein echter Recruitingexperte? Bilden Sie sich beharrlich zu allen Aspekten der Personalgewinnung fort? Wie viele Bücher zum Thema Mitarbeitersuche haben Sie gelesen? Haben Sie jemals einen Kurs besucht, in dem es nur um Personalgewinnung ging? Wenn die Personalgewinnung wie oben beschrieben tatsächlich „der wichtigste Aspekt der unternehmerischen Tätigkeit" ist und Sie unternehmerisch tätig sind, dann sollten Sie Spitzenleistungen bei der Mitarbeitersuche denselben Stellenwert einräumen wie Menschen es tun, die ein erstklassiger Ingenieur oder Biochemiker werden wollen. Oder?

5.4.1 Personalgewinnung: Eigenschaften, die den Unterschied machen (aber häufig zu kurz kommen)

Um eine zukunftsfähige Kultur zu etablieren, in der Mitarbeiter kontinuierlich beeindruckende Innovationen hervorbringen und einzigartige, emotionale Kundenerlebnisse schaffen, müssen Unternehmen bei der Personalgewinnung auf weit mehr setzen als nur auf technische – oder sogar überragende technische – Fähigkeiten.

5.4.1.1 Zuhören, sich kümmern, lächeln, Danke sagen, warmherzig sein

Nehmen wir Southwest Airlines, eine Billigfluggesellschaft mit einer hochwertigen „Mitarbeiterkultur“, die ihren Kunden erstklassigen Service und einzigartige Erlebnisse bietet. Das beginnt mit einem besonderen Ansatz in der Personalgewinnung – egal ob Pilotinnen, Mechaniker oder Stewardessen gesucht werden.

Mit den Worten des ehemaligen Präsidenten von Southwest Airlines klingt das folgendermaßen:

> **Wir suchen ... Mitarbeiter, die zuhören, sich kümmern, lächeln, Danke sagen und warmherzig sind.**

Sagt das Barrett so, weil es nach außen hin gut klingt? Oder meint er es wirklich so?

Ein Beispiel: Ich habe einen Southwest Airlines-Flug von Albany, New York, nach Baltimore gebucht. Das Flugzeug ist zum Einsteigen bereit. Wie üblich warten auch drei oder vier Rollstuhlfahrer am Gate. Plötzlich taucht die Besatzung auf. Sie kommt wahrscheinlich gerade von einem verspäteten Flug, denn alle sind in Eile und hasten zur Gangway. Plötzlich hält der Pilot inne, dreht sich zu der älteren Dame im ersten Rollstuhl um fragt sie: „Kann ich Sie durch die Gangway schieben?“

Sie antwortet: „Ja, gern, vielen Dank.“

Und los geht’s, mit dem Piloten Richtung Flugzeug.

Ich habe mittlerweile fast 10.000 Flugmeilen hinter mir. So etwas hatte ich bislang aber noch nicht erlebt. (Ich glaube, ich habe sogar nach Luft geschnappt – Fluggesellschaften gelten als die kundenunfreundlichsten Unternehmen.)

Ich schlussfolgerte, dass die freundliche Geste des Piloten – die übrigens unter Druck erfolgte, schließlich musste er die Maschine starten – kein Zufall war, sondern eine direkte Folge der Haltung „Wir suchen Mitarbeiter, die zuhören, sich kümmern, lächeln, Danke sagen und warmherzig sind“.

5.4.1.2 Nett

„Weiche“ Eigenschaften verbindet man nicht unbedingt mit einem Pharmaunternehmen. Falsch gedacht. Darf ich Ihnen Peter Miller, den CEO des Pharmaherstellers OptiNose vorstellen?

> **Unser finaler Filter [bei der Mitarbeitersuche] ist, dass wir nur nette Leute einstellen. Wenn wir uns einen Eindruck von den Fähigkeiten des Kandidaten verschafft haben, schicken wir ihn auf einen „Spießrutenlauf". Dabei bringen wir den Kandidaten mit fünfzehn oder zwanzig Mitarbeiterinnen und Mitarbeitern zusammen, von denen jeder eine Gegenstimme hat. Das heißt, sie können sagen, wenn sie den Bewerber lieber nicht einstellen würden.**

Miller fährt fort:

> **Ich bin ein großer Anhänger von Kultur und glaube, dass ein fauler Apfel den ganzen Korb verdirbt. Es gibt genug wirklich talentierte Leute da draußen, die nett sind. Da müssen Sie sich nicht mit Dummköpfen zufriedengeben.**

Nett!

Pharmabranche!

Ja!

(Ähnliches berichtete mir einmal ein Freund von einem sehr erfolgreichen neuseeländischen Unternehmen aus der Unterhaltungsbranche. Das oberste Einstellungskriterium des Gründers: **„Keine Mistkerle."** Da kann ich nur zustimmen!)

5.4.1.3 Empathie

Das folgende Zitat stammt von Stewart Butterfield, Mitbegründer und CEO von Slack und Gründer von Flickr:

> **Eine der wichtigsten Eigenschaften, die wir von unseren zukünftigen Mitarbeitern erwarten, ist Empathie. Wenn sie in der Lage sind, sich in andere Menschen hineinzuversetzen, können sie gute Arbeit leisten. Wenn sie dagegen kein Einfühlungsvermögen besitzen, fällt es ihnen schwer, Leuten Feedback zu geben oder sich weiterzuentwickeln. Alles wird dann schwieriger.**
> **Empathie zeigt sich unter anderem in Wohlwollen. Das ist keine Fassade aus Höflichkeit, sondern es geht darum, frühzeitig zu erkennen, was der andere braucht, und entsprechend zu handeln.**

5.4.1.4 Bessere Menschen/Persönlichkeit

Begeben wir uns nun aufs Footballfeld. Sicherlich sind da vor allem körperliche Fähigkeiten wichtig? Nicht, wenn es nach Trainerlegende Bo Schembechler geht:

> **Ich kann Ihnen gar nicht sagen, wie oft wir uns gegen die Cracks entschieden haben und dafür Leute genommen haben, die wir für die besseren Menschen hielten. Wir konnten dann beobachten, wie unsere Jungs wesentlich besser abschnitten als die großen Namen, nicht nur im Unterricht, auch auf dem Feld und natürlich nachdem sie mit der Ausbildung fertig waren. Immer wieder verschwanden Spitzenspieler, aber unser Nachwuchs erkämpfte sich Schritt für Schritt den Weg in die Conference- und Nationalteams.**

(Ähnlich formulierte es der legendäre Basketballtrainer John Wooden: **„Mit Können kommen Sie vielleicht bis ganz nach oben. Aber nur wenn Sie Persönlichkeit haben, bleiben Sie auch dort.“**)

PERSÖNLICHKEIT: THEO WIRD RELIGIÖS; 108-JÄHRIGE DURSTSTRECKE ENDET

Mitte 2017 veröffentlichte das *Fortune Magazine* eine Liste der „50 besten Führungspersönlichkeiten der Welt“. Überraschenderweise stand Theo Epstein, Geschäftsführer der Chicago Clubs, der das Team nach 108 Jahren Durststrecke zu ihrem ersten Sieg in den World Series führte, ganz oben.

In dem Artikel ging es vor allem um ein Wort: **PERSÖNLICHKEIT**.

Trotz großer Widerstände war es Epstein gelungen, die Boston Red Sox an die Spitze zu führen. Das lag vor allem daran, dass er bei der Einstellung neuer Spieler auf erweiterte statistische Analysen („Analytics“) setzte. Doch dann zerbrach das Team, hauptsächlich aufgrund interner Meinungsverschiedenheiten. Epstein ging zu den Cubs und entdeckte dort … Persönlichkeit.

Das *Fortune Magazine* berichtet:

> **Charakter und Chemie waren Stärken, die der analytische Ansatz nicht erkannte. Ihr Fehlen machte sich 2011, während Epsteins letzter Saison in Boston, besonders schmerzhaft bemerkbar, als das Team gegen Ende der Saison einen echten Einsturz erlebte. Je öfter die Mannschaft verlor, desto mehr löste sich der Zusammenhalt in der Mannschaft auf.**

Als Epstein dann bei den Cubs anfing, gab er seinen Scouts sehr genaue Anweisungen. Sie sollten sich jeden potenziellen Spieler genau ansehen und mit möglichst vielen Leuten sprechen, die ihn kannten: Eltern, Berufsberatern, Mannschaftskollegen, Freundinnen, Geschwistern. ... Plötzlich sahen die Scouting-Berichte der Cubs ganz anders aus.

Epstein verließ sich nicht auf die Statistiken, sondern suchte nach Persönlichkeit.

2016 konnten die Cubs ihre 108 Jahre dauernde Pleiteserie beenden.

(Konnte es wirklich so einfach sein? Natürlich nicht! Andererseits war dies nach Aussagen derer, mit denen ich sprach, tatsächlich das zentrale Thema. Was für mich absolut Sinn ergibt.)

5.4.1.5 Neugier

Wenn wir unseren Blick etwas wenden, gibt es eine weitere Eigenschaft, die in diesen stürmischen Zeiten von besonderer Bedeutung ist.

In einem Interview mit *Vanity Fair* wurde Michael Bloomberg einmal gefragt, was für ihn die „wichtigste Eigenschaft" sei. Er antwortete in einem Wort:

NEUGIER.

Ich bestehe darauf, dass Neugier in der modernen Arbeitswelt ein Must-have für *alle* Jobs sein sollte. Ich denke, man kann mit Fug und Recht behaupten, dass Neugier die wichtigste Eigenschaft sein wird, mit der wir uns als Individuen und als Gemeinschaft im Zeitalter der Automatisierung abheben.

Manche – darunter viele, die bei der Personalgewinnung mittlerweile den Algorithmen vertrauen – argumentieren, dass es Jobs gebe, bei denen man ständig ranklotzen müsse. Ich sage auch nicht, dass es keine Abstufungen von Neugier gibt. Von einem Wissenschaftler erwarten wir wahrscheinlich nicht das gleiche Maß an Neugier wie von einem Callcenter-Mitarbeiter oder einer Reinigungskraft.

Wenn es aber darum geht, sich zu entscheiden, werde ich mich bei jeder offenen Stelle für diejenigen einsetzen, die regelmäßig Fragen stellen wie „Warum?" oder „Warum nicht?".

Nehmen wir die Reinigungsfachkräfte in einem Hotel: Unsere Algorithmen-Freunde werden wahrscheinlich in der Lage sein, durch ihre auf Big-Data-Korrelationen basierenden Recrutingmethoden kurzfristig eine Produktivitätssteigerung von 6 Prozent zu erzielen. Ich wette jedoch ein hübsches Sümmchen darauf, dass „mein“ lächelndes, nettes, empathisches und neugieriges Reinigungsteam, das in einem Hotel arbeitet, in dem „Damen und Herren von Damen und Herren bedient werden“, langfristig dem Team, das die Algorithmen ausgewählt haben, haushoch überlegen ist.

Wetten Sie mit?

5.4.1.6 Fazit

Sprechen Sie eine deutliche Sprache und verwenden Sie statt des typischen HR-Geschwafels **bitte** *diese* Begriffe:

- ZUHÖREN
- SICH KÜMMERN
- LÄCHELN
- DANKE SAGEN
- WARMHERZIG
- NETT
- EMPATHIE
- BESSERE MENSCHEN
- PERSÖNLICHKEIT
- NEUGIER
- KEINE DUMMKÖPFE
- KEINE MISTKERLE

Ich kann mir keine einzige Stelle in keinem einzigen Unternehmen – klein oder groß – vorstellen, bei der sich diese zwölf Eigenschaften nicht auszahlen würden.

Sie?

Ich wiederhole:

> **SPRECHEN SIE EINE DEUTLICHE SPRACHE.**
> **VERWENDEN SIE GENAU DIESE BEGRIFFE.**

Ich kann es mir nicht verkneifen, zwei weitere Eigenschaften zu erwähnen, die jedoch vielleicht nicht für jeden Job wichtig sind. Hierzu möchte ich Jeffrey Rothfeder aus seinem Buch *Driving Honda – Inside the World's Most Innovative Car Company zitieren*:

> **Auf die Frage, welche wichtigste Eigenschaft der ideale Bewerber bei Honda besitzen sollte, sagte Soichiro [Honda], er bevor-**

zuge „Leute, die mal in Schwierigkeiten waren". Seiner Ansicht nach entstehe Genialität durch Eigenartigkeit. „Nonkonformität ist für Künstler und Innovatoren gleichermaßen essenziell", sagte er seinen Arbeitern.

Deshalb mein Vorschlag, wie die Liste von oben ergänzt werden kann:

- LEUTE, DIE MAL IN SCHWIERIGKEITEN WAREN
- NONKONFORMITÄT

5.4.2

5.4.2.1 Mitarbeiter zuerst: die fehlende Hälfte/Vergesst die Stillen nicht

Ein Buch hat mein Leben wirklich verändert: Susan Cains *Still – Die Bedeutung von Introvertierten in einer lauten Welt.* Dort belegt die Autorin anhand umfangreicher harter Fakten, dass wir Idioten sind. Natürlich tut sie das nicht, aber nachdem ich das Buch gelesen hatte, fühlte ich mich wie ein kompletter Idiot. Im Großen und Ganzen (fast ohne Ausnahme) achten Arbeitgeber auf die Lauten. Das beginnt schon im Bewerbungsprozess. Laut Cain ein riesiger Fehler, weil uns dadurch das Potenzial von fast der Hälfte der Bevölkerung entgeht: die Stillen, die erst nachdenken, bevor sie den Mund aufmachen, und anders arbeiten, was für Unternehmen von unschätzbarem Wert ist. (Was meine Dummheit betrifft: Ich werde auch noch dafür bezahlt, einer der Top-Idioten gewesen zu sein, und tatsächlich lag ich so richtig daneben.)

Hier ein Auszug aus *Still*:

1. Das sehr fragwürdige Ideal der Extraversion: „Das Ideal der Extraversion wurde in vielen Studien behandelt … Gesprächige Menschen werden beispielsweise als klüger, bessern aussehend, interessanter und als wünschenswertere Freunde beurteilt. Die Sprechgeschwindigkeit zählt dabei ebenso wie die Lautstärke. Wir glauben, dass schnelle Sprecher kompetenter und sympathischer als langsame sind. Doch wir begehen einen großen Fehler, wenn wir das Ideal der Extraversion so unbesehen übernehmen."
2. Gesprächspartnerinnen/Experiment: „Die Introvertierten und Extravertierten beteiligten sich etwa gleich stark am Gespräch, was die Vorstellung Lügen strafte, dass Introvertierte stets weniger reden. Aber die introvertierten Paare konzentrierten sich eher auf ein oder zwei ernsthafte Gesprächsthemen, während die extravertierten Paare oberflächlichere und breiter gestreute Themen wählten."

3. Grenzen der Durchsetzungsfähigkeit: „Denken Sie auch an die Gefahren des neuen Gruppendenkens. Wenn Sie an Kreativität interessiert sind, bitten Sie Ihre Angestellten, Probleme allein, nicht nur in der Gruppe zu lösen. Verwechseln Sie nicht Durchsetzungsfähigkeit oder Beredsamkeit mit guten Ideen. Wenn Sie Mitarbeiter mit Eigeninitiative haben (und das hoffe ich für Sie), denken Sie daran, dass sie unter Umständen bessere Leistungen unter einer introvertierten als unter einer extravertierten oder charismatischen Leitung bringen."
4. Die Kraft der Stille: „Wenn Sie das nächste Mal eine Person mit einem beherrschten Gesicht oder einer sanften Stimme sehen, denken Sie daran, dass sie insgeheim vielleicht eine Gleichung löst, ein Sonett schreibt oder einen Hut entwirft. Das heißt, sie entfaltet womöglich die Kraft der Stille."

Ich bekenne mich schuldig.

Ich bin (meistens) auf die Lauten hereingefallen.

Ich habe „laut" mit „dynamisch", „enthusiastisch" und all den anderen positiven Begriffen aus dem ersten Zitat von oben gleichgesetzt. Wie dumm von mir.

Danke, Susan Cain.

Sehen Sie mir die Überreibung nach, aber *Still* hat mein Leben verändert und die Botschaft des Buches ist zu einem Hauptbestandteil meiner Vorträge geworden (indem ich brülle und tobe).

Stellen Sie sich das mal vor: Ich habe praktisch die Hälfte der Bevölkerung ignoriert!

Gepriesen seien die Introvertierten!

Ich empfehle Ihnen, das Buch zu lesen. Vielleicht beteiligen Sie sich auch an Cains „stiller Revolution" unter www.quietrev.com.

Still ist ein unmissverständlicher …

AUFRUF ZUM (UNMITTELBAREN) HANDELN.
STILL ROCKT.
STILL ZAHLT SICH AUS.

SIE WISSEN JETZT BESCHEID.
KEINE AUSREDEN MEHR.

5.4.2.2 Mitarbeiter zuerst: Die Stillen wollen aus dem Großraumbüro befreit werden

Cain nimmt sich noch ein weiteres meiner Schreckgespenster vor: die pausenlose Befürwortung von Großraumbüros. Ich täte ihr Unrecht, wenn ich versuchen würde, ihre Argumentation in dieser kurzen Zusammenfassung widerzugeben. Vielleicht kann ich aber zumindest den ein oder anderen Zweifel säen an dem, was mittlerweile die landläufige Meinung ist.

Sehen wir uns einmal dieses kraftvolle Statement aus *Still* von Apple-Mitbegründer Steve Wozniak an:

Die meisten Erfinder und Ingenieure, die ich kennengelernt habe, sind wir ich – scheue Kopfmenschen. [Sie] *arbeiten am besten allein*, sodass sie die Konstruktion einer Erfindung bestimmen können. [Ich gebe] dir einen guten Rat, den du vielleicht schwer annehmen kannst. Er lautet: ***Arbeite allein.*** *Du wirst am besten imstande sein, revolutionäre Produkte und Anwendungen zu entwerfen, wenn du selbstständig arbeitest.*

Und weiter:

Angestellte in Großraumbüros leiden eher unter hohem Blutdruck, erhöhtem Stress und sind anfällig für Grippe; sie streiten mehr mit ihren Kollegen.

Viele Introvertierte scheinen das instinktiv zu wissen und wehren sich dagegen, zusammengepfercht zu werden.

Und der ehemalige Kreativdirektor der Videospiel-Designfirma Backbone Entertainment sagt in *Still*:

„Wir sind von [einer einzigen großen Fläche in der Art eines Kaufhauses] zu Waben übergegangen, obwohl wir uns Sorgen gemacht haben, dass Menschen in einer kreativen Umgebung so etwas nicht mögen. Aber wie sich herausgestellt hat, ziehen sie Winkel und Nischen vor, in denen sie sich zurückziehen und für sich sein können."

Drei Zitate sind natürlich noch nicht der Wahrheit letzter Schluss, aber ich hoffe, dass sie zumindest ein paar Fragen aufwerfen.

Disclaimer: Ignorieren Sie meine Meinung zu diesem Thema ruhig, wenn Sie wollen. Ich gebe zu, dass ich es hasse, wenn allein das Wort „Großraumbüro" fällt. Ich würde eher sterben, als in einem Großraumbüro zu arbeiten (okay, das ist vielleicht etwas übertrieben – aber vielleicht auch nicht).

Eines der Kapitel in David Burkus' hervorragendem Buch *Under New Management* trägt die Überschrift „Großraumbüros abschaffen".

Passt.

5.5 Mitarbeiter zuerst: Beurteilungen (wirklich) ernsthaft betreiben

Mitarbeiter effektiv beurteilen = Alleinstellungsmerkmal Nr. 1

Nachdem er in seinen ersten zehn Jahren als CEO hervorragende Ergebnisse erzielt hatte, konnte Jack Welch die Wall Street davon überzeugen, dass General Electric mehr war als ein beliebiges (unorganisiertes) „Konglomerat". Er argumentierte, die große Besonderheit des Unternehmens liege in seiner einzigartigen Fähigkeit, erstklassige Führungspersönlichkeiten hervorzubringen. Das Ergebnis seines Mitarbeiterentwicklungsprozesses entsprach laut Welch mehreren Milliarden US-Dollar Marktkapitalisierung.

Der Markt sah es genauso.

Wesentlicher Bestandteil dieser exzellenten Führungskräfteentwicklung war der Fokus auf die MITARBEITERBEURTEILUNG, die GE meisterhaft verfolgte. In *The War For Talent* vermittelt uns der McKinsey-Berater Ed Michaels einen Eindruck davon, wie dieser Prozess bei GE vonstatten ging:

> **In den meisten Unternehmen ist der Prozess der Mitarbeiterbeurteilung eine reine Farce. Bei GE statteten Jack Welch und seine beiden führenden Personaler jedem Unternehmensbereich einen Tag lang einen Besuch ab. Sie prüften die besten zwanzig bis fünfzig Mitarbeiter persönlich. Sie sprachen darüber, wie man den Talente-Pool stärken könnte. Die Mitarbeiterbewertung bei GE ist ein Kontaktsport. Sie wird so intensiv betrieben und ist so wichtig wie in anderen Unternehmen der Budgetprozess.**

Interessanterweise betrachtete auch Welchs Nachfolger Jeff Immelt (kein Welch-Klon) die Mitarbeiterbeurteilung als den wichtigsten Erfolgsfaktor des Unternehmens.

Ganz schön stark, nicht wahr?

(Und ja, ich stimme Michaels zu, dass die Mitarbeiterbeurteilung in den meisten Unternehmen schwach ist und nicht die Gesamtqualität des Talente-Pools in den Blick nimmt. Was nicht heißt, dass es GE immer richtig gemacht hat. Einige Methoden umfassten beispielsweise ungeschminkte verbale Kritik. Immelt nahm diesbezüglich einige längst überflüssige Änderungen vor. Der Intensität, Ernsthaftigkeit und strategischen Bedeutung dieses Prozesses tat das jedoch keinen Abbruch.)

EINIGE GEDANKEN ZUR MITARBEITERBEURTEILUNG

- Verwenden Footballtrainer oder Theaterdirektoren ein Standardformular zur Beurteilung ihrer Spieler oder Schauspieler? Blöde Frage, ich weiß. Der Witz besteht ja gerade darin, die Unterschiede und Eigenarten zu zelebrieren. Auf Standardvorlagen sollte man deshalb unbedingt verzichten.
- Arbeitet der CEO mit einem Standardformular zur Beurteilung seiner Vice Presidents? Nein? Warum sollte er es dann bei seinen Frontline-Mitarbeiterinnen und -Mitarbeitern tun? Mit standardisierten Beurteilungsbögen lässt sich weder die Leistung der zehn Barista eines Starbucks-Cafés noch die Leistung der zehn obersten VP von Starbucks bewerten. Und das meine ich wirklich ernst. Wie wir weiter oben gesehen haben, geht es ja gerade darum, ein interessantes Team zusammenzustellen, das Kundenerlebnisse schafft, die in Erinnerung bleiben. Interessante Unterschiede in der Persönlichkeit sind genauso wichtig wie Gemeinsamkeiten bei Aspekten wie etwa Pünktlichkeit.
- Jeder Ihrer, sagen wir, acht direkt unterstellten Mitarbeiter zeichnet sich durch eine individuelle, einzigartige berufliche Laufbahn aus. Wie sollten Sie da mit einem Standardbeurteilungsbogen irgendwelche hilfreichen Aussagen treffen?
- Effektive Beurteilungen sind das Ergebnis vieler loser, aber regelmäßiger Gespräche. Sie erhält man nicht, wenn man alle sechs Monate oder einmal im Jahr ein Formular ausfüllt.
- Für Vorgesetzte: Nehmen Sie sich für die Vorbereitung eines einstündigen Beurteilungsgesprächs mindestens einen Tag Zeit? Falls nicht, ist Ihnen das Gespräch oder die Bewertung des Mitarbeiters nicht besonders wichtig.
- Für Vorgesetzte: Wenn Sie nach einem Beurteilungsgespräch nicht ausgepowert sind, war es kein ernst zu nehmendes Gespräch.
- Von formalen Programmen zur Identifizierung von High Potentials halte ich nicht viel. Als Führungskraft behandle ich alle Mitarbeiterinnen und Mitarbeiter als mögliche High Potentials. („High-Potential-Programme demotivieren in der Regel die anderen 95 Prozent.“)
- Ich habe nichts gegen gemeinsam genutzte Checklisten zum Führen von Beurteilungsgesprächen. Das, was abseits dieser Liste besprochen wird, ist jedoch der wichtigere Teil des Gesprächs.
- Im Zentrum eines Beurteilungsgesprächs stehen die Werte und die Kultur des Unternehmens. Wie – und seien Sie hier sehr deutlich – lebt und fördert der zu bewertende Mitarbeiter diese?
- Wichtigstes Thema für den Chef der Chefs: Wie sehr betreibt er/sie Führungskräfteentwicklung? (Dies sollte im Vorfeld des Gesprächs sehr genau erörtert werden.)

Wichtigste Botschaft: Es gibt KEINE Standardmitarbeiter. Deshalb sollte es auch KEINE Standardbeurteilung geben. NIE.

Verdammt noch mal!

Zusammengefasst gefragt: Sind Sie ein **„BEURTEILUNGSEXPERTE“**?

Falls nicht, wie werden Sie einer?

> **Bilden Sie sich weiter.**
> **Wenden Sie das Gelernte an.**
> **Coaching.**
> **Feedback.**
>
> **AN DEN VORGESETZTEN: IMMERHIN IST DAS IHR JOB! ES ZU BEHERRSCHEN IST VERDAMMT SCHWIERIG. SPITZENLEISTUNG IN DER MITARBEITERBEURTEILUNG, BEHAUPTE ICH MAL, IST SO SCHWIERIG WIE IN DER NEUROCHIRURGIE. UND DAS IST MITNICHTEN EINE ÜBERTREIBUNG.**

(Fassen wir zusammen: Leadership umfasst sicher Vision, Authentizität und so weiter. Hauptsächlich – und hierin besteht auch die größte Wirkung von Führungskräften – geht es aber um „Kram“, also um diskrete Aufgaben wie Mitarbeiter zu finden und zu beurteilen. Und ehrlich gesagt verdienen nur sehr wenige Führungskräfte die Bezeichnung „Expertin“ bzw. „Experte“, wenn es um diese diskreten Aufgaben geht. Dabei sind sie das A und O ihrer Tätigkeit.)

5.6 Big Data: Genial? Wahnsinn? Die Zukunft der HR?

Auszug aus *The Decoded Company – Know Your Talent Better Than You Know Your Customers* von Leerom Segal, Aaron Goldstein, Jay Goldman und Rahaf Harfoush:

> **DATENBASIERTER SECHTSER SINN**
> **(Radikale Einsichten in die Art und Weise, wie Ihre Mitarbeiter ticken)**
> **Ein dekodiertes Unternehmen, das über die richtigen Systeme verfügt, ist in der Lage, alle notwendigen Daten zu erfassen, um die betriebliche Propriozeption [„digitale Körpersprache“] seiner Mitarbeiterinnen und Mitarbeiter darzustellen. So wissen diese, was benachbarte Abteilungen und Teams tun, aber auch die eigenen Teamkollegen. Wir verstehen das als ein Beseitigen blinder Flecke.**

Für mich liest sich dieser Auszug buchstäblich wie ein Abschnitt aus George Orwells *1984*. Zumindest ist es ein Spiel mit dem Feuer (Schlüsselbegriff: Spiel). Oder in diesem Fall: mit den Mitarbeitern.

In kürzester Zeit haben künstliche Intelligenz und Big Data mit vollem Tempo Einzug in die Personalabteilungen gehalten. Zweifelsohne bringen diese neuen Technologien viele Vorteile; es gibt jedoch auch große Nachteile oder zumindest potenzielle Nachteile. Nehmen wir nur mal das Zitat von oben: „aber auch die eigenen Teamkollegen". Mithilfe von KI werden Unternehmen diesbezüglich in Zukunft in der Lage sein, praktisch jeden Ihrer Atemzüge, jede Grimasse und jedes Grinsen mit dem Ihrer Kolleginnen und Kollegen zu vergleichen. Ich kann mir zwar vorstellen, dass sich dadurch manche Aktivitäten besser koordinieren lassen. Was mir jedoch unter anderem auffällt, ist Folgendes: KI scheint das perfekte Werkzeug zu sein, jegliche Individualität und Kreativität im Keim zu ersticken – und das zu einem Zeitpunkt, an dem Kreativität zur wichtigsten Voraussetzung für Abgrenzung und Arbeitsplatzsicherung wird.

Was meinen Kommentar betrifft, „Spiel" sei der Schlüsselbegriff: Ich bin der Meinung, dass der Großteil der Personalsoftware nicht ausreichend getestet wurde. Klar, von den Herstellern wurde sie sorgfältig geprüft, aber ihre mittel- bis langfristigen Folgen für Dinge wie Kreativität und den menschlichen Geist im Allgemeinen kennt bislang niemand.

Ich möchte nur ein Beispiel für die Aggressivität geben, die uns erwartet. Der folgende Ausschnitt stammt aus dem Buch *Predictive Analytics – The Power to Predict Who Will Click, Buy, Lie, or Die* von Eric Siegel:

> **Spulen wir einmal vor in eine dystopische Zukunft: Sie arbeiten in einer schicken Kabine und nuckeln gerade an einer Tube, die etwas enthält, das nach Hühnchen schmeckt. Dabei hebeln Sie wie wild an einem Joystick herum. Ihr Vorgesetzter kommt vorbei und beäugt Sie kritisch. „Wir müssen über Ihre Loyalität zu dieser Firma sprechen." Das Unternehmen, für das Sie arbeiten, hat ermittelt, dass Sie sich mit dem Gedanken einer Kündigung tragen könnten. [Das KI-/Big-Data-Modell] sagt Ihre Pläne und Absichten voraus, bevor Sie diese überhaupt haben.**

Kurzum: Die KI-Algorithmen, basierend auf irgendwelchen Informationen von wer weiß wie vielen Unternehmen, haben vielleicht durch eine sorgfältige Analyse jedes Ihrer Tastenanschläge (die in einer riesigen elektronischen Big-Data-Cloud gespeichert werden) herausgefunden, dass die Formulierungen, die Sie in Ihren E-Mails und Sofortmitteilungen verwenden, der Terminologie entspricht, die Menschen verwendet haben, die gekündigt haben. Ja, durch die unendlichen Korrelationen zwischen diesen gigantischen Mengen an Daten über irgendeine riesige Erdbevölkerung weiß man vielleicht, was Sie denken, bevor Sie es tun, wie Siegal sagt. (Verräterisch sind dabei nicht etwa so offensichtliche Begriffe wie „Headhunter“. Das Ganze ist in der Regel subtiler, zum Beispiel wenn Sie Formulierungen wie „bürokratischer Blödsinn“ verwenden oder öfter auswärts Mittagessen gehen als früher.)

Das ist keine bloße Fantasie. Das Beispiel von Siegal stammt aus einem Modell zur Erkennung von Fluktuationsrisiken, entwickelt von den Personalern bei Hewlett-Packard.

Zusammengefasst: Einige sehr weise Menschen sind davon überzeugt, dass gerade eine schöne neue Zukunft KI-basierter Unternehmens- und Arbeitsstrukturen beginnt. Ich bezweifle nicht, dass Tools wie ein datenbasierter sechster Sinn oder Algorithmen, die Kündigungsrisiken erkennen, nicht zu schnellen, kurzfristigen Produktivitätssteigerungen führen. Ich wehre mich aber entschieden gegen die Behauptung, dass eine effektive Organisation und Personalauswahl künftig nur „algorithmenoptimiert“ erfolgen kann, um einen Begriff aus einem McKinsey-Artikel zu gebrauchen.

Schutz gegen die Zerstörung von Arbeitsplätzen durch KI bieten zum einen eine weitreichende, relativ uneingeschränkte Kreativität sowie neuartige Organisationsstrukturen, die geschaffen wurden, um Produkte und Dienstleistungen zu entwickeln, die sich in einer automatisierten Welt abheben. Ich bin fest davon überzeugt, dass diese Kreativität die Antithese zu einem durch Algorithmen optimierten menschlichen Miteinander ist.

Das Spiel hat begonnen!
Und die Risiken für Unternehmen und Einzelpersonen sind aberwitzig hoch!
Leider sind zu viele von uns am Umschalter eingeschlafen und kaufen und implementieren gedankenlos mächtige, wenig erprobte Tools.

(Wenn ich Ihnen einen Tipp zu diesem Thema geben darf: Lesen Sie das unglaublich gute Buch *Angriff der Algorithmen – Wie sie Wahlen manipulieren, Berufschancen zerstören und unsere Gesundheit gefährden* von Cathy O’Neil. Der Titel kündigt von riesigen Problemen, die die ungehinderte Nutzung von Big Data mit sich bringt, und O’Neil, die einen Doktor in Mathematik von der Harvard University hat, untermauert ihre Befürchtungen mit beängstigenden Fakten. Das Buch umfasst zwei brillante Kapitel zum Thema Personalsoftware, in denen die Autorin anhand zahlreicher Beispiele zeigt, zu welchen ungewollten Folgen der freizügige Gebrauch von Big Data im Personalbereich führen kann. Das vielleicht wichtigste Argument dabei: Diese Tools behandeln uns schlecht und sie sind hinsichtlich der Aspekte, die für den langfristigen Unternehmenserfolg oder -misserfolg verantwortlich sind sowie für die Art und Weise, wie wir mit unseren Mitmenschen umgehen, praktisch nicht erprobt worden.)

5.7
Mitarbeiter zuerst: Beförderungen sind eine Frage von Leben und Tod

Beförderungen sind Entscheidungen über Leben und Tod.
– Peter Drucker: *The Practice of Management*

Drucker spricht von „Entscheidungen über Leben und Tod". Dem kann man kaum etwas entgegensetzen. So wie ich es sehe, trifft eine Führungsperson, egal auf welcher Ebene, im Durchschnitt zwei Beförderungsentscheidungen pro Jahr. Angenommen, sie macht diesen Job fünf Jahre, dann entscheidet sie in dieser Zeit über zehn Beförderungen. Letztlich sind diese zehn Beförderungen ihr wesentliches Vermächtnis.

Nehmen die meisten Manager Beförderungsentscheidungen ernst?

Absolut.

Die Frage ist vielmehr: Nehmen sie sie ernst *genug*?

Ich würde sagen, in neun von zehn Fällen nein.

Meiner Ansicht nach ist eine Beförderungsentscheidung vergleichbar mit einer Akquisitionsentscheidung. Sie (der Chef, der entscheidet, wer befördert wird) statten jemanden mit der umfassenden Verantwortung (Ownership) für die zukünftige Performance eines zentralen Unternehmensbereichs aus. Diese Person wird – unabhängig von der formalen Positionsbezeichnung im Organigramm – im Endeffekt Leiter der Abteilung:

XY
Aus- und Weiterbildung
Kundenservice
usw.

Selbst bei einem kleinen Unternehmen würden Sie für eine Akquisitionsentscheidung Monate benötigen. Eine Beförderung, bei der ein Unternehmen (oder ein Bereich oder eine Abteilung) in die Verantwortung von Frau X oder Herrn Y übergeht, sollte meiner Meinung nach mehr oder weniger dasselbe Maß an Aufmerksamkeit bekommen.

ERFOLGSFAKTOREN FÜR BEFÖRDERUNGEN

1. Selbstverständlich (wenn es nur in der Praxis so wäre!) sollte in die Entscheidung vor allem die Fähigkeit der Person, Mitarbeiter zu entwickeln, einfließen. Gehen Sie bei der Ermittlung dieser Kompetenz sehr gründlich, systematisch und präzise vor (befragen Sie beispielsweise „Graduierte", für die die Person zuständig war und die mittlerweile mit hoffentlich Größerem betraut ist): Wie gut hat Frau X/Herr Y diese Person auf ihre nächste Aufgabe oder eine Beförderung vorbereitet?
2. Die zweite Frage, die Sie sich stellen sollten, betrifft die Arbeitskultur, die Frau X/Herr Y in ihrer/seiner jetzigen Rolle etabliert hat. Hat er/sie eine dynamische, zivilisierte, innovative, umsetzungsorientierte Umgebung geschaffen?
3. In diesen verrückten Zeiten sind Beförderungen wohl wichtiger denn je. Hierzu hat der Experte für Risikomanagement David Rothkopf etwas Interessantes gesagt:

Persönlichkeit ist heute wichtiger denn je, denn [in Zeiten großer Unsicherheit] gute Leistungen der Vergangenheit sind kein Indikator für zukünftigen Erfolg. Erfahrung wird hinfällig. Was bleibt, ist Persönlichkeit.

Ich fasse zusammen:

Entscheidungen über Leben und Tod
Zwei Beförderungen pro Jahr = Ihr Vermächtnis
Erfolgsfaktoren 1 + 2 + 3 = Mitarbeiterentwicklung, Kultur, Persönlichkeit

LESEN UND WEITERBILDEN!

Business-Buchclub: Erfolg durch „Mitarbeiter zuerst"

Unternehmen haben im Großen und Ganzen einen miesen Ruf und Managementbücher beschäftigen sich meist nur mit dem, was schiefläuft, und liefern Lösungen und Rezepte. Es gibt jedoch auch einige Bücher, die aus der Haltung „Mitarbeiter (wirklich) zuerst" Positives zu berichten haben. Im Folgenden finden Sie eine formlose Liste. Wie wäre es, wenn Sie und Ihr Führungsteam für ein Jahr dem *Business-Buchclub Erfolg durch „Mitarbeiter zuerst"* beitreten?

Englischsprachige Originalausgaben:

Peter Shankman mit Karen Kelly: *Nice Companies Finish First. Why Cutthroat Management Is Over – and Collaboration Is In*

Kip Tindell: *Uncontainable. How Passion, Commitment, and Conscious Capitalism Built a Business Where Everyone Thrives*

John Mackey und Raj Sisodia: *Conscious Capitalism. Liberating the Heroic Spirit of Business*

Raj Sisodia, Jag Sheth und David Wolfe: *Firms of Endearment. How World-Class Companies Profit from Passion and Purpose*

Zeynep Ton: *The Good Jobs Strategy. How the Smartest Companies Invest in Employees to Lower Costs and Boost Profits*

Richard Sheridan: *Joy, Inc. How We Built a Workplace People Love*

Dennis Bakke: *Joy at Work. A Revolutionary Approach to Fun on the Job*

Vineet Nayar: *Employees First, Customers Second. Turning Conventional Management Upside Down*

Hal Rosenbluth: *The Customer Comes Second: Put Your People First and Watch 'Em Kick Butt*

Paul Spiegelman und Britt Berrett: *Patients Come Second: Leading Change by Changing the Way You Lead*

D. Michael Abrashoff: *It's Your Ship. Management Techniques from the Best Damn Ship in the Navy*

L. David Marquet: *Turn This Ship Around!. How to Create Leadership at Every Level*

Bo Burlingham: *Small Giants. Companies That Choose to Be Great Instead of Big*

George Whalin: *Retail Superstars. Inside the 25 Best Independent Stores in America*

Rich Karlgaard: *The Soft Edge, Where Great Companies Find Lasting Success*

Matthew Kelly: *The Dream Manager. Achieve Results Beyond Your Dreams by Helping Your Employees Fulfill Theirs*

Camellia. A Very Different Company (Unternehmenspublikation)

Vernon Hill: *Fans Not Customers. How to Create Growth Companies in a No Growth World*

Robert Kegan und Lisa Laskow Lahey: *An Everyone Culture. Becoming a Deliberately Developmental Organization*

Auf Deutsch erschienen:

Hermann Simon: *Hidden Champions des 21. Jahrhunderts. Die Erfolgsstrategien unbekannter Weltmarktführer*

Phil Harkins und Keith Hollihan: *Everybody Wins. Vom Start-up zum Global Player – Das Erfolgsgeheimnis von RE/MAX*

Tony Hsieh: *Delivering Happiness. Wie konsequente Kunden- und Mitarbeiterorientierung einzigartige Unternehmen schaffen*

Richard Branson: *Like a Virgin. Erfolgsgeheimnisse eines Multimilliardärs*

Mihaly Csikszentmihalyi: *Flow im Beruf. Das Geheimnis des Glücks am Arbeitsplatz*
John Bogle: *Was wirklich zählt – für mich, mein Konto, meinen Job*

6 Intensives Training

Meine Geschichte

So ungern ich es zugebe: Ich bin ein mittelmäßiger Sportler

Von kleinen Jungs erwartet man, dass sie davon träumen, einmal in einer der großen Ligen zu spielen. Doch ich? Ich träumte davon, im Highschool-Footballteam in der Position des Guard vom dritten zum zweiten Ersatzspieler aufzusteigen.

Ich war mit Sicherheit kein Star, aber im Jahr 1962 wurde ich tatsächlich zum Stammtorhüter der Lacrosse-Mannschaft der Cornell University. Der Grund dafür sind zwei Wörter: Ned Harkness.

Ich spielte Lacrosse bereits, seit ich acht oder neun war. Das ist Standard, wenn man in Maryland aufwächst. Ich strengte mich sehr an, schien aber nie wirklich voranzukommen (siehe meine einleitenden Worte).

Doch ich blieb dran, spielte in der Highschool-Mannschaft und dann im Freshman-Team an der Universität. Ich hielt durch.

Dann geschah ein Wunder. Ned Harkness wurde Trainer der Lacrosse-Mannschaft der Cornell University, in der ich während meines zweiten Unijahres Ersatzspieler war. Ned hatte landesweite College-Turniere in Lacrosse und Hockey gewonnen. (Er wurde unter anderem ein erfolgreicher Trainer der National Hockey League.) An der Cornell University war er Hockeytrainer der Uni-Mannschschaft, doch als der damalige Lacrosse-Trainer zu Beginn der Saison 1962 plötzlich das Handtuch warf, übernahm Ned den Job für den Rest des Jahres.

Um es abzukürzen: „Sportskanone", die ich war, blühte ich unter Coach Harkness auf. Er war anders als andere Trainer. Er drang in unsere Köpfe ein, unsere furchtbaren, immer gleichen Drills machten plötzlich Spaß, wir lernten so viele neue Tricks und wir verstanden uns richtig gut.

Was mich betraf, so erlebte ich innerhalb von zwei oder drei Wochen eine komplette Wandlung. Ned war überzeugt, dass ich drei- oder zehnmal mehr Potenzial besaß, als ich bislang gezeigt hatte, und er sorgte dafür, dass auch *ich* das glaubte. So kam es, dass ich im Auftaktspiel zur zweiten Hälfte der Saison gleich von Beginn an spielte mit, oh ja, dem Selbstvertrauen, das man dafür brauchte.

Durch Ned Harkness erfuhr ich, was tolles Coaching und tolle Methoden bedeuten und dass man eine Leistung erbringen kann, die weit über dem liegt, was man sich je hätte vorstellen können.

Lektion: *Erstklassiges Training kann Wunder bewirken. Es kann in kurzer Zeit einen zehnmal besseren Spieler (oder was auch immer) aus einem machen und es verändert einen auch als Person stark.*

Die kurze Zeit unter Coach Harkness hat mich zu einem fanatischen Anhänger von Training gemacht. Ich korrigiere: Die Zeit unter Coach Harkness hat mich zu einem fanatischen Anhänger von SPITZENtraining gemacht.

(An dieser Stelle würde ich jetzt gern erzählen, dass ich ein Lacrosse All-American wurde und unserer Uni-Mannschaft zur Meisterschaft verhalf. Doch die Wahrheit ist: Obwohl ich in Neds Obhut riesige Fortschritte gemacht hatte, war ich für den nächsten Trainer das, was ich nun mal war: ein mittelmäßiger Sportler. Ich blieb hinter seinen Erwartungen zurück und das Spielen bereitete mir keine Freude mehr. Schließlich verließ ich das Team, um mich intensiver meinen extrem anspruchsvollen Ingenieurskursen zu widmen. Aber glauben Sie mir: Die paar Monate des vorherigen Jahres waren eine wahre Freude und haben mir wirklich die Augen geöffnet.)

(Allgemeiner gesprochen und in Bezug auf dieses Buch sehe ich Training als Erfolgspraxis Nummer eins für jedes Individuum und jedes Unternehmen. Und ich bin entsetzt, überrascht und sogar wütend, wenn es andere nicht so sehen.

Zudem glaube ich, dass der „Weiterbildungsvorteil" in Zeiten des digitalen Wandels noch einmal zehn- oder hundertmal wichtiger ist. Angesichts völlig neuartiger Risiken und Chancen muss man sich vielleicht kritische Fragen zur Art und Weise der Weiterbildung stellen. Ihre Bedeutung bleibt aber zweifelsohne unvermindert hoch.

Dieses Kapitel ist das kürzeste des Buches. Ich wollte das Thema Weiterbildung ursprünglich in Kapitel 5 behandeln, habe dann aber beschlossen, dass es zu wichtig ist, um es in ein anderes Thema einzubetten. Es sollte hervorstechen und für sich stehen. Immerhin argumentiere ich hier mit all der Leidenschaft, die ich aufbringen kann, dass die Aus- und Weiterbildung die wichtigste Investition eines jeden Unternehmens ist.)

Training – die Geschichte

6.1
Training. Training. Training.

Training, TRAINING
und NOCH M-E-H-R
T-R-A-I-N-I-N-G.
– Admiral Chester Nimitz, Commander in Chief der U.S. Pacific Fleet, in einem Gespräch mit dem Chief of Naval Operations Ernest King im Jahr 1943

Ich war nie ein besonders guter Spieletrainer, aber ich war ein ziemlich guter Praxistrainer.
– Basketballtrainer John Wooden, vielleicht der beste Coach für alles

Der Wille zum Erfolg ist wichtig, aber noch wichtiger ist der Wille zur Vorbereitung.
– Bobby Knight, Trainerlegende im Basketball

6.2
Training = die wichtigste Investition

Beim Militär sind Drei-Sterne-Generäle wie besessen von Training. In den meisten Unternehmen ist die Aus- und Weiterbildung jedoch nur eine routinemäßige Stabsstelle der mittleren Ebene.

Intensives und extensives und teures und regelmäßiges Training sind für folgende Gruppen unverzichtbar:

- Militär
- Navy
- Luftwaffe
- Marines
- Küstenwache
- Footballmannschaft
- Baseballmannschaft
- Bogenschützen
- Feuerwehr

- Polizei
- Theatergruppe
- Ballettensemble
- wissenschaftliche Abteilungen an der Universität
- usw.

Besonders im Militär, wo es um Leben und Tod geht, gilt:

Erstklassiges Training zahlt sich aus.
Keine Frage.

Warum gilt dieses Motto dann nicht auch für herkömmliche Unternehmen und warum nicht besonders für kleine Unternehmen?

Es scheint mir so verdammt offensichtlich.

Fazit: **Training = die wichtigste Investition**

Verdammt noch mal!

Ich war schon immer der Meinung, dass Training wichtig ist, ich hätte aber nicht von „der wichtigsten Investition" gesprochen. Die anregenden Ideen dieses Buches haben meine Sicht verändert. In Zeiten des digitalen Wandels wird das Thema Training zur wichtigsten betrieblichen und persönlichen Chance.

6.3 Training: immer

Besser zu werden und vorbereitet zu sein ist eine Obsession derjenigen, die an die Spitze streben, und mehr noch derer, die dort bleiben wollen.

1. Faustregel von Winston Churchill: EINE MINUTE REDEZEIT ERFORDERT EINE STUNDE VORBEREITUNG.
2. Tom Peters: EIN 45-MINÜTGER VORTRAG BEDARF EINER ZWEIWÖCHIGEN VORBEREITUNG.
3. Jerry Seinfeld: SECHS MONATE (IN KLEINEN CLUBS) BRINGEN EINEM WEITERE DREI MINUTEN FÜR DAS STAND-UP-PROGRAMM.
4. Abraham Lincoln: „GIB MIR SECHS STUNDEN, EINEN BAUM ZU FÄLLEN, UND ICH WERDE DIE ERSTEN VIER MIT DEM SCHÄRFEN DER AXT VERBRINGEN."

Ich gebe zu, ich liebe den Begriff „Training". Die meisten bevorzugen Wörter wie „Weiterbildung" oder „Vorbereitung". Das verstehe ich. Doch wenn ich an meinen nächsten Vortrag denke, denke ich an *Training* wie beim Football oder am Theater. Nach Wochen des Übens (also Trainings) stelle ich mir für den Tag, an dem der Vortrag stattfindet, den Wecker auf 3 Uhr morgens, und von 3 Uhr bis 6.30 Uhr habe ich wahrscheinlich zwei- oder dreihundert Änderungen vorgenommen.

Weiterbildung. Übung. Vorbereitung. Lernen. Gut. Für mich gehören diese Begriffe alle, vielleicht charakteristischerweise, zum Begriff „Training" oder – entschuldigen Sie die Wiederholung – zu:

TRAINING.
TRAINING.
TRAINING.
VERDAMMT NOCH MAL!

6.4
Die Training-Fragen: Falls nicht, warum nicht?

1. Ist Ihr Chief Training Officer (CTO) bzw. Leiter der Personalentwicklung die bestbezahlte Führungskraft der obersten Ebene (und nicht der CEO oder COO)?
   Falls nicht, warum nicht?
   (Ich weiß, Sie haben wahrscheinlich gar keinen Chief Training Officer. Schade.)
2. Bezahlen Sie Ihre Topmitarbeiter im Bereich Aus- und Weiterbildung so gut wie Ihre besten Marketingleute oder Ingenieure?
   Falls nicht, warum nicht?
3. Sind Ihre Weiterbildungskurse so gut, dass es prickelt?
   Falls nicht, warum nicht?

Mit der letzten Frage konfrontierte mich einmal ein Seminarteilnehmer, indem er sagte, er fände sie unrealistisch, und was ich denn bitteschön mit „prickeln" meinte? Ich verwies auf mein zweites Jahr an der Uni. Wir Ingenieure mussten einen Einführungskurs in Chemie absolvieren. Die meisten von uns sahen dem mit einem Gefühl wie vor einer viermonatigen Wurzelkanalbehandlung entgegen. Wir hatten zwei bekannte Professoren, Michell Sienko und Robert Plane. Sie waren erstklassige Wissenschaftler und darüber hinaus erstklassige Entertainer.

Ergebnis: Am Ende des Kurses wollte wahrscheinlich die Hälfte von uns als Hauptfach Chemie wählen. Will sagen: Es gibt tolle Lehrer und tolle Kurse und ich verstehe einfach nicht, warum es Unternehmen nicht schaffen, Dozenten wie Sienko und Plane zu engagieren. Milliarden von Dollar (und das Überleben) stehen auf dem Spiel und erstklassige angestellte „Profs“, die tolle Kurse konzipieren, könnten Wunder in Bereichen wie Recruiting, Mitarbeiterbindung, Qualität, Innovation und Produktivität bewirken. (Unternehmen geben riesige Summen für angesehene Professoren der Computerwissenschaften aus. Warum tun sie das nicht auch für exzellente Trainer?)

Was das Wort „prickeln“ betrifft: Ich habe nach etwas gesucht, das mehr bedeutet als „sehr gut“. Man könnte auch „weltbewegend“, „umwerfend“ oder natürlich **„supercalifragilisticexpialigetisch“** sagen.

4. Wenn Sie einen zufällig ausgewählten Mitarbeiter im Flur ansprechen, ist dieser in der Lage, seinen Entwicklungsplan für die nächsten zwölf Monate genauer zu beschreiben?
   Falls nicht, warum nicht?

Wenn die Antwort darauf „Nein“ ist, sollte der Vorgesetzte dieses Mitarbeiters unverzüglich einen Verweis erhalten. Ich würde sogar sagen, gefeuert werden, aber dann muss ich mir eventuell anhören, ich übertreibe.

6.5 Training: Wetten wir?

Ich wette ein hübsches Sümmchen darauf, dass die folgenden Aussagen wahr sind:

Wette 1: Für fünf von zehn CEOs ist Weiterbildung eine Ausgabe, keine Investition.

Wette 2: Für fünf von zehn CEOs ist Weiterbildung eine Defensivmaßnahme, keine Offensivmaßnahme.

Wette 3: Für fünf von zehn CEOs ist Weiterbildung ein notwendiges Übel, keine strategische Chance.

Und ein noch größeres Sümmchen wette ich auf darauf:

Wette 4: Acht von zehn CEOs würden in einer überblicksartigen Darstellung ihres Unternehmens die Weiterbildung nicht einmal erwähnen.

Es ist Wette 4, die mich wahnsinnig macht.

In diesem 45-minütigen Gespräch würde der CEO in den ersten fünfzehn Minuten sehr wahrscheinlich von der „Veränderungskultur“ sprechen und der Geschäftssituation im Allgemeinen. Dann folgten fünfzehn Minuten zur Strategie. Und dann etwa zehn Minuten über „die extrem coole Software, die uns 87 Millionen US-Dollar gekostet hat". Okay, die letzten fünf Minuten würde er vielleicht wirklich über die Mitarbeiterinnen und Mitarbeiter sprechen, aber ich wette mit Ihnen auf Basis meines traktorladungsgroßen Erfahrungsschatzes, dass er in diesen fünf „Mitarbeiter-Minuten" (in denen es vorrangig um die Qualität der Führungskräfte ginge) nicht ein einziges Mal den Begriff „Weiterbildung" in den Mund nehmen würde.

Verdammt noch mal!

6.6 Wenn es ernst wird: weiterbilden! – Eine erfreuliche Ausnahme von der Regel

Während einer Rezession fahren die meisten Einzelhändler ihr Schulungsangebot (stark) zurück, um Kosten zu sparen.

Ausnahme: Während der letzten Rezession hat Container Store das Trainingsprogramm für seine Instore-Mitarbeiter mit direktem Kundenkontakt VERDOPPELT.

Sie sagten sich: Das ist die perfekte Zeit, um sich um die Kunden, die in wirtschaftlich schwierigen Zeiten trotzdem zu uns kommen, besonders zu kümmern. Und der beste Weg, dies zu erreichen, ist, die Mitarbeiterinnen und Mitarbeiter weiterzubilden, die den meisten Kundenkontakt haben.

Übrigens: Vor einigen Jahren wurde Container Store zum beliebtesten Arbeitgeber der riesigen US-Wirtschaft gewählt.

6.7 Und noch einmal: Training = die wichtigste Investition

Was ist der beste Grund, bei „Training. Training. Training" vollkommen auszuflippen?

GIER.
(Es zahlt sich aus. SEHR.)
(Und entgegen der landläufigen Meinung ziemlich schnell.)

GRUNDSATZ 1: Ihr (Chef-)Job ist sicherer, wenn alle Mitarbeiter Ihres Teams sich für ein Weiterbildungsangebot zur radikalen persönlichen Entwicklung begeistern!

GRUNDSATZ 2: Der Trainings-Imperativ gilt **zehn-** oder **hundertmal** mehr für kleine Unternehmen. Er ist alles andere als ein „Fortune-500-Ding".

Der letzte Punkt sollte eigentlich selbstverständlich sein. Denn wenn ich neun Mitarbeiterinnen und Mitarbeiter beschäftige, dann ist jede/r von ihnen von außerordentlicher *strategischer* Bedeutung. Und dann sollte es selbstverständlich sein, keine Kosten und Mühen zu scheuen, um diese neun strategischen Säulen (Mitarbeiter) weiterzubilden.

Ist es nur leider nicht. Oft bekommt man zu hören „Wenn wir sie weiterbilden, sind sie bald weg" oder eine andere inakzeptable Ausrede.

Neun Mitarbeiterinnen und Mitarbeiter.
Neun einzigartige strategische Chancen.
TRAINING. TRAINING. TRAINING.

7 Tech-Tsunami, Job-Apokalypse und der neue moralische Imperativ

Teil 1: Tech-Tsunami und Job-Apokalypse

Meine Geschichte

Es war ein regnerischer Nachmittag im März 2017. Ich war gerade beim Einkaufen.

Während ich im Supermarkt war, rief meine Frau an und sagte, sie habe ein Problem (eine „Chance" für mich). Am Samstag würden Gäste zum Mittagessen kommen und sie hatte gerade festgestellt, dass der Staubsaugerbeutel ungewöhnlich voll war und wir keine Ersatzbeutel mehr hatten. Ob ich welche besorgen könnte? „Klar", sagte ich, beendete meinen Einkauf, ging zum Wagen und gab das Home Depot in Dartmouth, Massachusetts, in mein Navi ein.

Im Laden angekommen fragte ich einen Mitarbeiter, wo sich die Staubsaugerbeutel befänden, musste dann jedoch feststellen, dass die Beutel, die ich brauchte, nicht mehr im Regal waren. Ich erwischte einen anderen Mitarbeiter und er war so freundlich, im Lager nachzusehen, ob es noch welche gäbe. Er war drei oder vier Minuten weg und suchte sicherlich fleißig. Obwohl ich seine Hilfe und seine Freundlichkeit schätzte, war ich durch diesen zusätzlichen Stopp spät dran. Ohne groß nachzudenken, holte ich mein iPhone aus der Tasche, öffnete die Amazon-App und gab die Beutel ein, die ich suchte. Es wird Sie nicht überraschen, dass ich genau die richtigen Beutel fand, und das auch noch zu einem günstigeren Preis als bei Home Depot. Dank Amazon Prime würden die Staubsaugerbeutel am nächsten Tag – Freitag – geliefert, sodass noch genug Zeit zum Saugen wäre. Ich fühlte mich schlecht: Der Mitarbeiter war hilfsbereit, aber ich hinterging ihn praktisch und sprang ab. Nach einem kurzen Gefühl der Reue, das etwa zehn Sekunden dauerte, klickte ich auf die 1-Click-Bestellfunktion. Ich kann nur schätzen, aber ich bin mir ziemlich sicher, dass die gesamte Transaktion von iPhone-aus-der-Tasche-Holen bis iPhone-wieder-Einstecken nicht länger als neunzig Sekunden dauerte, einschließlich der „Suche".

Also fuhr ich nach Hause.

Aber Moment, dieses „Also fuhr ich nach Hause" hat noch eine nicht triviale Hintergrundgeschichte: Nachdem meine Frau und ich vor etwa zwei Jahren endgültig von Tinmouth, Vermont, nach Dartmouth, Massachusetts, umgezogen waren, war ich bestimmt mindestens zwanzig Mal bei Home Depot. Die Filiale ist nur ein kleines Stück, etwa elf Kilometer, von uns entfernt. Trotzdem bin ich mir beim Weg unsicher, selbst beim ersten Schritt – den Parkplatz von Home Depot zu verlassen – und wählte im Navi unter „Favoriten" unsere Adresse aus.

Na und?

Zum „Na und?" Folgendes: Als wir umgezogen sind, vermied meine Frau Susan ihr Navi gewissenhaft. Fakt ist, sie findet sich problemlos zurecht, selbst in komischen Ecken von New Bedford oder Fall River oder sonst wo. Ich habe eigentlich eine gute Orientierung, als wir jedoch nach Dartmouth zogen, war ich schlicht faul und fuhr nur noch mit Navi. Es ist keine Übertreibung (ich wünschte, es wäre so!), wenn ich sage, dass ich kaum aus unserer *Ausfahrt* herauskomme. Damit bin ich nicht allein. Wie jüngste Studien belegen, sind wir Navi-Abhängigen nicht nur ständig aufgeschmissen; wir verlieren auch ein Stück weit unseren angeborenen Orientierungssinn. Das Navi verschaltet unser Gehirn neu, und das nicht auf gute Art und Weise.

Die neuen Technologien verändern die Welt. Die Folgen, besonders für die Arbeitswelt, sind schwindelerregend. Meine kleinen Geschichten von oben verblassen im Vergleich dazu.

Oder doch nicht?

Die Folgen der Home-Depot-Geschichte betreffen Millionen von Einzelhandelsjobs in den USA – vom auf Mindestlohnbasis arbeitenden Begrüßungspersonal am Eingang bis zu den Führungskräften der obersten Ebene. „Disruption" ist ein viel zu häufig benutzter Begriff, aber Amazon und Co. verändern einen Großteil der Wirtschaft tatsächlich auf disruptive Weise – vom kleine Tante-Emma-Laden an der Ecke bis hin zu Ladenketten mit Hunderten Filialen und den vielen Shoppingcentern, in denen sie untergebracht sind. Was die Navi-Geschichte betrifft: Sie gibt einen Vorgeschmack darauf, wie KI in Zukunft mit unserem Gehirn spielen, und die Art und Weise, wie wir die Welt wahrnehmen, verändern wird. Das ist wohl kaum eine „kleine Geschichte".

Der digitale Wandel – die Geschichte

7.1

7.1.1 Marc Andreessen ist sich sicher: „Software frisst die Welt auf."

Im Folgenden habe ich ein paar Zitate zusammengestellt, die die aktuelle Lage – bis morgen, wenn sich alles ändert – der alles auf den Kopf stellenden Tech-Welt ein wenig beschreiben. Vor etwa drei Jahren, als ich das Gefühl hatte, hoffnungslos rückständig zu sein, habe ich mich einem Literatur-Crashkurs unterzogen. Mittlerweile bin ich bei über einhundert Büchern und ein Ende ist nicht in Sicht. Am Ende fühlte ich mich alles andere als klüger; ich war vielmehr verwirrter denn je, hatte aber doch ein gewisses Verständnis von der derzeitigen verworrenen Situation entwickelt. Da ich annehme, dass Sie nicht Teil eines großen Tech-Unternehmens sind, empfehle ich Ihnen, sich einem ähnlichen Weiterbildungsprogramm zu unterziehen.

Lesen Sie. Lesen Sie. **LESEN SIE.**

(Toms Grundsatz 2018: **Übertrumpfen Sie die anderen durch Lesen!**)

> **Das größte Defizit der Menschheit ist unsere Unfähigkeit, die Exponentialfunktion zu verstehen.**
>
> – Albert A. Bartlett

SEHR Starke Worte: „größtes Defizit". Doch Bartlett weist da auf etwas Wichtiges hin: Es geht heute nicht einfach um „Veränderung", es geht um das *zunehmende Tempo* der Veränderung – diese verdammte Exponentialfunktion. Bislang vollzogen sich große Umwälzungen immer in Phasen von, sagen wir, zwanzig Jahren. Mittlerweile sind es eher fünf Jahre, da sind sich die meisten Fachleute einig. Das hat enorme Folgen für Unternehmen und noch viel gewaltigere für die Gesellschaft.

> **Die Automatisierung ist mittlerweile so fortschrittlich, dass der Pilot auf einem klassischen Passagierflug den Steuerknüppel gerade einmal DREI MINUTEN in der Hand hält. [Piloten] sind, und das ist keine Übertreibung, zu Computeranwendern geworden.**
>
> – Nicholas Carr: „The Great Forgetting", in: *The Atlantic*

Für mich, einen der eifrigsten Vielflieger überhaupt, ein Showstopper. Es gibt viele positive Aspekte dieser Entwicklung, aber einen großen negativen: Pilotinnen und Piloten verlieren die Fähigkeit, auf unklare Notfallsituationen zu reagieren. Das ist das Fazit nach mehreren schweren Flugzeugabstürzen.

Durch eine Kombination neuer Marktregeln und neuer Technologien findet heute an der Börse ein KRIEG DER ROBOTER statt.
– Michael Lewis: „Goldman's Geek Tragedy", in: *Vanity Fair*

Willkommen in der Welt der Blitzabstürze und Mega-Chrashs, in der manisch getradet wird, ohne fruchtbares Ergebnis. Obwohl es Berge von Regeln gibt, kann man wohl sagen: KEINER HAT DIE KONTROLLE.

Was sicher ist: Michael Lewis ist ein erstklassiger Wegweiser.

Was sicher ist: Wir müssen uns auf ein noch größeres – unvorstellbar großes – Ausmaß an Wahnsinn und Instabilität einstellen.

Der Großteil der menschlichen Gesundheitsfürsorge wird in zehn oder zwanzig Jahren hoffentlich von Algorithmen erbracht.
– Michael Vassar, Gründer von MetaMed, im *New York Magazine*

Und der Prozess ist in vollem Gange. In einer weltbekannten Klinik im Großraum Boston ist es Ärzten in manchen Fachrichtungen beispielsweise nicht gestattet, Diagnoseergebnisse, die Algorithmen oder Big Data ausgespuckt haben, zu korrigieren.

Begrüßen Sie unser jüngstes Board-Mitglied:

Wie jedes andere Mitglied des Board auch kann der Algorithmus mit entscheiden, ob das Unternehmen in ein anderes investiert oder nicht. Das Programm wird zum sechsten Mitglied des Board von DKV.
– Auszug aus einem Artikel im *Business Insider*: „A Venture Capital Firm Just Named an Algorithm to Its Board of Directors – Here's What It Actually Does."

Kein Witz. Ein offizielles Mitglied des Board. Scheinbar haben Algorithmen auch schon wesentlich mehr erreicht als ihr menschliches Pendant:

Algorithmen komponieren bereits jetzt so bewegende Symphonien wie Beethoven, sie meistern Rechtstexte mit dem Geschick eines erfahrenen Juristen, erstellen exaktere Diagnosen als Ärzte, Zeitungsartikel gehen ihnen so leicht von der Hand wie

erfahrenen Journalisten und sie steuern Autos sicherer über städtische Schnellstraßen als ein Mensch.

– Christopher Steiner: *Automate This – How Algorithms Took Over Our Markets, Our Jobs, and the World*

Verdrängung = Schlag auf die Nase. Steiner berichtet von einem Wettbewerb zwischen klassischen Komponisten, bei dem ein Stück gewann, das von einem Algorithmus komponiert worden war. Auf einer hochrangigen Konferenz wenig später versetzte ein erfolgreicher (menschlicher) Komponist dem Entwickler des Algorithmus einen Schlag auf die Nase.

7.1.2 Job-Apokalypse

Alarmismus? Die bittere Wahrheit?

Laut Experten [Deloitte/Oxford University] werden bis zu 35 Prozent der Arbeitsplätze in Großbritannien im Laufe der nächsten zwanzig Jahre durch neue Computer- und Robotertechnologien ersetzt.

– Auszug aus einem Artikel im *Telegraph*: „Ten Million Jobs at Risk from Advancing Technology", 14. November 2014

(Im März 2016 hieß es in einem ähnlichen Bericht auf CNBC, dass 50 Prozent der Jobs in den USA durch Automatisierung „stark gefährdet" seien und innerhalb der nächsten zwanzig Jahre vollständig verschwinden könnten.)

Vielleicht eine Übertreibung. Vielleicht eine Untertreibung. Dass solche Schätzungen überhaupt ernsthaft diskutiert werden, ist an sich schon außergewöhnlich. Es gibt Experten, die sich zu den „Tech-Optimisten" zählen. Sie sind überzeugt, dass wir mit den Veränderungen zurechtkommen – einer sprach von einem „Tsunami der Innovationen" – und sie überstehen werden. Gleichzeitig gibt es ebenso intelligente und erfahrene „Tech-Pessimisten", die mit einer Apokalypse rechnen. Wenn Sie mich fragen – und ich behaupte in keinster Weise, ein Experte zu sein –, tendiere ich etwas mehr zur Haltung der Tech-Optimisten. Wie auch immer: Der Grad der Unsicherheit ist astronomisch hoch und ebenso die Folgen.

7.1.3
Sie sind Experte? Na und?

Die intellektuellen Fähigkeiten von hoch qualifizierten Fachkräften sind vor der Automatisierung ebenso wenig sicher wie das Linksabbiegen im Auto.
– Nicholas Carr: *The Glass Cage – Automation and Us*

Wenn Sie glauben, ein „Experte“ zu sein sichere Ihren Arbeitsplatz, sollten Sie noch einmal nachdenken.
– Robert Reich, ehemaliger US-Arbeitsminister

Ein Bürokrat ist ein teurer Mikrochip.
– Dan Sullivan, Berater und Managementtrainer

Diese drei Zitate erzeugen zwar tiefe Lachfalten, für eine schwindelerregende Zahl an Fachkräften ist die Realität allerdings wenig zum Lachen.

Die Botschaft: **DIE BERUFE SIND IN KEINSTER WEISE SICHER VOR DEM EINDRINGEN KÜNSTLICHER INTELLIGENZ.**

Nein, all die Juristen, Ärztinnen und Ingenieure werden nicht verschwinden. Es wird allerdings in kürzester Zeit eine unvorstellbare Verschiebung stattfinden.

Seien wir ehrlich: „Fachkräfte“ im Bereich Medizin, Recht oder Mode unterscheiden sich nicht von Köchinnen oder Fensterreinigern. Einige wenige sind hervorragend, viele sind mittelmäßig und ein paar sind unbedeutend. Ein hochkarätiger Zahnarzt, der sich das Ergebnis eines von einem Kollegen stümperhaft behandelten Wurzelkanals ansah, sagte mir einmal, und ich erinnere mich noch genau an seine Worte: Denk immer daran, Tom, die Hälfte der Zahnärzte hat ihren Abschluss im unteren Bereich ihrer Klasse gemacht.“ Ich musste trotz Schmerzen lachen; diese witzige Aussage beinhaltet jedoch nicht triviale Folgen für die Beschäftigung – oder Nicht-Beschäftigung.

7.1.4
Die große Umstrukturierung

Die Ursache des Problems besteht nicht darin, dass wir uns in einer großen Rezession oder einer großen Stagnation befinden. Was wir erleben, ist der Beginn einer großen Umstrukturierung. Die Technologien entwickeln sich rasend schnell, wir kommen mit unseren Fähigkeiten und Unternehmen aber nicht hinterher.
– Erik Brynjolfsson und Andrew McAfee: *Race against the machine – Wie die digitale Revolution dem Fortschritt Beine macht*

Dieses dünne Buch der beiden MIT-Professoren hat meine Meinungsbildung erheblich beeinflusst. Ihre Analysen sind klar, ihre Schlussfolgerungen ausgewogen, ihre Beweisführung unanfechtbar.

Merken Sie sich den Begriff: **große Umstrukturierung**.

7.1.5 Übrigens: Ähnliche Situation in China – Beschäftigung im produzierenden Gewerbe geht um 30 Millionen zurück

Auszug aus dem Buch von Erik Brynjolfsson und Andrew McAfee *The Second Machine Age – Wie die nächste digitale Revolution unser aller Leben verändern wird*:

> **Seit 1996 ist die Beschäftigung im produzierenden Gewerbe auch in China zurückgegangen, und zwar um ... 25 Prozent. ... Damit sind über 30 Millionen Chinesen weniger in diesem Sektor beschäftigt, obwohl der Output um 70 Prozent in die Höhe geschossen ist. Es ist also nicht so, dass amerikanische Arbeiter von chinesischen verdrängt werden. Vielmehr werden amerikanische und chinesische Arbeiter durch die Automation immer effizienter [ersetzt].**

Allein das chinesische Unternehmen Foxconn ist derzeit dabei, innerhalb der nächsten zwei bis drei Jahre **EINE MILLION** neue Roboter zu installieren. Und in einer Fabrik der Firma, in Kunshan, ist die Zahl der Beschäftigten durch die Automatisierung bereits von 110.000 auf 50.000 zurückgegangen.

Einfach ausgedrückt: Dieses Phänomen ist universell. Es beschränkt sich nicht auf Hochlohnländer, obwohl die Löhne in den Städten Chinas rasant steigen. Auch in der Volksrepublik sind die politischen und gesellschaftlichen Konsequenzen der Arbeitskräfteverlagerung, die durch diese Entwicklung ausgelöst wurde und sich noch verstärken wird, erschreckend.

Ich habe keine Antwort darauf. Ich habe noch nicht einmal einen klaren Standpunkt. Ich bin vollkommen orientierungslos. Heute glaube ich das eine, morgen das andere. (Da bin ich nicht allein, selbst Experten geht es so.) Etwas sehr Großes geht gerade vor sich. Es geht nicht darum, zu versuchen, ein Experte zu werden. Es geht darum, mitreden zu können in der Debatte über die Bedeutung von hoch fortschrittlicher KI.

Deshalb noch einmal:

Lesen Sie. Lesen Sie. Lesen Sie.

LESEN UND WEITERBILDEN!

Zuallererst:

Erik Brynjolfsson und Andrew McAfee: *The Second Machine Age. Wie die nächste digitale Revolution unser aller Leben verändern wird*

Englischsprachige Originalausgaben:

Richard Susskind und Daniel Susskind: *The Future of the Professions. How Technology Will Transform the World of Human Experts*

Illah Reza Nourbakhsh: *Robot Futures*

Nicholas Carr: *The Glass Cage. Automation and Us*

Steve Lohr: *Data-ism. The Revolution Transforming Decision Making, Consumer Behavior, and Almost Everything Else*

Eric Dezenhall: *Glass Jaw. A Manifesto for Defending Fragile Reputations in an Age of Instant Scandal*

Christopher Steiner: *Automate This. How Algorithms Came to Rule Our World*

Eric Siegel: *Predictive Analytics. The Power to Predict Who Will Click, Buy, Lie, or Die*

Natasha Dow Schüll: *Addiction by Design. Machine Gambling in Las Vegas*

Joel Brenner: *Glass Houses. Privacy, Secrecy, and Cyber Insecurity in a Transparent World*

James Barrat: *Our Final Invention. Artificial Intelligence and the End of the Human Era*

Auf Deutsch erschienen:

Alec Ross: *Die Wirtschaftswelt der Zukunft. Wie Fortschritt unser komplettes Leben umkrempeln wird*

Nick Bostrom: *Superintelligenz. Szenarien einer kommenden Revolution*

Martin Ford: *Aufstieg der Roboter. Wie unsere Arbeitswelt gerade auf den Kopf gestellt wird – und wie wir darauf reagieren müssen*

Viktor Mayer-Schönberger und Kenneth Cukier: *Big Data. Die Revolution, die unser Leben verändern wird*

7.1.6 Extreme Prognosen von nicht extremen Beobachtern

Die Entwicklung einer vollwertigen künstlichen Intelligenz könnte das Ende der Menschheit bedeuten.

– Stephen Hawking

KI ist eine existenzielle Gefahr für die menschliche Zivilisation.

– Elon Musk

Es besteht die Möglichkeit, dass die Arbeitskraft von 95 Prozent der Beschäftigten … nicht mehr gebraucht wird.

– Sam Altman, Y Combinator

Ob sie zutreffen oder nicht: Diese Aussagen von klugen Köpfen stehen auf jeden Fall im Raum. Sie wollen jedoch keinen Alarmismus verbreiten. Sie unterstreichen aber die extreme (beispiellose?) Unsicherheit unserer Zeit.

Interessant ist auch, dass diese führenden Experten uns vor allem Science-Fiction-Literatur empfehlen, zum Beispiel *Accelerando* von Charles Stross, *Robopocalypse* und *Amped* von Daniel Wilson, *Mother of Storms* von John Barnes, *Parasites Like Us* von Adam Johnson, *Snow Crash*, *Cryptonomicon* und weitere Romane von Neal Stephenson sowie die Bücher von William Gibson.

Hm …

7.1.7 Fallbeispiel: AlphaGo schlägt den Großmeister im Go

Diese Technologie wird durch die globale Wirtschaft gleiten wie ein Messer durch warme Butter. Sie lernt schnell und größtenteils selbstständig. Sie lässt sich vielseitig einsetzen. Sie bewältigt nicht nur bekannte Aufgaben, sondern kann auch Neues hervorbringen. Ein Beispiel: Einige bislang nicht bekannte Spielzüge von AlphaGo bezeichnete der Großmeister, den das Programm besiegte, als „wunderschön“.

Begrenzte AGI (*Artificial General Intelligence*, vor allem Deep Learning) wird in Zukunft in der Lage sein, so gut wie jede Tätigkeit, die bislang von Menschen verrichtet wird, zu übernehmen – von Anwälten und Richtern über Krankenpfleger und Ärzte bis hin zu Bereichen wie Autofahren und Bauwesen, und

das voraussichtlich auf allerhöchstem Niveau. Das macht die Technologie zu einer Kreissäge.
Nur sehr wenige Menschen (und ich meine sehr wenige) werden in der Lage sein, der begrenzten AGI voraus zu sein. Sie lernt so schnell, dass den bestbezahlten Technorati das gleiche Schicksal blüht wie einst den gestrandeten Bewohnern ehemaliger Fabrikstädte, die vom „Freihandel" ausgeweidet wurden. Sie werden nicht *schnell genug lernen* können oder kreativ genug sein, um der Technologie voraus zu sein.
– John Robb in seinem Blog *Global Guerrillas* am 12. März 2016

Zuerst war es Schach, das rückblickend ziemlich simpel war – Rechengeschwindigkeit an sich als doch nicht so geheimes Geheimnis. Weiter ging es mit *Jeopardy!*, was schon weit weniger regelbasiert war. Und jetzt die ultimative Abstraktion: Go.

Im Zitat ist mir folgender Satz besonders in Auge gesprungen: „Einige bislang nicht bekannte Spielzüge von AlphaGo bezeichnete der Großmeister, den das Programm besiegte, als 'wunderschön'."

WUNDERSCHÖN ist ein großes Wort. Es beschreibt den Kern des Menschseins.

7.1.8 Gute Miene zum bösen Spiel: Uns steht noch viel, viel mehr bevor

Genetik
+ Robotik
+ Informatik
+ Nanotechnologie
= ????

7.1.9 Nachtrag aus reinem Spaß an der Freude: die langweilige alte Zeit/das Leben vor der „Disruption"

Ich lache gern über mich, wenn ich prustend und keuchend verkünde, dass wir in einer Zeit beispielloser exponentieller Veränderungen leben. Henry Mintzberg hat hierzu einmal den wunderschönen Satz gesagt: „Jede Generation glaubt, sie lebe in verwirrenden Zeiten verglichen mit der friedlichen Zeit, die die Generation vor ihr erlebt hat."

„Wahnsinn" ist das Schlagwort des Jahres 2018, aber auch meine Mutter, Evelyn Peters (1909–2005), hat ziemlich turbulente Zeiten erlebt:

Das Model T, Handys, Satelliten, das Fernsehen, Fertiggerichte, Mikrowellen, Jets, die Große Depression, Ty Cobb, Babe Ruth, Derek Jeter, die Bürgerrechtsbewegung, Gay Pride, das Frauenwahlrecht, Gandhi, Oklahoma und New Mexico und Arizona und Hawaii und Alaska wurden US-Bundesstaaten, Churchill, der Erste Weltkrieg, der Zweite Weltkrieg, der Holocaust, die Atombombe, die Wasserstoffbombe, der Koreakrieg, der Vietnamkrieg, der Irakkrieg, der 11. September, der Kalte Krieg, der Zusammenbruch der Sowjetunion, William Howard Taft (Teddy Roosevelt nur knapp verpasst!), Franklin D. Roosevelt, Ronald Reagan, Großrechner, PCs, der iPod, das Internet, Klimaanlagen, Rasentrimmer, Mickey Maus, Frank Sinatra, Elvis, die Beatles, Madonna, Nancy Drew, die ersten fünf Harry-Potter-Bände, Antibiotika, MRTs, der Polio-Impfstoff, die Entschlüsselung des menschlichen Erbguts, die Mondlandung, eine mehr oder weniger permanente Raumstation. (Leider hat sie nicht mehr erlebt, wie die Cubs wieder die World Series gewonnen haben, und auch nie ein Selfie gemacht.)

Ich werde kein Wort über die wahnsinnigen Veränderungen zurücknehmen, das ich in diesem Kapitel geschrieben habe, ich erkenne jedoch an, dass wir nicht die Ersten sind, die eine lange Reihe nicht unbedeutender Veränderungen erlebt haben. Es ist Ihre Entscheidung, aber ich würde dem Wahnsinn, den meine Mutter in ihren 95 Jahren erlebt hat, die heutige Situation einfach obendrauf setzen.

Teil 2: Der neue moralische Imperativ

Meine Geschichte

Als Peter Drucker starb, hätte vielen Unternehmen die Rolle zukommen können, als Erste eine Konferenz zu Ehren seines Lebenswerks als Vater des modernen Managementdenkens zu veranstalten.

Wer es schließlich tat, war das australische Institute of Management (AIM). Ebenso wären viele Leute infrage gekommen, die Keynote auf der Konferenz zu halten. Schließlich wurde ich ausgewählt. Das war ungewöhnlicher, als Sie vielleicht denken: Drucker war nie ein besonderer Anhänger meiner Arbeit, schon gar nicht von *Auf der Suche nach Spitzenleistungen*. Er war der Meinung, Bob Waterman und ich seien nur auf Masse aus und würden ein Thema popularisieren, das er als ein sehr ernstes betrachtete.

Tatsache ist jedoch, dass *ich* Drucker sehr ernst genommen habe und immer noch tue. Insofern hatte das AIM mir mit der Eröffnungsrede bei dieser wichtigen Veranstaltung eine große Bürde auferlegt. Wie kann ich das mit einfachen Worten beschreiben? Ich hatte einen Riesenschiss und hatte keine Ahnung, wie ich der Bedeutung der Veranstaltung und der hochkarätigen Teilnehmerliste, die unter anderem Doris Drucker, Druckers wunderschöne Ehefrau, umfasste, gerecht werden sollte.

Wie immer griff ich zur Literatur, in diesem Fall vor allem zu Druckers Frühwerk.

Ich war bis dahin wahrscheinlich ein typischer Drucker-Leser. Ich hatte mich auf ein paar seiner Aussagen eingeschossen. So waren zum Beispiel Druckers Ausführungen zum Thema Planung – im Besonderen die Notwendigkeit, dass Manager sich jeden Tag eine Stunde Zeit freischaufeln sollten, um nachzudenken – zu Beginn meiner beruflichen Laufbahn – genauer in den ersten zwei Jahren (1969/70), als ich als junger Offizier der US Navy im Pentagon arbeitete – mein Orientierungspunkt. Ich hatte mir rausgepickt, was mir gefiel, und die Dinge viel zu stark vereinfacht. Das philosophische Fundament von Druckers Werk hatte ich sträflich missachtet.

Was ich entdeckte, als ich mich nun eingängiger mit Drucker beschäftigte, war die „moralische Grundlage des Managements", wie ich es nenne. Drucker war vor den Nazis geflohen und hatte viel über die Natur des Menschen nachgedacht. Diese intensive Beschäftigung mit ihm half mir nicht nur bei der Vorbereitung meines Vortrags; sie beeinflusste mein gesamtes späteres Tun.

Ich glaube nicht an Schreiben wie durch Zauberhand. Als ich jedoch hin- und herüberlegte, was ich in meiner Rede vor dem AIM sagen sollte, schien meine Tastatur plötzlich wie von selbst den folgenden Text zu tippen, der mittlerweile in PowerPoint-Folien übergegangen ist:

Unternehmen existieren, um zu dienen.

Punkt.

Führungskräfte existieren, um zu dienen.

Punkt.

Leidenschaftliche, dienende Führungskräfte, die in ihrem Bereich (einem fünfundfünfzig Quadratmeter großen Einzelhandelsgeschäft, einer vierköpfigen Weiterbildungsabteilung, einer Schule in der Stadt, einer Schule auf dem Land und so weiter) radikal und nachhaltig Veränderungen bewirken wollen, müssen unbedingt Unternehmen schaffen, die nichts weniger sind als Kathedralen, in denen die gesamte und umwerfende Kraft der Fantasie, des Geistes und des echten unternehmerischen Könnens jedes Einzelnen freigesetzt wird und in der alle gemeinsam und leidenschaftlich nach einem höheren Sinn streben (zum Beispiel etwas, mit dem Sie auch fünfundzwanzig Jahre später noch vor Ihren Enkeln angeben können) sowie nach Spitzenleistung für das Individuum, die Gemeinschaft und die Kunden.

Unternehmen als Kathedralen der menschlichen Entwicklung.

Puh.

Puh, aber wahr. Verdammt wahr.

Mit Freude kann ich berichten, dass der Vortrag gut aufgenommen wurde, auch von Druckers Ehefrau. Vielleicht hat sie ihrem verstorbenen Mann in ihren Abendgebeten erzählt, dass ich gar nicht so ein Landei bin, wie er dachte.

Dieser Lobgesang auf Dienerschaft und die menschliche Entwicklung, zu dem mich Drucker inspiriert hat, entstand wie gesagt 2007. Sehen Sie sich nun noch einmal den ersten Teil dieses Kapitels über den Tech-Tsunami und die Job-Apokalypse an. Angesichts der gravierenden Veränderungen, vor denen wir stehen, haben wir meiner Ansicht nach eine neue *moralische* Verpflichtung von allerhöchster Dringlichkeit, nämlich unsere Mitarbeiterinnen und Mitarbeiter auf eine verrückte Welt vorzubereiten, in der wir die Chance, unsere Arbeitsplätze zu erhalten, allein durch „radikale" persönliche Entwicklung erhöhen können.

In diesem Sinne …

Der neue moralische Imperativ – die Geschichte

7.2

7.2.1 Mitarbeiter zuerst: ein moralischer Imperativ

Unternehmensauftrag/Ihr „Auftrag heute":

Ihre oberste moralische Pflicht als Unternehmensverantwortlicher ist es, die Fähigkeiten jedes einzelnen Mitarbeiters, der Ihnen unterstellt ist (auch vorübergehend oder quasi-permanent) bestmöglich und unter Berücksichtigung seiner zukünftigen „revolutionären" Bedürfnisse zu fördern. (Der

Bonus: Dies ist auch die wichtigste Strategie zur Gewinnmaximierung!)

Der „Arbeitsvertrag“, wie wir ihn in den letzten fünfzig Jahren kannten, wird endgültig aufgelöst. Was tritt an seine Stelle? Sicherlich keine Form von Arbeitsplatzsicherheit, wie wir sie aus der Vergangenheit kennen. Nur durch kontinuierliche persönliche Entwicklung wird es uns möglich sein, uns den seismischen Kräften, die unsere Jobs bedrohen, entgegenzustellen. Dadurch wird die Entwicklung der eigenen Mitarbeiterinnen und Mitarbeiter tatsächlich zu einem *moralischen* Imperativ, genauer gesagt zum *obersten* Imperativ. Dies sind, wie bereits erwähnt, auch gute Nachrichten für Unternehmen: Die Entwicklung der eigenen Mitarbeiter ist nämlich auch der Wegbereiter für dauerhafte Geschäftstätigkeit und finanziellen Erfolg.

7.2.2
Bessere Arbeitsumgebungen sind in allen Winkeln der Wirtschaft möglich – und profitabel

1998–2014: Wie das *Fortune Magazine* berichtet, standen jedes Jahr lediglich zwölf Unternehmen auf der Liste der „100 besten Arbeitgeber in den USA“, obwohl es die Liste ganze sechszehn Jahre lang gab. In dieser Zeit haben die „Super Zwölf“ 341.567 neue Arbeitsplätze geschaffen, was einem Stellenwachstum von 172 Prozent entspricht (die Aktionärsgewinne der börsennotierten Unternehmen lagen ebenfalls deutlich über dem Marktdurchschnitt).

Die zwölf Unternehmen waren:

Publix
Whole Foods
Wegmans
Nordstrom
Marriott
REI
Four Seasons
Cisco Systems
Goldman Sachs
SAS Institute
W. L. Gore
TDIndustries

WICHTIGER Hinweis: Ganze **sieben** (die ersten sieben auf der Liste) von den zwölf „Besten der Besten" sind im Niedriglohnbereich des Dienstleistungssektors tätig.

Performance-Beispiel:

Einzelhandelsumsatz gesamt: 65 Prozent
Umsatz von Publix (Lebensmittel, einer der Zwölf): 5 Prozent

7.2.2.1 Das besondere Geheimnis der „Super Zwölf": Teilzeitkräfte gehören voll zur Familie

Bezüglich der „Beste Arbeitgeber"-Liste von 2016 haben die Super Zwölf laut Fortune eine Gemeinsamkeit:

Sie kümmern sich intensiv um ihre Teilzeitmitarbeiter.

Sieht man sich die Top-Performer insgesamt an, ist der Anteil der Teilzeitkräfte in einigen dieser Unternehmen gering. Unter den sieben (der zwölf), die in Branchen wie der Hotellerie oder dem Einzelhandel tätig sind, ist der Anteil dagegen extrem hoch. Whole Foods zum Beispiel hat 27.000 Teilzeitkräfte, Nordstrom 30.000 und Publix sogar unglaubliche 100.000.

Die vielleicht wichtigste Gemeinsamkeit (und ein Hinweis auf eine Unternehmensphilosophie) der Zwölf ist, dass sie ihren Teilzeitmitarbeitern Gesundheitsleistungen bieten. Und die meisten bieten ihnen auch Lohnfortzahlung im Krankheitsfall und bezahlten Urlaub. Nordstrom zum Beispiel gewährt seinen Teilzeitkräften 19 Tage bezahlten Urlaub, bei Marriott sind es 18 und bei REI 12. Ein weiteres Beispiel dafür, dass die Teilzeitkräfte als vollwertige Mitarbeiter behandelt werden, ist die Tatsache, dass Publix (schon wieder) ihnen Mitarbeiterbeteiligungsprogramme zum Rentensparen bietet.

Ich erlaube mir die Frage: Behandeln Sie Ihre Teilzeitkräfte wie vollwertige Familienmitglieder?

7.2.3 Und noch etwas: Die Strategie der guten Jobs

In ihrem Buch *The Good Jobs Strategy* unterstreicht die Autorin Zeynep Ton, Professorin am MIT, den Punkt, den ich zuvor in Bezug auf die sieben mitarbeiterfreundlichen Superstars gemacht habe, die in Branchen tätig sind, in denen die Löhne theoretisch niedrig sind und es nur wenig Zusatzleistungen gibt.

> **Entgegen der landläufigen Meinung in Unternehmen ist eine deutlich bessere Behandlung der Einzelhandelsmitarbeiter ein Gewinn für alle Beteiligten (auch die Arbeitgeber).**

Eines der primären Beispiele, die Ton anführt, ist Costco. Das Unternehmen zahlt einen durchschnittlichen Stundenlohn von 20,89 US-Dollar und liegt damit 40 Prozent über dem Wert seines Hauptkonkurrenten, Sam's Club. Überzeugend argumentiert die Autorin, dass eine intensive Förderung der Mitarbeiterinnen und Mitarbeiter im Einzelhandel genauso wichtig ist wie bei Google – und es zahlt sich aus, wie das Beispiel Costco zeigt.

7.2.4 Der Preis für die unwahrscheinlichsten „besten Arbeitsplätze" geht an: Teeplantagen

> **Seine größte Befriedigung schöpft das Management nicht aus dem finanziellen Erfolg von Camelli selbst, sondern aus dem Wissen, zu einer deutlichen Verbesserung der Lebens- und Arbeitsbedingungen der Mitarbeiterinnen und Mitarbeiter beigetragen zu haben. Camellia hat mehrere 10 Millionen Pfund in die Infrastruktur der Teegärten investiert – in Straßen, Fabriken, Krankenhäuser, Arbeiterwohnungen und kommunale Einrichtungen. Über allem steht dabei die aufrichtige Sorge um das Wohlergehen jedes einzelnen Mitarbeiters. Diese entspringt nicht allein einem Sinn für Humanität, sondern auch der Überzeugung, dass die Loyalität eines finanziell abgesicherten und motivierten Mitarbeiters langfristig eine Unternehmensressource von unschätzbarem Wert darstellt.**
>
> – Camellia: A Very Different Company

Camellia, das lateinische Wort für „Tee", hat seinen Sitz in London. Obwohl das Unternehmen mittlerweile auch Bereiche wie Produktion, Distribution und Finanzdienstleistungen umfasst, liegen seine Ursprünge im Teegeschäft. Heute ist die Firma der zweitgrößte private Teeproduzent der Welt. Vor einigen Jahren machte Camellia einen Umsatz von 600 Millionen US-Dollar und einen Gewinn nach Steuern von etwa 100 Millionen US-Dollar. Der Teehandel kann ein außergewöhnlich gutes Geschäft sein.

Im obigen Textauszug führen die Verantwortlichen von Camellia diese Effektivität unmittelbar auf die Entwicklung der Belegschaft und Kommunen zurück. Wahrscheinlich denken Sie – ähnlich wie ich – bei Teeplantagen nicht sofort an ein unbeirrbares Engagement für die Entwicklung der Mitarbeiter. Das sollten Sie. Ich rufe Sie dazu auf, dieses Zitat zu verteilen und es sich vielleicht einmal die Woche zu Gemüte zu führen. Seine Bedeutung ist fast schon biblisch.

Tun Sie das Richtige für Ihre Leute.
Sie werden mit beeindruckenden Ergebnissen belohnt.
(Unabhängig von der Branche.)

7.2.5
Amtseid: Manager sollen dienen

Unser Ziel ist es, unseren Kunden langfristig hervorragend und gewinnbringend zu dienen.
Unseren Kunden langfristig hervorragend und gewinnbringend dienen können wir nur, wenn wir langfristig den Menschen, die dem Kunden dienen, hervorragend dienen.
Deshalb ist es unsere Aufgabe als Führungsverantwortliche – das A und O und alles dazwischen –, jeden Einzelnen, der dem Endkunden direkt oder indirekt dient, in seiner Entwicklung, seinem Erfolg, seinem Engagement, seiner Begeisterung und seinem Streben nach Spitzenleistung kontinuierlich zu unterstützen.
Wir – Führungsverantwortliche jeder Couleur – sind zuständig für persönliche Entwicklung, Erfolg und das Streben nach Spitzenleistung.
Wir entwickeln uns nur weiter, wenn auch alle unsere Kolleginnen und Kollegen sich weiterentwickeln.
Wir sind nur erfolgreich, wenn auch alle unsere Kolleginnen und Kollegen erfolgreich sind.
Wir streben nur mit vollem Einsatz nach Spitzenleistungen, wenn auch alle unsere Kolleginnen und Kollegen mit vollem Einsatz nach Spitzenleistungen streben.
Punkt.

Auch das war ein Nebenprodukt meines Vortrags vor dem AIM. Mein „Amtseid“ stellte keinen Versuch da, Druckers Ideen zu kopieren, er entstand jedoch im

Geiste seines so bedeutenden Werks. Und er ist tatsächlich als offizieller „Amtseid“ zu verstehen, auch wenn das auf den ersten Blick etwas pompös erscheinen mag.

7.2.6 Sieben Schritte zu nachhaltigem Erfolg

Sie sorgen für die Mitarbeiter.

Die Mitarbeiter sorgen für den Service.
Der Service sorgt für den Kunden.
Der Kunde sorgt für den Gewinn.
Der Gewinn sorgt für die Reinvestition.
Die Reinvestition sorgt für die Reinnovation.
Die Reinnovation sorgt für die Zukunft.
(Bei jedem Schritt ist SPITZENLEISTUNG das einzig gültige Maß.)

Und alles beginnt damit, dass **SIE** für die Mitarbeiterinnen und Mitarbeiter sorgen.

7.2.7 Der (garantierte!) Multiplikator des engagierten Managers: das Gesetz der großen Zahlen

WENN SIE (Projektleiter, Leiter Aus- und Weiterbildung) SICH DEN ARSCH AUFREISSEN, DAMIT IHRE MITARBEITER ERFOLGREICH SIND UND WACHSEN, REISSEN SICH DIESE IHRE ÄRSCHE AUF, UM IHNEN ERFOLG ZU BEREITEN.

7.2.8 Die Geschichte des Tim Russert (und Ihre?)

In gewisser Weise ist die Welt ein großer Lügner.
Sie gibt vor, Geld zu verehren und zu bewundern, tut es am Ende aber nicht.
Sie sagt, sie huldige Ruhm und Reputation, tut es aber nicht, nicht wirklich.

Was die Welt bewundert, woran sie sich hält und was sie nicht verlieren will, ist Güte. Sie bewundert Tugend. Am Ende zollt sie ihren größten Respekt der Großzügigkeit, der Ehrlichkeit, dem Mut, der Gnade, Gaben, die für das Richtige eingesetzt werden, Gaben, die, wenn sie eingesetzt werden, die Welt besser machen. Das ist es, was sie wirklich bewundert. Darüber sprechen wir in Trauerreden, denn das ist es, was zählt. Wir sagen nicht: „Das Besondere an Joe war sein Reichtum." Wir sagen, wenn wir können: „Das Besondere an Joe war, dass er sich um die Menschen gekümmert hat."

– Peggy Noonan: „A Life's Lesson", in: *The Wall Street Journal*, 20. Juni 2008 (Artikel über das Leben und Erbe des Journalisten Tim Russert)

Eine wunderbare, zeitlose Geschichte. Und ein notwendiger Imperativ für Spitzenleistung im Management heute.

8 Sichere Arbeitsplätze in einer unsicheren Welt

Meine Geschichte

Fritz Roethlisberger und die Hawthorne-Experimente und Elton Mayo ...

Roethlisberger und Mayo waren die Wegbereiter der Mitarbeiterbeteiligungsbewegung, die in den 1940er-Jahren begann. Sie beschäftigten sich mit der Frage, wie die Produktivität in den riesigen Hawthorne Works von Western Electric vor den Toren Chicagos gesteigert werden könne.

Über die Jahre gab es die verschiedensten Versuche:

Partizipatives Management.

Selbstgesteuerte Teams.

Heute findet man verschiedene Formen von „Empowerment".

Keines davon überzeugt mich wirklich. „Empowerment", Befähigung, scheint mir irgendwie herablassend: „In meiner unendlichen Güte habe ich beschlossen, dass du ab uns zu auch mal selbst denken darfst, Kumpel."

Begeben wir uns ins Jahr 1993 ...

In *Das Tom Peters Seminar – Management in chaotischen Zeiten*, das 1993 im Original erschien, verfolgte ich meinen eigenen Weg. Ich wollte signalisieren, dass es Zeit sei für einen Sprung nach vorn, was das autonome Denken (und Handeln) des gewöhnlichen Angestellten anging. Die Formulierung war „Jeder ein Unternehmer" oder meine hässliche Version: „Arbeit als Unternehmen" bzw. „das Unternehmen 'Arbeit'".

Der Gedanke dahinter: Bereits zu Beginn der 1990er-Jahre spitzte sich der Wettbewerb zu, die Automatisierung der Bürowelt schritt voran und Unternehmen betrieben immer mehr Outsourcing. Ich betrachtete dies als eine Bedrohung à la „da wird noch viel mehr kommen" und schrieb dazu (entschuldigen Sie, dass ich mich hier selbst zitiere): „Sie [Mitarbeiter] werden nicht überleben, wenn Sie lediglich 'Hewlett-Packard-Angestellter Nr. 2319' sind und pünktlich zur Arbeit erscheinen. Sie müssen eigenständiger denken, praktisch wie ein autonomer, holistisch denkender [ich weiß, das Wort lässt einen normalerweise zusammenzucken, aber hier passt es] Unternehmer statt wie ein mehr oder weniger unsichtbarer Mitarbeiter, selbst wenn Sie ein verlässlicher Mitarbeiter sind. (Ich fügte hinzu, dass dies indirekt [ziemlich direkt, ehrlich gesagt] einen großen Gewinn für den Arbeitgeber darstelle: Jeder würde im großen Ganzen denken statt nur in Teilen, im Sinne des „Unternehmens" statt nur bezogen auf seine eigenen zehn Quadratmeter Arbeitsplatz. Dieser Teil der Geschichte war besonders schwer zu vermitteln: Ein wilder Haufen Leute mit unternehmerischen Neigungen – nicht gerade der Traum eines jeden Vorgesetzten.)

Im oben erwähnten Buch machte ich das zum Thema eines ganzen Kapitels: „Jenseits des Delegierens – Ein Unternehmen, das nur aus Unternehmen besteht". Darin erläuterte ich, was es bedeutet, wenn jeder von uns wie ein Unternehmer denkt. Mit der Zeit entwickelte sich aus der Idee „Jeder ein Unternehmer" das Konzept *Brand You*, das in der August/September-Ausgabe 1997 des damals noch jungen Magazins *Fast Company* flügge wurde. Die Titelgeschichte, mit meiner Byline, lautete: „Die Marke, die Ihren Namen trägt". (Auf dem Cover prangte das Bild eines knallbunten Pakets Tide-Reiniger. Die Idee: Sie, ich und die Marke Tide sind ein und dasselbe.) Der Artikel wurde ungewöhnlich gut aufgenommen und wird es zwanzig Jahre später immer noch. Wenn ich mir beispielsweise meinen Tweetstream von 2018 ansehe, tauchen immer wieder Bezüge zu dem Artikel aus dem Jahr 1997 auf.

Ich bin immer noch überzeugt, mehr denn je sogar, dass vierundzwanzig „Brand Yous" – also Ich-Marken – in einem Unternehmen mit vierundzwanzig Mitarbeitern der größte Gewinn für dieses Unternehmen sind – oder sein können: Vierundzwanzig Leute, die alles für Wachstum geben und dabei von ihrem Chef unterstützt werden, können oder werden zu einem beeindruckenden Engagement für den Kunden und zu kontinuierlicher Mach-oder-stirb-Innovation führen.

Die Brand-You-Idee entstand inmitten der Auswüchse des „Ich-Jahrzehnts", wie die 1990er manchmal bezeichnet werden, und wird auch heute noch damit in Verbindung gebracht. Verstehen Sie mich nicht falsch: „Brand You" verlangt tatsächlich, dass der Einzelne Besonderes in seiner Arbeit leistet und bereit ist, sich radikal weiterzuentwickeln – das ist für uns alle die Voraussetzung, um zu überleben, ob wir jetzt zweiundzwanzig oder zweiundachtzig Jahre alt sind. Es geht hier jedoch nicht um Selbstbezogenheit – das wäre der falsche Weg, es wäre gar der Todesstoß.

Die Logik ist einfach: Sie sind zunehmend auf sich allein gestellt. Die Sicherheit des Arbeitsplatzes von Mitarbeiter 2319, der sich abrackert, ist alles andere als garantiert. Sich mit seinem Vorgesetzten gutzustellen ist etwas für Verlierer; der Job Ihres Vorgesetzten wird schneller weg sein als der Ihre, da Unternehmen ihre Hierarchien straffen und Manager der mittleren Ebene massenweise entlassen werden.

Wenn Sie in der derzeitigen Situation eine effektive „Brand You", also eine eigene Marke sein wollen, müssen Sie Ihren Blick um 90 Grad von der Vertikalen in die Horizontale drehen. Es geht nicht mehr darum, sich nach OBEN zu orientieren, sondern nach LINKS oder RECHTS und ein hochgeschätzter – nein: unersetzlicher – Kollege zu werden. Ihre Zukunft ist eine Folge der Mundpropaganda bzw. Maus-zu-Maus-Propaganda, die in Bezug auf Ihren Namen stattfindet. Und machen wir uns nichts vor: Eine hervorragende Mundpropaganda basiert vor allem auf der „horizontalen" Unterstützung durch Ihre Kollegen, Kunden und andere Außenseiter.

Heute ist jeder[4] ein Unternehmer – oder er kann einpacken.
Jeder ist besonders gut in etwas – oder er kann einpacken.
Jeder bildet sich beruflich wie verrückt weiter – oder er kann einpacken.
Jeder profitiert von seinem persönlichen Netzwerk aus Kollegen und Kunden – oder er kann einpacken.
„Das ist erst der Anfang" ist ein krasses Understatement!

Arbeitsplatzsicherheit heute – die Geschichte

8.1 Im Regen tanzen

Im Leben geht es nicht darum, zu warten, bis der Sturm vorüber ist. Es geht darum, zu lernen, im Regen zu tanzen.

– Ted Rubin

Willkommen, meine Damen und Herren, Freunde und Feinde, Linkshänder und Rechtshänder im Hier und Heute.

[4] Jeder = jeder. Die „Zielgruppe" sind hier nicht Absolventen von Topuniversitäten. Die besten selbstständigen Handwerker wie Klempner oder Heizungsinstallateure werden „die Besten", indem sie Studenten werden: Sie absolvieren Onlinekurse und passen sich den Veränderungen genauso schwungvoll an wie Yale-Studierende im ersten Semester.

8.1.1 Das Zeitalter, in dem jeder eine Marke ist und sich unbedingt von der Masse abheben muss

> **Eines der bestimmenden Merkmale der Globalisierung und webbasierter Innovationen ist die Tatsache, dass sie weniger von Ländern oder Unternehmen vorangetrieben werden, sondern vielmehr von Menschen. Sie werden eine beispiellose Kreativität sowie ein nie dagewesenes Maß an Fortschritt, Wissen und wirtschaftlicher Entwicklung freisetzen. Gleichzeitig werden sie jedoch Sicherheitssysteme untergraben und Geringqualifizierte abhängen.**
>
> – Clyde Prestowitz: *Three Billion New Capitalists*

> **Die Neustrukturierung unserer Gesellschaft, die mit dem Sieg der Autonomie des Einzelnen und einer echten, auf Leistung basierenden Chancengleichheit einhergeht, wird dazu führen, dass Leistung und eine starke Autonomie des Einzelnen belohnt werden. Dem Einzelnen wird dadurch eine viel größere Verantwortung für sich selbst zukommen als er das aus dem industriellen Zeitalter gewohnt ist. Sie wird auch Krisen des Übergangs auslösen, etwa eine möglicherweise schwere Wirtschaftsdepression, die zu einer Absenkung des Lebensstandards in den Industrienationen führen wird, den diese ohne eigenes Zutun im 20. Jahrhundert genossen haben.**
>
> – James Davidson und William Rees-Mogg: *The Sovereign Individual*

> **Das Ökosystem hat in der Vergangenheit dafür gesorgt, dass aus einer Gruppe von vielen talentierten Menschen ein paar klare Gewinner hervorgingen. Jetzt sorgt es dafür, dass viele talentierte Menschen ins Ungewisse gehen.**
>
> – Der Unternehmensentwickler Tyler Willis im Gespräch mit Nathan Heller: „Bay Watched: How San Francisco's New Entrepreneurial Culture Is Changing the Country", in: *The New Yorker*, 14. Oktober 2013

Der Begriff „Karriere" hat einen radikalen Wandel hinter sich. Karriere vollzieht sich nicht mehr in den Grenzen eines oder einiger weniger Jobs. Lebenslanges Lernen im Affentempo und persönliche Weiterentwicklung sind für jeden von uns zur Lebensaufgabe geworden. Arbeitsrechtliche Bestimmungen, die dem gerecht werden, sowie „Gig Working" und andere Formen kurzer Arbeitsverhältnisse berücksichtigen, gibt es noch kaum (Beispiel: die mit großer Regelmäßigkeit stattfindenden Gerichtsverfahren zu Sozialleistungen bei Uber).

Das Bildungswesen läuft komplett in die falsche Richtung.

So ziemlich alles steht zur Disposition.

8.1.2 Abgrenzen oder aussterben

Diesen Spruch – Abgrenzen oder aussterben – druckten wir für mein „Brand You"-Seminar auf T-Shirts und Postkarten.

Gibt es Ausnahmen, für die diese Regel nicht gilt?

Mit Sicherheit herrschen in unterschiedlichen Branchen unterschiedliche Geschwindigkeiten, aber wirkliche Ausnahmen gibt es meiner Meinung nach nicht.

> **Wenn es nichts Besonderes an Ihrer Tätigkeit gibt, wird Sie niemand beachten, auch wenn Sie sich noch so anstrengen. Und das bedeutet mittlerweile immer häufiger, dass man Ihnen auch wenig zahlt.**
>
> – Michael Goldhaber auf *Wired*

Und weiter:

> **Der Grundsatz der Positionierung: Wenn Sie Ihren Arbeitsplatz nicht mit maximal acht Wörtern beschreiben können, haben Sie keinen.**
>
> – Jay Levinson und Seth Godin: *Das Guerilla Marketing Handbuch*

Und so weiter und so fort.

Da ließen sich noch viele Zitate finden.

8.2

8.2.1 Sally Helgesens Anleitung, wie man eine eigene Marke wird

Nach ihrem viel beachteten Buch *Frauen führen anders – Vorteile eines neuen Führungsstils* hat die Autorin Sally Helgesen mit *Leben nur noch Nebensache? – Sechs Strategien für alle, die 24 Stunden am Tag, 7 Tage die Woche arbeiten* einen weiteren

Titel nachgelegt. Dort argumentiert sie, dass wir ein neues Set an Kompetenzen benötigen, wenn wir in dieser chaotischen Welt, in der es keine Sicherheiten mehr gibt, beruflich überleben wollen.

Die Grundlage nach Sally Helgesen:

- **„ERFORSCHEN SIE SICH SELBST."** Machen Sie regelmäßig Inventur. Ergründen Sie Ihre innere Stimme.
- **„KEINE ANGST VOR EINEM ZIGZACKKURS."** Denken Sie in Projekten, Engagements oder Auftritten. Lernen Sie Ihr ganzes Leben lang. Bestimmen Sie, was Sie unter Loyalität verstehen. Verinnerlichen Sie ein optimistisches Denken.
- **„GESTALTEN SIE IHREN EIGENEN ARBEITSPLATZ."** Demonstrieren Sie Ihren Wert. Integrieren Sie Ihre Vorlieben in Ihre Arbeit. Bestimmen Sie die Marktsituation. Führen Sie Ihr eigenes Geschäft.
- **„KNÜPFEN SIE EIN STABILES NETZWERK."** Begreifen Sie die Stärke von losen Beziehungen und werden Sie zu einer Netzwerkerin.

Mit diesen wenigen Worten beschreibt Helgesen den Geist der These dieses Kapitel perfekt.

8.3 Survival-Kit für die neue (Arbeits-)Welt

Und hier meine Version der Liste von Sally Helgesen:

1. Können: Sie müssen extrem gut in *irgendetwas* sein.
2. Ihr Vermächtnis: jede Arbeit = erinnerungswürdige „Wow!"-Projekte, mit denen man angeben kann.
3. USP: das Alleinstellungsmerkmal, das heute jeder für sich finden muss.
4. Intensives Netzwerken: von vertikaler zu horizontaler Loyalität.
5. Unternehmerischer Instinkt: Halten Sie immer Ausschau nach Chancen. Eine „kleine" („klein" gibt es eigentlich nicht) Chance zu individueller Gestaltung ist hundertmal mehr wert, als an einem kleinen Teil eines Monsterprojekts zu arbeiten.
6. CEO/Unternehmensverantwortlicher/Geschäftsmann oder -frau/oberster Entscheider: Sie sind Geschäftsführer der Ich-GmbH.
7. Meister der Improvisation: Sie füllen viele Rollen gleichzeitig aus – vom Chefstrategen zum Chef-Kloputzer.
8. Heißhunger auf Technologie: Sind Sie zum Beispiel ein führender, vorbildlicher Social-Media-Nutzer?
9. Eigener Marketer: Sie sind Ihr eigener Chief Storytelling Officer (SCO), der oberste Geschichtenerzähler!
10. Leidenschaftlich lernen: Sie sind Ihr eigener Chied Learning Officer (CLO).

11. Fanatischer Umsetzer: Kommen Sie früh und bleiben Sie lange! Die Feinheit liegt im Detail. Befestigen Sie den Duschvorhang innerhalb der Badewanne, siehe Kapitel 1.
12. SPITZENLEISTUNG. PUNKT. (Was auch sonst?)

Wenn nicht diese Liste, dann eine ähnliche. Ihre Marke ist eine Angelegenheit von A bis Z. Es geht um alles.

8.4 Ich-Marke = Teamsport! Erste Amtshandlung: Ihr Ansehen bei den Kollegen

Wie bereits in der Kapiteleinleitung angedeutet, wurde die Idee der Ich-Marke von vielen als egoistisch angesehen. (Beispiele: Sie oder ich versuchen, alle unsere Waren anzupreisen, alle Aufmerksamkeit auf uns zu ziehen und die anderen per Ellenbogentaktik aus dem Weg zu räumen.)

Nichts könnte falscher sein.

Sie müssen tatsächlich eine nützliche Kompetenz sehr gut beherrschen und es muss anderen auffallen. Was aber MINDESTENS GENAUSO WICHTIG ist: Sie müssen ein guter Teamplayer sein.

Um die Wahrheit zu sagen: Wenn Jane Jones überlegt, Sie als Helfer für ihren nächsten Gig zu engagieren, sind Ihr Ruf als verlässlicher Teamplayer sowie Ihr funktionierendes, breites Netzwerk vielleicht wichtiger als Ihr technisches Know-how.

Also: Zunächst müssen Sie ein toller Kollege oder eine tolle Kollegin sein. (Ich schlage vor, dass Sie sich dazu jeden Tag selbst bewerten. Fragen Sie sich zum Beispiel, ob Sie heute schon keine Mühen gescheut haben, jemandem unter die Arme zu greifen.)

Als Nächstes müssen Sie viel Zeit und Gefühl (sehr viel) ins Netzwerken investieren. Denken Sie an das Gebot von Sally Helgesen: „Knüpfen Sie ein stabiles Netzwerk."

8.5 Immer wieder umrüsten oder untergehen

Die Analphabeten des 21. Jahrhunderts werden nicht diejenigen sein, die nicht lesen und schreiben können, sondern diejenigen, die nicht lernen, verlernen und wieder erlernen können.

– Alvin Toffler

Wissen … wird unheimlich schnell obsolet. Berufliche Weiterbildung und lebenslanges Lernen werden in den nächsten dreißig Jahren die am schnellsten wachsende Branche sein.

– Peter Drucker

ICH-MARKE: „MARKENKAPITAL"
Ihre jährliche Kompetenz-Wertminderungsrate:
15 Prozent?
25 Prozent?

Deshalb ist es unabdingbar, dass Sie eine formale „Investitionsstrategie" entwickeln.

IHR PERSÖNLICHES GEBOT HEUTE
Sie **MÜSSEN** in Ihre Kompetenzentwicklung investieren.
Sie **MÜSSEN** einen Investitionsplan für Ihre Erneuerung aufstellen.
Dieser **MUSS** formal festgehalten werden.
Dieser **MUSS** mutig sein.
Sie **MÜSSEN** sich regelmäßig selbst einem „Ich-Marken-Audit" unterziehen.

8.6 Noch heute loslegen

1. Wenn Sie heute aufwachen, stellen Sie sich vor, Sie seien selbstständig[5]:
   - Sind Sie bereit?
   - Sind Sie gut organisiert?
   - Sind Ihre Prioritäten klar?

[5] Viele von Ihnen sind es bereits. Nutzen Sie diese Liste dann einfach als Auffrischung.

- Haben Sie eine machbare To-do-Liste?
  (Reduzieren Sie sie. Reduzieren Sie sie noch etwas. Und noch etwas.)
- Wissen Sie, wie Sie den ersten Punkt auf der Liste angehen?
- Das Wichtigste: Haben Sie die richtige Einstellung? Der Erfolg hängt von Ihrem Verhalten gleich zu Beginn ab: Professionell? Freundlich? Fröhlich? Gut organisiert?

2. Überdenken Sie das Projekt, an dem Sie gerade arbeiten:
   - Hat es Schwung?
   - Kann es noch *mehr* Schwung haben?
     Der Job oder die Aufgabe mag ziemlich banal sein und so sind Sie sie vielleicht bislang auch angegangen. Meiner Erfahrung nach kann man jedoch in neun von neun Fällen neue Wendungen hinzufügen, ein paar mehr Leute hinzuziehen, um die Reichweite des Projekts zu vergrößern und so weiter. Ich nenne das „auf der Wow-Skala nach oben klettern".
   - Sind die nächsten Meilensteine klar und erreichbar?
   - Wenn es sich um ein gemeinsames Projekt handelt: Haben alle das Gefühl, mitreden zu können?
   - Sind Sie sich darüber im (Glas-)Klaren, wer Ihre „Kunden" sind und welche Erwartungen sie haben? Denken Sie in KUNDEN. *Jedes* Projekt, egal ob es einen Tag dauert oder ein Jahr, hat Kunden!
3. Mittagessen
   - **DAS MITTAGESSEN IST DIE ERSTE CHANCE DES TAGES.**
   - Gehen Sie mit Ihren Freunden Mittag essen oder mit jemand Neuem, den Sie mit Fragen löchern können (und den Sie Ihrem Netzwerk hinzufügen können). Ihre Freunde sind toll und ein Segen; in dieser neuen Weltordnung rate ich Ihnen jedoch, 50–70 Prozent Ihrer Mittagspausen dazu zu nutzen, zu lernen und Ihr Netzwerk zu erweitern und zu pflegen.
4. Hausaufgabe
   - Haben Sie einen Wochen- oder Monatsplan für Ihre berufliche Entwicklung – oder etwas weniger hochtrabend: eine Liste mit Dingen, die Sie lernen möchten, und eine To-do-Liste, wie Sie dabei vorgehen?
5. Diese Liste soll ein Anfang sein, sozusagen ein Rührstab. Es ist nicht die Heilige Schrift.

8.7 Abschließende Gedanken zur Ich-Marke

Alle Menschen waren einmal Unternehmer. Als wir noch in Höhlen lebten, waren wir alle selbstständig. Wir gingen auf Nahrungssuche ... und verpflegten uns selbst. Das war der Beginn

der Geschichte der Menschheit. Als wir sesshaft wurden, haben wir das unterdrückt. Wir wurden „Arbeitskräfte", weil man uns das Label „Ihr seid Arbeitskräfte" verpasste. So haben wir vergessen, dass wir Unternehmer sind.

– Muhammad Yunus, Nobelpreisträger und Erfinder der Mikrokredite

„Unternehmerisch", wie Yunus betont, ist keine Bezeichnung, die den jüngsten Stanford- oder MIT-Absolventen im Bereich Technik vorbehalten ist. Sehen Sie sich einmal um: Ihre Nachbarin, die freiberufliche Schriftstellerin, die von ihrem Gästezimmer aus arbeitet, der Elektriker am anderen Ende der Straße, der Innenarchitekt um die Ecke. „Alltäglich" im besten Sinne des Wortes und buchstäblich echte Alles-oder-nichts-Unternehmer.

Meinen gedanklichen Durchbruch erlebte ich in einem sogenannten Green Room in New York im Jahr 1999. Ich war zu einer Sendung des CBS-Morgenmagazins eingeladen und sollte über *Brand You* sprechen. Mein gleichnamiges Buch war kurz zuvor erschienen. Ich stellte mir den Zuschauer als einen Büroangestellten vor – wie ein Sklave gefangen in seiner Arbeitsnische – , der sich für einen weiteren trostlosen Tag im Büro fertig machte. Es schien mir skurril, ihn mir als Unternehmer vorzustellen. Ich dachte an meine Zeit in Palo Alto, wo „Unternehmer" oder „Entrepreneur" gleichbedeutend war mit Personen wie Browserentwickler Marc Andreessen oder dem verrückten Gründer von Sun Microsystems, Scott McNealy.

Dann dachte ich plötzlich an meine Farm in Vermont und die Woche, bevor ich nach New York gereist war. Es gab ein elektrisches Problem und unser Elektriker und sein Assistent hatten sich auf den Weg gemacht, um es zu beheben. Es gab auch ein Problem mit der stinkenden Klärgrube. Ach so, und ich hatte mit einem freiberuflichen Lektor aus Boston an einem Zeitschriftenartikel gearbeitet. All diese Leute waren echte Unternehmer/Ich-Marken, die allein oder in einem kleinen Team arbeiteten. Wahrscheinlich kümmerte sich noch ein Buchhalter eine Stunde pro Woche um das Geschäftliche. Das waren alles ganz normale Menschen, de facto Leute von nebenan. Und sie alle waren angewiesen auf eine erstklassige persönliche Weiterempfehlung, um weitermachen zu können. Nein, „Entrepreneur" oder „Ich-Marke" war nicht bloß der verrückte Erfinder mit Doktortitel aus dem Silicon Valley. Es war bildlich gesprochen der Typ von nebenan. Und *Brand You* war tatsächlich ein machbares Ziel.

Letzte Worte:

Sie sind der Geschichtenerzähler Ihres eigenen Lebens. Sie können Ihre eigene Legende erschaffen oder auch nicht.

– Isabel Allende

Pfeilmacher spannen den Pfeil, Tischler biegen das Stück Holz, weise Menschen formen sich selbst.

– Buddha

TEIL IV

Innovation

9 Wer am experimentier- und fehlerfreudigsten ist, gewinnt

Meine Geschichte

Nehmen Sie sich eine Gartenschere und los geht's ...

Nennen Sie es ... DEN SOMMER DES GESTRÜPPSCHNEIDENS.

Am Ende war es jedoch viel mehr.

Viel, viel mehr.

Es begann als simple Aufgabe: Einen nervigen Brombeerstrauch beschneiden, der einen Weg überwucherte. Ein lästiger Punkt auf der Frühlings-To-do-Liste, der erledigt werden musste. Also machte ich mich wenig begeistert ans Werk. Ein oder zwei Tage später, zerkratzt von Kopf bis Fuß, empfand ich jedoch ein faszinierendes Erfolgsgefühl. Nachdem ich stundenlang in der Brombeerhecke zugange gewesen war, sah ich plötzlich Dinge, die ich nie zuvor gesehen hatte. Also weitete ich meine Bemühungen aus, um den Weg noch ein bisschen mehr freizuschneiden. Ich wollte bessere Sicht auf einen der Teiche auf unserer Farm in Vermont haben.

Der nächste Teil der Geschichte hielt zu meiner (anhaltenden) Überraschung eine weitere Offenbarung bereit: Ich saß etwas später bei einem ungezwungenen Abendessen neben einer Landschaftsgärtnerin. Wir kamen ins Gespräch und unterhielten uns über die Farm und meine neu entdeckten Fertigkeiten im Umgang mit Gartenschere, Handsäge und so weiter. Dabei empfahl sie mir, einige unserer großen Steine freizulegen. „Beginnen Sie doch eine zweite Karriere als Bildhauer", sagte sie scherzhaft.

Mir gefiel diese witzige Bemerkung und so machte ich mich daran, die Felsen auf unserem Hauptweg frei zu legen. Und wieder war ich überrascht – regelrecht erstaunt – über das beeindruckende Ergebnis. (Vielleicht wartete hier *tatsächlich* eine zweite Karriere auf mich?)

Meine wachsende Kunstfertigkeit führte dazu, dass ich Dornen und dichtes Gestrüpp um einige kaum sichtbare Felsbrocken herum, die mir schon des Öfteren aufgefallen waren, beseitigte. Als ich diese Tätigkeit mehrmals verrichtet hatte, entdeckte ich eines Tages einen tollen Platz für eine Art Zen-Garten, wie wir ihn später nennen sollten.

Und so ging es weiter.

Und weiter.

Eine Überraschung folgte auf die nächste.

Dazu zählte im Besonderen eine massive Gesteinsformation, die ich an einem steilen Hang frei gelegt hatte. Sie bestand aus drei thronenden, ernsten Gesichtern aus Granit. Ich taufte sie „Kardinal, Papst und Monsignore". Ein guter Freund, ein katholischer Priester aus Chicago, segnete das Trio später informell.

Um es hier abzukürzen:

Ich ging nach dem Motto *trial and error* vor und und ließ mich von meinem Instinkt leiten. Jedes Experiment offenbarte Möglichkeiten für ein weiteres Experiment (oder zwei oder zehn) und mit der Zeit erkannte ich das Potenzial des Unterfangens immer besser und lernte, es wertzuschätzen. Der „Plan" – strenggenommen gab es ja keinen – entwarf sich praktisch von selbst. Und er war viel, viel besser (ambitionierter, interessanter, befriedigender), als ich mir je hätte träumen lassen. Um ehrlich zu sein, ähnelte das Ergebnis in KEINSTER Weise dem, was ich mir zu Beginn der Aktion vorgestellt hatte – eine triviale, selbst auferlegte Pflicht, die der Auslöser für zehn Jahre Gartenarbeit werden sollte.

In Anerkennung an meine befreundete Landschaftsgärtnerin taufte ich meinen imaginären Einpersonenbetrieb die „Felsfreilegungsfirma".

(Anmerkung: Vor Kurzem sind wir von Vermont nach Massachusetts gezogen und das Ganze begann von Neuem. Diesmal allerdings in einem ziemlich großen Feuchtbiotop. Ich schätze, ich muss meine Firma umbenennen?)

Ich nehme mal an, dass sich Ihr Interesse an „Toms Gestrüppschneide-Unterfangen" in Grenzen hält. Was ich hiermit zeigen wollte, ist selbstverständlich wesentlich grundsätzlicher:

Fangen Sie einfach an.

Es gab keinen großen Plan.

Es gab überhaupt keinen Plan.

Der Ausgangspunkt war ANFANGEN, eine langweilige Aufgabe, die voraussichtlich etwa eine Woche in Anspruch nehmen sollte.

Doch die Tätigkeit entwickelte sich zu etwas vollkommen anderem, als ich erwartet hatte.

Meiner Ansicht nach ist diese Minigeschichte von „Toms Felsfreilegungstransformation“ (ich mag dieses pompöse T-Wort – „Transformation“ – eigentlich nicht, aber hier passt es) im Großen und Ganzen die Geschichte, die jeder Innovation zugrunde liegt.

(Der Ökonom und Nobelpreisträger F. A. Hayek war der Ansicht, das Geheimnis des Wachstums im Marktkapitalismus bestehe in einem, wie er es nannte, „spontanen Entdeckungsprozess“. Ich erhebe keinen Anspruch auf den Nobelpreis, aber was ich soeben beschrieben habe, ist tatsächlich ein Musterbeispiel für einen spontanen Entdeckungsprozess. Und dieser hat, so unbedeutend er anfänglich war, mein Leben auf den Kopf gestellt. Nun hoffe ich, das Gleiche mit Ihrem Leben zu tun.)

Brechen wir also auf in das Land der Experimentierfreu(n)de!

Wie bitte?

Lesen Sie einfach weiter …

Ultimative Experimentierfreude – die Geschichte

9.1 Innovation I: Ultimative Experimentierfreude – wer am meisten ausprobiert, gewinnt

Ich behaupte gern, dass WAMAG/„Wer am meisten ausprobiert, gewinnt“ – das Hauptthema dieses Kapitels – das Einzige ist, das ich in den letzten fünfzig Jahren *wirklich* gelernt habe. Damit meine ich Folgendes: Ich habe einen wissenschaftlichen Hintergrund und in der Wissenschaft ist der oberste Grundsatz, dass nichts sicher ist oder feststeht und dass es für jede Hypothese eine konkurrierende Hypothese gibt – oder zehn oder zwanzig –, die nur darauf warten, getestet zu werden. Das ergibt Sinn.

Nur in diesem Fall nicht.

Ich finde einfach keine Gegenhypothese zu:

WAMAG/Wer am meisten ausprobiert, gewinnt.

Im Folgenden möchte ich Ihnen verschiedene Beispiele für diese Annahme präsentieren.

9.1.1 Ultimative Experimentierfreude: Ross Perot gegen GM

Ross Perot ist der Gründer von Electronic Data Systems, dem ersten großen Unternehmen für Systemsoftware. Später hat er seine Riesenfirma an General Motors verkauft. Zu der Frage, worin denn der Unterschiede zwischen den beiden Unternehmen bestehe, sagte Perot einmal, dass die Strategie von Electronic Data Systems die folgende sei:

Anlegen. Feuern. Zielen.

Die Strategie von GM, so Perot, laute dagegen: Anlegen. Zielen. Zielen. Zielen. Zielen.

Dieses „*Try it fast*"-Mantra ist mittlerweile zu einem Eckpfeiler von Softwareunternehmen aus dem Silicon Valley geworden. Die Manifestation dieser „Wer am meisten ausprobiert, gewinnt"-Doktrin hat ihren Anfang jedoch eigentlich weiter nördlich, in Seattle, wo Microsoft, als Alternative zum Perfektionismus von Apple, dem Motto folgte, große (häufig fehlerlastige) Systemupdates in atemberaubendem Tempo auf den Markt zu bringen. Diese Fehler behob das Unternehmen dann mit einer endlosen Flut schneller Upgrades. Es war unter anderem diese Strategie, mit der es Microsoft gelang, einen Marktanteil im Bereich Betriebssysteme von über 80 Prozent zu erreichen und zu verteidigen. (Einmal griff Microsoft Apple mit einer großen Summe finanziell unter die Arme mit der Absicht, das Unternehmen von Steve Jobs über Wasser zu halten, um zu verhindern, dass Microsoft ein tatsächlicher anstatt nur de facto ein Monopolist wurde, der zudem stärker im Fokus der Aufsichtsbehörden stand als seine Mitbewerber.)

Im Folgenden meine Historie von „Wer am meisten ausprobiert, gewinnt" und „Anlegen. Feuern. Zielen":

1950–1980 – das Zeitalter von GM:
AZF/Anlegen. Zielen. Feuern.

1981–2000 – das Zeitalter von Microsoft:
AFZ/Anlegen. Feuern. Zielen.

2000–20?? – das Zeitalter von Google, Facebook, Ihnen und mir:
FFF/Feuern. Feuern. Feuern.

Weitere Ausprägungen ultimativer Experimentierfreude

9.1.2 Ultimative Experimentierfreude: Napoleon

> ***On s'engage et puis on voit!*** **(Man springt ins Getümmel und überlegt dann, was als Nächstes zu tun ist!)**
>
> – Napoleon

9.1.3 Ultimative Experimentierfreude: Richard Branson

> **Geht nicht gibt's nicht! – So wurde Richard Branson zum Überflieger**
>
> – Titel eines Buches von Richard Branson

9.1.4 Ultimative Experimentierfreude: Johann Sebastian Bach

Malcolm Gladwell hat einmal einen Artikel im *New Yorker* verfasst mit der Überschrift „Creation Myth". In dem Teil, in dem er mit den Mythen aufräumt, legt er bei „Wer am meisten ausprobiert, gewinnt" noch einen oben drauf, indem er behauptet, das Motto gelte auch im Himmel, also in den stratosphärischen Höhen eines J. S. Bach.

> **Der Unterschied zwischen Bach und seinen in Vergessenheit geratenen Kollegen ist nicht unbedingt, dass er mehr Treffer als Fehlschläge hatte als die anderen. Der Unterschied besteht vielmehr darin, dass der Mittelmäßige vielleicht ein Dutzend Ideen hat, während Bach zu Lebzeiten mehr als tausend vollwertige Musikstücke komponierte. Ein Genie ist ein Genie, so der Psychologe Paul Simonton, weil es ihm gelingt, eine beeindruckende Zahl von Erkenntnissen, Ideen, Theorien, zufälligen Beobachtungen und unerwarteten Verbindungen zusammenzufügen, sodass am Ende fast unweigerlich etwas Großes dabei**

herauskommt. „QUALITÄT", schreibt Simonton, „ist abhängig von MENGE und WAHRSCHEINLICHKEIT".

(Nach seinem Tod wurde Steve Jobs häufig als großer Tüftler bezeichnet und mit Thomas Edison verglichen. Große Erfindungen zauberte er jedoch nicht einfach aus dem Hut. Vielmehr nahm er eine halbgare Idee und tüftelte so lange, bis sie mehr oder weniger perfekt war. Das entspricht im Großen und Ganzen den Motti „Wer am meisten ausprobiert, gewinnt" und „Qualität ist abhängig von Menge und Wahrscheinlichkeit".)

9.1.5 Ultimative Experimentierfreude: der Nobelpreis für Joe Murray

Vor einigen Jahren war Joe Murray, der für die erste erfolgreiche Organtransplantation den Nobelpreis in Medizin erhielt, während der Sommermonate mein Nachbar. Einmal habe ich ihn halb im Scherz gefragt, welches sein Geheimnis sei.

Worauf er lächelnd erwiderte: „Wir haben mehr Eingriffe gemacht."

Mit anderen Worten: Während seine Kollegen noch theoretisch diskutierten, ging Dr. Murray in den OP, zog Operationskittel und Operationshandschuhe an, bat die OP-Schwester, ihm das Skalpell zu reichen, und machte sich an die Arbeit.

Mehr Zeit im OP. Mehr Versuche.

WAMAG.

Schmuckstück auf dem Kaminsims: **Nobelpreis.**

9.1.6 Ultimative Experimentierfreude: Herb Kelleher über Strategie

Southwest-Airlines-Gründer Herb Kelleher hat seine eigene Version von „Wer am meisten ausprobiert, gewinnt":

Wir haben eine „Strategie" bei Southwest. Sie lautet „Dinge tun".

9.1.7 Ultimative Experimentierfreude: Ich wäre gern …

Ich wäre gern ein Fotograf.
Mache viele, viele Fotos. Starte einen Fotoblog.
Stelle deine besten Werke aus.
TU ETWAS.

Ich wäre gern ein Schriftsteller.
Schreibe viele, viele Stücke. Werde zu einer Stimme in den sozialen Medien.
Beginne einen Blog. Schreibe Gästeartikel für Freunde.
TU ETWAS.
Mach kein großes Aufsehen darum.
TU EINFACH ETWAS.

– Reid Schilperoort, Markenstratege, auf die Frage, welcher Ratschlag ihm am meisten geholfen habe, kreative Blockaden zu überwinden

(Variation des Themas: **„Sich auf den Hintern setzen“**

Anne Lamott: „Wie man schreibt: Setzen Sie sich auf Ihren Hintern. Fangen Sie jeden Tag irgendwo an. Machen Sie es ruhig auch mal schlecht. Schreiben Sie immer nur einen Abschnitt. Setzen Sie sich dann wieder auf Ihren Hintern.“)

9.2 Ultimative Experimentierfreude: Aktion und Umsetzung

Auf der Suche nach Spitzenleistungen/1982/die acht „Grundtugenden“:

1. **Primat des Handelns**
2. Nähe zum Kunden
3. Freiraum für Unternehmertum
4. Produktivität durch Menschen
5. Sichtbar gelebtes Wertsystem
6. Bindung an das angestammte Geschäft
7. Einfacher, flexibler Aufbau
8. Straff-lockere Führung

Auf der Suche nach Spitzenleistungen basiert auf acht „Grundtugenden“ für Erfolg und Spitzenleistung. Den Ehrenplatz erhielt das „Primat des Handelns“ – und so wäre es auch, wenn ich das Buch 2018 noch einmal schreiben würde, nur zehn- oder hundertmal stärker.

WAMAG.
Q.E.D.
(Ich meine es wirklich ernst, wenn ich sage „Wer am meisten ausprobiert, gewinnt“ sei das Einzige, was ich *wirklich* weiß.)

9.3 Ultimative Experimentierfreude: ernsthaft spielen

Michael Schrage, Getreuer des MIT Media Lab, hat ein wichtiges Buch verfasst: *Serious Play*. Die Grundthese lautet:

Sie können kein ernsthafter Innovator sein, wenn Sie und solange Sie nicht bereit, willens und fähig sind, ernsthaft zu spielen. „Ernsthaft spielen“ ist dabei kein Widerspruch. Es ist der Kern von Innovation.

Dieser Gedanke – „ernsthaft spielen“ – hat tatsächlich ein ganzes Buch verdient. „Wer am meisten ausprobiert, gewinnt“ lässt sich relativ einfach erklären und bewerben. Es gibt jedoch einen großen Haken:

Experimentierfreude erfordert eine experimentierfreudige Kultur.

Und diese Kultur wird meiner Meinung nach im Herzen getragen von einer allgegenwärtigen **„Verspieltheit“**.

Nur um ganz sicherzugehen: „Spielen“ steht in keinster Weise für einen Mangel an Ernsthaftigkeit oder Zielstrebigkeit. Es steht vielmehr für Mitarbeiter, für die dieser chaotische Prozess der ständigen Annäherungen, falschen Abbiegungen und Sackgassen auf dem Weg zur Marktreife eine wahre Freude ist.

(Anmerkung: Problem/Chance: *„Verspielt“ ist wohl leider kaum ein Begriff, den man mit dem Einkauf oder der Personalabteilung in Verbindung bringt, besonders in Großunternehmen. In unserer heutigen Zeit hängt das Überleben von Unternehmen jedoch ebenso von der kontinuierlichen Neuerfindung – das heißt Verspieltheit – dieser Funktionen ab, wie vom Marketing oder der Produktentwicklung.*)

ERNSTHAFT SPIELEN: IN RICHTUNG GLÜCKLICHER ZUFALL TAUMELN

Der verstorbene Robert Altman wurde einmal gefragt, wie er beim Filmen wisse, wann es genug sei. Seine Antwort:

> **Wir machen in der Regel ein paar Aufnahmen, selbst wenn die erste schon großartig ist, denn worauf ich wirklich aus bin, ist ein „Fehler". Ich glaube, die meisten meiner wirklich großen Filmmomente waren nicht geplant. Sie sind einfach passiert und wir haben gesagt: „Wow, sieh dir das an! Das wollen wir behalten." Das ist es, womit man die Zuschauer gewinnt.**

DIE DREI BESTANDTEILE DES ERNSTHAFTEN SPIELS

Elliott Masie, *der* Pionier des E-Learnings, wurde einmal gefragt, wie er in seiner Arbeit vorankomme. Worauf er antwortete: „Ich suche mir einen Sandkastenfreund."

Ich übersetze das folgendermaßen:

- Spielkamerad!
- Laufstall!
- Prototyp!

Der „Spielkamerad" kann ein interessanter Kunde sein, ein kleiner, innovativer Lieferant oder in einem großen Unternehmen ein gleichgesinnter Insider. Was den „Laufstall" betrifft: Wenn Sie in einem großen Unternehmen arbeiten, lautet die goldene Regel: Je weiter weg von der Zentrale und den kritischen Blicken der Bürokraten, die dort normalerweise sitzen, desto besser. Zum Prototyp mehr im nächsten Abschnitt.

ERNSTHAFT SPIELEN: MESSEN SIE DIE ERGEBNISSE!

AUF EINER SKALA VON 1 BIS 10: Wo würden Sie Ihr Unternehmen hinsichtlich seiner Leidenschaft zu ernsthaftem Spiel einstufen?
Das ist eine Frage von allergrößter strategischer Bedeutung!

(„Unternehmen" kann hier ein Großkonzern sein, aber auch ein zehnköpfiges Aus- und Weiterbildungsteam oder eine Logistikabteilung mit fünfzig Mitarbeiterinnen und Mitarbeitern. Die Idee – wie so oft in diesem Buch – kennt keine Grenzen.)

9.4 Ultimative Experimentierfreude: eine Kultur der Prototypenentwicklung

Eine weitere Weisheit von Michael Schrage:

Das effektive Entwickeln von Prototypen ist vielleicht die wichtigste Kernkompetenz, die ein innovatives Unternehmen haben kann.

Heilige Worte, wenn Sie mich fragen. Der entscheidende Punkt ist allerdings derselbe wie oben: Das Ganze geht nicht ohne Kultur.

Eine noch eine klarere Interpretation der Prototypen-Idee habe ich bei Michael Bloomberg in seinem Buch *Bloomberg by Bloomberg* gefunden:

Wir machen natürlich Fehler. Das meiste sind Dinge, an die wir nicht gedacht haben, als wir die Software entwickelt haben. Das Problem haben wir gelöst, indem wir die Dinge immer und immer wieder überarbeitet haben. So machen wir es auch heute. Während unsere Mitbewerber noch am Daumen nuckeln und versuchen, das Design zu perfektionieren, sind wir schon beim fünften Prototyp. Wenn unsere Mitbewerber mit den Drähten und Schrauben kommen, arbeiten wir bereits am zehnten Prototyp. Letztlich geht es um Planen versus Machen. Wir machen vom ersten Tag an, andere planen monatelang, wie sie bei der Planung vorgehen sollen.

– Michael Bloomberg: *Bloomberg by Bloomberg*

Und noch ein Gedanke von Nicholas Negroponte:

DEMO OR DIE!

Mit diesem Ansatz gelang es Negroponte, sein MIT Media Lab an die Spitze der IT-Multimedia-Innovationen zu katapultieren. Es war seine Alternative zum klassischen akademischen „Veröffentlichen oder vergehen". Negropontes schnelle Prototypenentwicklung war typisch für die Zeit und das Tempo und das Ausmaß der Möglichkeiten.

9.5 Ultimative Experimentierfreude: weltweit die besten Karten

> **Die wichtigste Erfolgsmethode: furchtlos experimentieren.**
> – „Type A Organization Strategies: How to Hit a Moving Target" in *Bloomberg Businessweek*

(Ja, *Bloomberg Businessweek* setzte diese Taktik tatsächlich auf Platz 1 ihres Erfolgsmethoden-Rankings.)

> **Unerbittlich: *trial and error.***
> – Das *Wall Street Journal* zu der Frage, wie Unternehmen ihr Portfolio in Zeiten sich verändernder und unsicherer weltwirtschaftlicher Rahmenbedingungen am besten anpassen

Diese beiden Zitate beschreiben das Konzept „Wer am meisten ausprobiert, gewinnt" auf der höchsten Ebene – als Motor für den gesamtwirtschaftlichen Erfolg.

Fakt: **Kapitalismus = WAMAG**

Erinnern Sie sich noch an F. A. Hayeks „spontanen Entdeckungsprozess", den ich in der Kapiteleinleitung erwähnt habe?

9.6

9.6.1 Die Folge ultimativer Experimentierfreude: Fail faster. Succeed sooner. (WAHUSSG/Wer am häufigsten und schnellsten scheitert, gewinnt)

Die Idee ist simpel: Wenn der wichtigste Erfolgsfaktor für Innovation ist, so viele Dinge wie möglich in halsbrecherischen Tempo auszuprobieren, dann gehört es unweigerlich dazu, auch in halsbrecherischem Tempo Fehler zu machen.

(Das damit einhergehende Problem ist ebenfalls simpel: Es beginnt zu Hause und im Kindergarten: „Studien“ belegen, dass wir das Wörtchen „Nein“ weit häufiger gebrauchen als das Wörtchen „Ja“. Und der Ratschlag „Vermassle es nicht“ gewinnt gegen „Fehler sind normal und wertvoll“ mit Abstand.)

Die Gewinner:

FAIL FASTER. SUCCEED SOONER.

– David Kelley, Gründer von IDEO

FAIL. FORWARD. FAST.

– CEO aus der Hightech-Branche, Philadelphia, Seminarteilnehmer

EGAL, VERSUCH ES WIEDER, SCHEITERE ERNEUT, SCHEITERE BESSER.

– Samuel Beckett

IDEEN-WIRTSCHAFT: KANN IHR UNTERNEHMEN SCHNELL GENUG SCHEITERN, UM ERFOLGREICH ZU SEIN?

– Werbeanzeige, *Economist*-Konferenz

DER ERFOLG MACHT NUR 1 PROZENT IHRER ARBEIT AUS UND IST DAS ERGEBNIS VON 99 PROZENT MISSERFOLG.

– Soichiro Honda

Und jetzt noch eine kräftige Drehung:

BELOHNEN Sie hervorragende Fehler.
BESTRAFEN Sie mittelmäßige Erfolge.

– Phil Daniels, erfolgreicher Geschäftsmann, Sydney

Das vollständige Zitat von Daniels lautet: „Mein Erfolg in acht Wörtern: …“ Ich habe es während eines Seminars für die Führungsriege eines großen Finanzdienstleisters eingesetzt. Nach der Veranstaltung kam der CEO kopfschüttelnd auf mich zu und meinte: „Tom, von all den Dingen, die du gesagt hast, hat mich die Sache mit dem ’mittelmäßigen Erfolg’ am meisten gepackt. Bei uns ist es so: Wir starten ein Projekt mit Pauken und Trompeten, mit großen Hoffnungen und großzügiger Finanzierung. Mit der Zeit wird es jedoch immer kleiner und kleiner. Am Ende sprechen wir formal zwar von einem ’Erfolg’, dieser ist im Vergleich zu den anfänglichen Erwartungen aber so verwässert, dass wir es besser hätten sein lassen. Das hätte uns eine Menge Zeit und Mühe erspart.“

Diese (allzu häufige) Tatsache nenne ich: „Stillstand durch mittelmäßigen Erfolg.“

9.6.2
Aufs Ganze gehen: Scheitern positiv nutzen

> **Das Entscheidende ist Folgendes: Unternehmen, die nicht ständig Neues ausprobieren, die keine Fehler einfordern, finden sich irgendwann in einer so aussichtlose Lage wieder, dass sie am Ende nur noch auf Glücksspiel setzen können.**
>
> – Jeff Bezos

EINFORDERN. NICHT TOLERIEREN.

> **Es genügt nicht, Fehler zu „tolerieren". Sie müssen sie „zelebrieren".**
>
> – Richard Farson mit Ralph Keyes: *Whoever Makes the Most Mistakes Wins*

ZELEBRIEREN. NICHT TOLERIEREN.

> **In der Geschäftswelt belohnen Sie Menschen, die Risiken eingehen. Wenn es nicht klappt, befördern Sie sie, weil sie bereit waren, Neues auszuprobieren. Wenn Menschen mir erzählen, dass sie immer nach oben kommen und nie abstürzen, rate ich ihnen, sich einen anderen Berg vorzunehmen.**
>
> – Michael Bloomberg in *Bloomberg Businessweek*, 25. Juni 2007

AUFGRUND VON MISSERFOLG BEFÖRDERN. NICHT EINFACH NUR TOLERIEREN.

Die Schlüsselbegriffe:

- BELOHNEN!
- EINFORDERN!
- ZELEBRIEREN!
- BEFÖRDERN!

Was ich sagen möchte: NEHMEN SIE DIESE WORTE – BELOHNEN, EINFORDERN, ZELEBRIEREN, BEFÖRDERN – ERNST UND SETZEN SIE SIE UM!

9.7 Fazit: ultimative Experimentier- und Fehlerfreude: Wer am meisten ausprobiert und am häufigsten und schnellsten scheitert, gewinnt.

9.8.1 Ultimative Fehlerfreude: das Unternehmen als Lernlabor

- Unser Mantra: Wer am meisten ausprobiert und am häufigsten und schnellsten scheitert, gewinnt.
- Zelebrieren Sie kleine Erfolge (und interessante Fehler). Die Idee ist, eine Kultur des Ackerns und Rackerns zu etablieren, in der alle ständig etwas ausprobieren.
- Zelebrieren Sie kleine Erfolge (und kleine Fehler) *täglich*. Momentum! Momentum! Momentum!
- Schnelle Prototypenentwicklung: *Demo or die!*
- Schnell verfügbare Budgets zur Prototypenentwicklung: Sorgen Sie dafür, dass praktisch jeder Mitarbeiter eine kleine Summe erhält, wenn er schnell etwas ausprobieren will – fast egal, was.
- Planen Sie 1 Prozent des operativen Budgets als „Spielgeld" bzw. „Saatgeld" ein. Und es *muss* ausgegeben werden.
- Transparenz: Alle Beteiligten müssen Zugang zu allen Informationen haben.
- Der Vorgesetzte fragt alle Mitarbeiter **ROUTINEMÄSSIG**: **„WOMIT SPIELEN SIE GERADE?"**
- Wer sind unsere Innovatoren? **WIR ALLE.** Machen Sie das deutlich!

Diese Liste ist ziemlich simpel. Die zugrunde liegende Idee ist jedoch nicht so einfach umzusetzen: Dazu braucht es eine umfassende „Kultur des Ausprobierens". Dieses Streben nach einer Kultur des Ackerns und Rackerns muss sich natürlich – wir erinnern uns an Kapitel 5 – unmittelbar in der Mitarbeitergewinnung, -beurteilung und -beförderung widerspiegeln.

(Den Begriff „Labor" in der Kapitelüberschrift meine ich wirklich so. Denn der Sinn und Zweck eines Labors ist das Experimentieren. Das Gleiche gilt für die Abteilungen im Unternehmen – und zwar für alle: von der FuE über den Einkauf bis zu HR.)

9.8.2 Kultur des Ausprobierens – Fallbeispiel: Mickey Drexler/The Gap/J. Crew

Seit drei Jahrzehnten ist Mickey Drexler einer der führenden Modehändler der USA. Die folgende Liste entstammt im Wesentlichen einem Artikel im *New Yorker*, in dem er über die Erfolgsfaktoren in einer extrem wettbewerbsintensiven, unruhigen und schnelllebigen Branche spricht:

- Primat des sofortigen Handelns/große Ungeduld bei Untätigkeit
- ungeduldig, aber nicht brutal
- ständiges Experimentieren in Lichtgeschwindigkeit; so schnell wie möglich mehr Tests, wenn etwas gut funktioniert; Idee fallen lassen, wenn dem nicht so ist
- vibrierende Energie
- immer und überall auf der Suche nach neuen Ideen
- Team kommt häufig zusammen, um Dinge schnell zu bewerten; alle beteiligen sich
- arbeitet lieber mit Frauen als mit Männern, weil er festgestellt hat, dass Frauen intuitiver sind
- kleidet sich im Sinne der Marke
- Offensive statt Defensive
- kommuniziert ständig; alle – auch die dienstjüngsten Mitarbeiter – werden gezielt in Entscheidungen einbezogen und sollen sich als Teil des Ganzen fühlen
- hört aufmerksam zu, unabhängig vom Alter oder von der Betriebszugehörigkeit des Gegenübers
- zeigt für alle sichtbar seinen Respekt für junge Mitarbeiterinnen und Mitarbeiter
- vertraut auf Intuition und ist besessen von Zahlen
- erwartet, dass alle ihre Zahlen parat haben ohne Unterstützung durch elektronische Geräte
- praktiziert intensiv „Führung durch Herumgehen" (*Management by Wandering Around*)
- ständiger Austausch mit Frontline-Mitarbeitern; reagiert sofort auf Kundenfeedback

Ich hatte Gelegenheit, Zeit mit Drexler zu verbringen, und kann sagen, dass die obigen Ausführungen sich mit meinen Beobachtungen decken.

9.8.3 Nicht so schnell!

Ich möchte dies SO SCHWIERIG WIE MÖGLICH machen. Es ist einigermaßen einfach, Listen wie die beiden obigen zusammenzustellen. Es ist jedoch

nervenaufreibend, eine dafür notwendige Kultur des Ausprobierens zu schaffen, wenn es diese noch nicht gibt, selbst in kleinen Unternehmen. Spielfreude ist im Alter von vier Jahren etwas ganz Natürliches. Von da an geht es jedoch abwärts. Bereits in der Schule lernen wir, dass Fehler schlecht sind und vermieden werden sollten. Am Arbeitsplatz wird diese Fehlvorstellung weitergesponnen. Noch einmal: „Ernsthaft spielen" ist nicht gleichzusetzen mit Schlamperei oder mittelmäßiger Anstrengung. Es bedeutet jedoch, dass wir den verdammt guten Versuch, der danebengeht, aus dem wir aber lernen können, wertschätzen sollten. Oben habe ich betont, wie wichtig es ist, dass die Vorgesetzte fragt: „Womit spielen Sie gerade?" Die interessanten Misserfolge erfreuen sie genauso oder noch mehr als die Fortschritte.
ARBEITEN SIE DARAN. JEDEN TAG. JEDE STUNDE. BEGINEN SIE MORGEN. ODER HEUTE NACHMITTAG.

9.9

9.9.1
Abschließender Hinweis I: Wer am meisten ausprobiert und am häufigsten und schnellsten scheitert, gewinnt

„Was bringt Gott zum Lachen?"
„Menschen, die Pläne machen."

Innovation ist chaotisch.
Innovation ist nicht linear.
Innovation ist ein Zirkus.
Innovation braucht eine stabile Kultur des „Jetzt-Ausprobierens".

Innovation macht Spaß.
Innovation bricht einem das Herz.
Innovation ist nichts für Schwächlinge.

Wenn Sie wissen, wohin die Reise geht, betreiben Sie keine Innovation.
Wenn die Dinge so laufen wie geplant, sind Sie nichts Interessantem auf der Spur.

9.9.2 Abschließender Hinweis II

> **Die Schüsse, die Sie nicht abfeuern, gehen zu 100 Prozent daneben.**
>
> – Wayne Gretzky

Das ist mein **absolutes** Lieblingszitat aus meiner fünftausend Folien starken Sammlung!

10 Wir sind, mit wem wir Zeit verbringen

Meine Geschichte

Auf dem Heimweg von meinem Winteraufenthalt in Neuseeland machte ich Zwischenstopp in San Francisco.

Dort habe ich von 1974 bis 1981 gelebt und in der Bay Area von 1970 bis 2000. Ich mag diese Stadt sehr. Zum Mittagessen verabredete ich mich mit einem alten Freund in der Hayes Street, etwa sechs Kilometer von meinem Hotel entfernt. Auf dem Rückweg ging ich zu Fuß.

Und ich war geschockt. Ich hatte über das große Obdachlosenproblem der Stadt gelesen, aber jetzt sah ich es mit eigenen Augen. Es war eine traurige, bedrückende und etwas beängstigende Situation, die mir durch Mark und Bein ging. (San Francisco hat nach New York die meisten Obdachlosen.)

Zu diesem belastenden Gefühl gesellte sich eine – eigentlich selbstverständliche – Erkenntnis: Ich stellte fest, dass, wenn man mit allen Sinnen in eine Situation eintaucht, sich ein Bewusstsein breitmacht, das bleibt, das nachhaltig bleibt und das zehn- oder hundertmal intensiver ist, als wenn man etwas liest, ein Video ansieht oder ernste Gespräche mit Leuten führt, die sich auskennen.

Das ist auch das Thema dieses Kapitels. Bei Innovation geht es um neue Sichtweisen, neue Gefühlsweisen, darum, etwas Offensichtliches das erste Mal wirklich zu erkennen oder in einem ganz neuen zu Licht sehen.

Kurz gesagt geht es um Folgendes: Wir sind, was wir essen. Und wir sind, mit wem (oder was) wir Zeit verbringen. Nicht gerade tiefsinnig – oder doch?

Wir reden ständig von neuen Dingen – wie sollte es auch anders sein in der verrückten Welt, in der wir leben? Aber setzen wir uns auch regelmäßig und systematisch neuen Situationen aus: neuen Kontexten, neuen Umgebungen, neuen Leuten?

Führen wir vielleicht lebhafte und tiefgründige Gespräche über Obdachlosigkeit, versäumen es aber, stundenlang durch die Straßen zu laufen und uns voll und ganz auf die Situation einzulassen?

Bevor ich im August 1966 in Vietnam landete, hatte ich eine hervorragende Ausbildung genossen. In meiner ersten Stunde auf fremdem Boden habe jedoch in vielerlei Hinsicht so viel mehr gelernt als in den sechs Monaten meiner Vorbereitung. Es gab keine Kampfhandlungen – nur eine unbedeutende Jeepfahrt vom Flugplatz in Danang zu dem Camp, in dem ich die nächsten zehn Monate stationiert sein würde. Aber diese eine Stunde, die Sinneswahrnehmungen in dieser Nacht, die Gerüche, Geräusche und Bilder, stellten meine Welt buchstäblich auf den Kopf – diese offiziell ereignislosen sechzig Minuten.

Genauso erging es mir als junger Berater bei McKinsey während meiner ersten Präsentation vor dem Führungsteam eines großen Unternehmens in dessen großem Konferenzraum. Ich war faktisch zu gut vorbereitet, viel zu gut, aber die vielen Sinneseindrücke, die in diesen intensiven fünfundzwanzig Minuten auf mich einprasselten, haben mein Berufsleben vollkommen verändert. Ich möchte eine McKinsey-Präsentation, das Obdachlosenproblem in San Francisco und den Vietnamkrieg keinesfalls über einen Kamm scheren, ich will nur sagen, dass alle drei Ereignisse, bei denen mein Körper vollkommen in das Neue eingetaucht ist, die zentrale Idee dieses Kapitels veranschaulichen: Um uns effektiv und kreativ mit einem gegebenen Kontext auseinanderzusetzen, müssen wir uns ernsthaft, sehr ernsthaft, systematisch, jeden Tag und jede Stunde dazu zwingen, uns voll und ganz auf das Neue einzulassen.

Neue Umgebungen.

Neue Menschen.

Alles Neue.

Wie ich bereits in der Einleitung zu diesem Buch angedeutet habe, könnte ich sehr viel mehr über Innovation sagen. Ich möchte mich jedoch auf zwei Punkte beschränken: „Wer am meisten ausprobiert und am häufigsten und schnellsten scheitert, gewinnt" im letzten Kapitel und die Erkenntnis, dass wir geprägt werden durch die Menschen und Situationen, auf die wir uns einlassen in diesem Kapitel. Wenn diese Situationen unsere sicher geglaubten Annahmen nicht regelmäßig infrage stellen, haben wir nicht die leiseste Chance auf kontinuierliche Innovation.

Ein Aspekt dieser Diskussion wird die Frage sein, ob unser neues, außergewöhnliches Maß an Vernetzung durch die neuen Technologien eine wirkliche Verbundenheit ist, die uns zu bahnbrechenden Ideen und Taten führt.

Es ist so verdammt einfach – auch jetzt oder vielleicht gerade jetzt (man denke nur an das Arbeiten von zu Hause) –, in die Falle des Zuviel-des-Gleichen zu tappen. Und glauben Sie mir: Diese Falle des Zuviel-des-Gleichen bedeutet das Ende der Kreativität.

In diesem Sinne …

Zeit verbringen – die Geschichte

10.1
Alles, was Sie wissen müssen

> **Man wird wie die fünf Leute, mit denen man sich am häufigsten umgibt. Das kann Fluch oder Segen sein.**
> – Billy Cox, Guru des Verkaufstrainings

10.2

10.2.1
Innovation/Stärke durch Vielfalt: Wir sind, mit wem wir Zeit verbringen. Verrückte Zeiten verlangen nach verrückten Typen.

Opener/Erste Einstellung/Tatsache:

Wir sind, was wir essen.
Wir sind, mit wem wir Zeit verbringen.

Opener/Zweite Einstellung/Volksmund:

Wer sich mit „Coolen“ umgibt, wird selbst cooler. Wer sich mit „Langweilern“ umgibt, wird selbst langweilig.

Auf meiner Scorecard hat dieses „Zeit verbringen“ denselben Stellenwert wie „Wer am meisten ausprobiert und am häufigsten und schnellsten scheitert, gewinnt“:

1. Wer am meisten ausprobiert und am häufigsten und schnellsten scheitert, gewinnt: Fordern Sie ein, dass alle alles ausprobieren, und zwar jederzeit und so schnell wie möglich. Veranstalten Sie das nötige Tamtam und bieten Sie Anreize für Misserfolge.
2. Vielfalt: Suchen Sie in chaotischen Zeiten den regelmäßigen und intensiven Kontakt mit denen, die ihrer Zeit weit voraus sind und Ihnen unter die Haut gehen – und stellen Sie so möglicherweise Ihr berufliches Überleben sicher.

10.2.2 Innovation/Stärke durch Vielfalt: Botschaft des 19. Jahrhunderts = Botschaft heute

> **Es ist kaum möglich, den Wert für die Entwicklung des Menschengeschlechts zu überschätzen, der allen den Dingen zukommt, wodurch Menschen in Berührung kommen mit Personen, die ihnen unähnlich sind, sowie mit Denk- und Handlungsweisen, die denen, mit welchen sie vertraut sind, fern stehen. Solche Verbindung ist stets eine der vornehmsten Ursachen des Fortschrittes gewesen, und ist dies namentlich im gegenwärtigen Zeitalter [19. Jahrhundert].**
>
> – John Stuart Mill (1806–1873)

Nichts weniger als „eine der vornehmsten Ursachen des Fortschrittes" – dem kann ich nur zustimmen. Einerseits eine simple Aussage. Andererseits kann man sich kaum vorstellen (ist es unfassbar?), wie oft dieser Grundsatz auch heute noch (Hilfe!) verletzt wird.

Was „Diversity" betrifft, ist die zentrale Idee hier: Vielfalt in jeder nur erdenklichen Hinsicht:
Klein, groß, dick, dünn
Abschluss der Stanford University, kein Abschluss
Ingenieur, Künstler, Philosoph
Gärtner, Modellflugzeugsammler
Landbewohner, Stadtbewohner
Schwarz, weiß, männlich, weiblich …

10.2.3 Innovation/Stärke durch Vielfalt: Vielfalt ist wichtiger als Expertise

Eine weitere – diesmal aktuelle – Befürwortung von Vielfalt in Gruppen findet sich in Scott Pages Buch *The Difference – How the Power of Diversity Creates Better Groups, Firms, Schools, and Societies*:

> **Vielfältige Problemlösegruppen – Gruppen mit Menschen mit unterschiedlichem Hintergrund – schnitten durchgängig besser ab als Gruppen mit den Besten und Klügsten. Wenn ich zwei Gruppen bilden würde, eine zufällige (und deshalb vielfältige) und eine mit den besten Individuen, würde die erste Gruppe fast immer besser abschneiden. … VIELFALT SCHLÄGT FÄHIGKEIT.**

Das ist eine äußert starke und nicht intuitive Schlussfolgerung. Und was das praktisch bedeutet, ist offensichtlich: Vielfalt auf allen Ebenen führt zu besseren Ideen, besseren Lösungen und einer größeren Kreativität. Diversity im Sinne von Vielfalt ist wichtiger als Expertise.

Interessant ist, dass Scott Page, Professor für komplexe Systeme, Politikwissenschaft und Ökonomie an der University of Michigan, diesem Thema ein ganzes Buch widmet und haufenweise fundierte Studien zitiert, um seine These zu untermauern. Obwohl ich seit Langem ein überzeugter Anhänger der Diversity-Idee bin, hat es mich überrascht, wie gut es Page gelungen ist, eine so umfassende und starke Argumentation für das Thema zu liefern.

(*Halten Sie bitte inne und lesen Sie das Zitat von Page oder sogar sein ganzes Buch (noch einmal). Überlegen Sie dabei, was das für die Praxis bedeutet, vor allem angesichts unserer Tendenz, uns zu sehr auf Experten zu verlassen – etwa auf uns selbst und unser Führungsteam. Sollte nicht vielleicht jede große Entscheidung – von der Strategie bis zu einer wichtigen Beförderung – auch von einer Gruppe Nicht-Experten begleitet werden?*)

10.3 Innovation/Stärke durch Vielfalt: jede Entscheidung!

Im Kern ist jede Entscheidung in einer Beziehung oder Partnerschaft, jede Entscheidung über Ort,

Zeit und so weiter eine strategische Entscheidung hinsichtlich der Vielfalt (an Perspektiven). Innovation, ja oder nein?

Diversity-(INNOVATIONS-)Entscheidungen:

- Mitarbeiterauswahl und -beförderung
- Auswahl externer Berater
- Kunden (Adrian Slywotzky, Mercer-Berater: „Zukunftsrelevante Klienten machen vielleicht nur 2 oder 3 Prozent Ihrer Gesamtklientel aus, sie sind jedoch ein entscheidendes Fenster in die Zukunft.“)
- Outsourcing-Partner (immer wichtiger!)
- Lieferanten (Wayne Burkan in *Wide Angle Vision – Beat the Competition by Focusing on Fringe Competitors, Lost Customers, and Rogue Employees*: „Strategische Lieferanten haben einen verhängnisvollen Nachteil: Sie werden nie mehr sein als ein Spiegel Ihres Unternehmens.“ Ich empfehle Ihnen dieses Buch als eine weitere ausführliche Darstellung von Diversity als Vielfalt.)
- Die große weite Welt/Crowdsourcing (von allem nur Erdenklichen!)
- Kalender/Zeiteinteilung: Dies ist ein wichtiger Punkt. Nehmen Sie sich Ihren Kalender vor. Ich wette, ein Monat gleicht dem anderen. Nur wenn Sie jeden Tag einzeln bewerten, kommen Sie allmählich dahin, Ihre Zeit vielfältig einzuteilen.
- Produktportfolio: Zu viele Produktlinienerweiterungen, nicht genug Pionierarbeit? Wie ein früherer Chairman von Ford einmal sagte: „Wenn ich eine Entscheidung über ein Neuprodukt treffe und dabei nicht nervös bin, muss ich befürchten, nichts weiter als ein ähnliches Produkt genehmigt zu haben.“
- Standort der Zentrale: GE zog von Fairfield, Connecticut, nach Boston, um bei seinem strategischen Alles-oder-nichts-Vorstoß in das Internet der Dinge von einer innovativeren Umgebung zu profitieren.
- Mittagessen: 220 ARBEITSTAGE PRO JAHR = 220 CHANCEN AUF VIELFALT. HIER GEHT ES UM WIRKLICH VIEL. ES IST DIE GOLDENE CHANCE, DIE WIR ALLE HABEN – AB SOFORT. AB SOFORT = HEUTE. UND JA, ICH WIEDERHOLE MICH.
- Zusammensetzung des Board: KEIN ZUVIEL-DES-GLEICHEN, siehe unten.

Bei all diesen Punkten sollten wir uns fragen: Gehen wir auf Nummer sicher oder sind wir so MUTIG, ein reiches Portfolio an Partnern mit Ecken und Kanten zusammenzustellen (Mitarbeiter, Kunden usw.), die uns auch gegen unseren Willen in das Auge des perfekten Sturms unserer Zeit ziehen? Erinnern Sie sich noch an das Kapitel zur Personalgewinnung (5.4.1), in dem Soichiro Honda sagt, er bevorzuge „Leute, die mal in Schwierigkeiten waren“? Na, da hat er den Geist der Zeit aber gut vorausgesehen!

10.4
Innovation/Stärke durch Vielfalt: ein Board für die Herausforderungen von heute

Strategieguru Gary Hamel findet klare und fundierte Worte zur schlimmsten Manifestation von Kurzsichtigkeit:

> **Der Engpass befindet sich … im oberen Bereich der Flasche. Wo finden Sie Menschen mit den am wenigsten vielfältigen Erfahrungen, den höchsten Ausgaben für ihre Ausbildung und der größten Ehrfurcht vor Branchengrundsätzen …? Im oberen Bereich des Unternehmens.**

Tatsächlich ist das Board das toxischste Beispiel für ein Zuviel-des Gleichen. Meine (ernst gemeinte) Antwort darauf – inspiriert von Hamel – lautet:

ZEHNKÖPFIGES BOARD OF DIRECTORS – FIT FÜR DIE NEUEN HERAUSFORDERUNGEN

- Mindestens zwei Mitglieder unter 25: Die „neue Jugend“, die mit neuer Technik aufgewachsen ist, hat andere Erfahrungen gemacht als ihre älteren Kollegen, zum Beispiel die 35-Jährigen.
- Mindestens drei oder vier Frauen: Boards, in denen ein ausgeglichenes Verhältnis zwischen den Geschlechtern herrscht, erbringen im Vergleich eine sehr hohe Performance, siehe Kapitel 15.
- Ein IT-/Data-Analytics-*Superstar*: kein „IT-Vertreter“, sondern eine Göttin mit Diplom von Google und Co.
- Ein oder zwei Unternehmer und eventuell ein Risikokapitalgeber: Der Unternehmergeist muss das Board unmittelbar durchdringen.
- Ein oder zwei Menschen mit „verrücktem“ Hintergrund – Künstler, Musiker, Schamane usw.: Wir müssen uns regelmäßig auf ungemütliche Weise von Sonderlingen herausfordern lassen.
- Ein ausgewiesener Design-Guru: Die Präsenz von Design-Leuten im Board ist nach meinem Verständnis ein absolutes Muss, siehe Kapitel 11.
- Nicht mehr als drei MBA-Absolventen: Warum? Weil wir wegkommen müssen von dem typischen MBA-Mindset, das linear, analytisch und auf Zahlen fixiert ist.

Als kleine Inspiration kann hier das von Cybernetics-Pioneer W. Ross Ashby aufgestellte Gesetz der erforderlichen Varietät dienen. Die Vielfalt des Boards sollte im Großen und Ganzen die Vielfalt des allgemeinen Geschäftsumfelds widerspiegeln.

10.5 Innovation/Stärke durch Vielfalt: die Kraft und Notwendigkeit des Unbequemen

Vom legendären Werbemacher Jay Chiat wissen wir:

Ich fühle mich nicht wohl, solange ich mich nicht unwohl fühle.

Ich nehme Chiats Anmerkung als logische und wortwörtliche Anweisung.

Oder wie wäre es mit dieser Version von Chiats Aussage, formuliert von Eleanor Roosevelt:

Tun Sie jeden Tag etwas, vor dem Sie Angst haben.

Was Eleanor Roosevelt uns verordnet, ist wesentlich leichter gesagt, als getan. Zuviel-des Gleichen ist in der Regel der Standard. Wie setzen wir also um, was uns Eleanor Roosevelt rät, eine Frau, die Dinge schaffte, die andere für unmöglich hielten? Es gibt offensichtlich nur eine Antwort: indem wir uns bewusst und kontinuierlich jeden Tag bemühen und unsere Anstrengungen dabei selbst überwachen.

Fred Smith, der Gründer und CEO von Federal Express, fragte mich einmal nebenbei: „Tom, wer ist die interessanteste Person, die du in den letzten drei Monaten getroffen hast? Und wie kann ich sie kontaktieren?"

Vor einigen Jahren waren Smith und ich zu einer wirtschaftlichen Diskussionsrunde bei CNN eingeladen. Während wir zusammen auf unseren Auftritt warteten, überfiel er mich mit dieser Frage. Ehrlich gesagt hatte ich keine gute Antwort parat und auch heute noch ist mir diese Situation peinlich. Immerhin umgebe ich mich ständig mit interessanten Leuten – das ist mein Job! Wie sonst könnte ich am Ball bleiben oder anderen voraus sein?

WAS IST MIT IHNEN: HABEN SIE EINE GUTE ANTWORT AUF DIE FRAGE VON SMITH? FALLS NICHT, WAS GEDENKEN SIE DAGEGEN ZU TUN – UND ZWAR SO SCHNELL WIE MÖGLICH?

10.6 Innovation/Stärke durch Vielfalt: Alles ist mit allem vernetzt

> **Das milliardenköpfige Forscherteam: Unternehmen, die Aufträge an Online-Communits vergeben, machen sich die Vorteile des Crowdsourcing zunutze.**
>
> – Schlagzeile in der *Financial Times*

> **Konnektive Intelligenz ist die Fähigkeit, die Vielfalt der Menschen, Netzwerke, Disziplinen und Ressourcen miteinander zu kombinieren und Verbindungen zu schaffen, die Mehrwert erzeugen, sinnstiftend sind und zu bahnbrechenden Ergebnissen führen.**
>
> – Erica Dhawan und Saj-nicole Joni: *Get BIG Things Done – The Power of Connectional Intelligence*

Einfach ausgedrückt heißt das, dass unsere Fähigkeit, aus der globalen Vielfalt zu schöpfen, exponentiell zugenommen hat. Das hat Folgen für große Unternehmen und Versuchslabore, aber auch für kleine lokale Projekte.

Sehen wir uns im Folgenden zwei Extreme an.

10.6.1 Vernetzen. Vernetzen. Vernetzen: ResearchGate/11 Millionen Wissenschaftler tauschen sich aus

ResearchGate wurde 2008 von dem Virologen und Computerwissenschaftler Dr. Ijad Madisch in Boston gegründet. Mittlerweile hat das Netzwerk mehr als 11 Millionen verifizierte Mitglieder aus Wissenschaft und Forschung. Hier ein kurzer Auszug aus der Beschreibung bei Wikipedia.

> **ResearchGate ist ein kommerzielles soziales Netzwerk und eine Datenbank im Internet für Forscher aus allen Bereichen der Wissenschaft, das auch als Dokumentenserver für Publikationen genutzt wird. …**
>
> **Wissenschaftler, die dem Netzwerk beitreten möchten, benötigen eine E-Mail-Adresse einer bekannten Forschungseinrichtung oder müssen eine wissenschaftliche Publikation nachweisen. Mitglieder des Netzwerks haben ein Nutzerprofil, auf**

dem sie Ergebnisse ihrer Forschung, inklusive Fachartikel, Forschungsdaten, Buchkapitel, negative Ergebnisse, Patente, Forschungsvorhaben, Methoden, Präsentationen und Quelltext für Computerprogramme zeigen können. Mitglieder können anderen Mitgliedern folgen und mit ihnen in Kontakt treten.

Die Möglichkeiten sind unbegrenzt.

Und die Ergebnisse haben die Erwartungen um ein Vielfaches übertroffen.

10.6.2 Vernetzen. Vernetzen. Vernetzen: Frau Marx lädt zum Literaturkreis ein

Die Aussicht, seinen ganz persönlichen Handlanger zu engagieren, ist verlockend. Wäre es nicht zum Beispiel praktisch, wenn ich jemanden damit beauftragen könnte, hier [in diesem Artikel für den *New Yorker*] einen Absatz über die Geschichte des Outsourcing in den USA zu verfassen? Gute Idee! Ich machte mich also auf die Suche und gab bei Get Friday, einer Firma in Bangalore, die einen „virtuellen persönlichen Assistenten" anbietet, einen Absatz in Auftrag. ... Zehn Tage später hatte ich den Text in meinem Postfach ... Es waren 1.356 Wörter ... und es gab eine Literaturliste mit elf verschiedenen Quellen. Bei einem Stundensatz von 14 Dollar für insgesamt sieben Stunden kostete mich das Ganze am Ende 98 Dollar.

– Patricia Marx: „Outsource Yourself", in: *The New Yorker*

In diesem wunderbaren Artikel beschreibt Marx ausführlich, wie sie in Vorbereitung auf einen Literaturkreis auf Crowdsourcing zurückgriff. Weil sie keine Zeit hatte, das Buch zu lesen, ließ sie sich zum Beispiel clevere Anmerkungen zu Proust zusammenstellen, die sie dann später in die Diskussion einbringen würde. Das Ergebnis war eine exzellente Sammlung an Kommentaren, die sie nur 5 Dollar kostete. Und: ***Der Verfasser/Auftragnehmer/Proust-Experte war ein 14-jähriges Mädchen aus New Jersey.***

Alles ist mit allem verbunden: von 11 Millionen Wissenschaftlern bis zu einem kleinen Literaturkreis.

Botschaft heute: Schüren Sie das Feuer der Innovation.

Vernetzten Sie sich.
Vernetzten Sie sich.
Vernetzten Sie sich.
Mit allen möglichen Leuten.
Von überall.
Zu jeder Zeit.

Diese übliche und sehr wichtige Warnung und Erinnerung trifft zu: Technologie macht es möglich, aber EINSTELLUNG und KULTUR sind die „restlichen 90 Prozent". Sich zu vernetzen ist letztlich eine Bereitschaft, keine technische Eigenschaft.

10.6.3 Alles ist mit allem vernetzt – aktuelle Version: Es steckt mehr – oder weniger! – dahinter, als Sie denken

„Vernetzung" ist nicht das, was es einmal war. „Vernetzung" waren die Traumpfade der Aborigines im australische Outback (siehe dazu den wunderbaren Roman von Bruce Chatwin: *Traumpfade*). „Vernetzung" war der Pony-Express im amerikanischen Westen. Und dann die Eisenbahn. Den echten Durchbruch brachte der Telegraph, der für eine wahre Beschleunigung sorgte und den manche heute als das „viktorianische Internet" bezeichnen. Dann kamen das Telefon und in jüngster Zeit natürlich das Internet und mit ihm seine Ableger wie etwa das Smartphone.

Alle diese Errungenschaften waren Formen von „VERNETZEN. VERNETZEN. VERNETZEN." Heute leben wir im Zeitalter von Facebook, in dem „Vernetzung" Tausende von „Freunden" bedeutet, egal ob man sechs oder sechzig ist. Es *ist* Vernetzung. Und sie *ist* nicht trivial. Und tatsächlich: Neue Vernetzungstools machen das „milliardenköpfige Forscherteam" möglich, mit dem wir diesen Abschnitt begonnen haben.

Ich möchte Sie/mich/uns aber daran erinnern, dass es solche und solche Vernetzungen gibt.

Ich habe auch gesagt und werde das immer wieder tun, dass **BEZIEHUNGEN** das Herz und die Seele von Spitzenleistung sind. Die Beziehungen, die ich in der Regel meine – also zu Mitarbeitern, Kunden und der Gemeinschaft –, sind Beziehungen, die Zeit brauchen. **SEEEHR VIEL ZEIT, UM SIE AUFZUBAUEN, UND SEEEHR VIEL ZEIT, UM SIE ZU PFLEGEN.** Wir müssen deshalb unter allen Umständen viel Zeit und Mühe in tiefe Verbindungen investieren. Vergessen Sie das bitte nie.

10.7 Innovation/Stärke durch Vielfalt: abschließende Worte zu „Zeit verbringen“

Ihr „Menschen, mit denen Sie Zeit verbringen“-Portfolio können und sollten Sie so sorgfältig zusammenstellen, managen und bewerten wie Ihr Budget oder Ihre Strategie. Es *ist* Ihre Strategie! Die Frage, mit wem Sie Zeit verbringen, ist vielleicht der wichtigste Faktor Ihres persönlichen und beruflichen Erfolgs.

10.8 Experimentierfreude, Fehlerfreude und Vielfalt – Zusammenfassung: Omnipräsenz und ein sehr guter Wert auf der „Wow!“-Skala

EISERNES INNOVATIONSGLEICHSTELLUNGSGESETZ: Die Qualität, Quantität und Schöpfungstiefe der Innovationen und formalen FuE sind in allen Abteilungen gleich (zum Beispiel bei HR, im Einkauf und in der Logistik ebenso wie im Marketing oder in der Produktentwicklung).

Es geht drunter und drüber in der Personalabteilung. JA!
Es geht drunter und drüber im Einkauf. JA!
Es geht drunter und drüber in der Logistik. JA!

BEWERTUNGSINDEX PROJEKTINNOVATION: Betrachten Sie Ihre fünf wichtigsten laufenden Projekte. Wie viele davon erhalten acht oder mehr von zehn

Punkten auf einer „Das haut mich von den Socken"-/„Wow!"-/„Heilige Scheiße"-Skala?

Sind es weniger als drei, sollten Sie sich SORGEN machen.
GROSSE Sorgen.
Packen Sie es an.
JETZT.
Mit „jetzt" meine ich JETZT.

Mehrwert schaffen – eine umsatzsteigernde Besessenheit

TEIL V

11 Leidenschaft für Design: das wichtigste Alleinstellungsmerkmal

Meine Geschichte

Es war ein Tag Ende Februar 2016. Ich befand mich gerade in Takaka in Neuseeland und es regnete in Strömen.

Ich kam gerade aus dem Baumarkt, als der Sturm mich überraschte. Mein Handy hatte ich wie gewöhnlich tief in der Hosentasche verstaut. Das genügte jedoch nicht. Das Wasser bahnte sich trotzdem seinen Weg. Das Ergebnis: Das Telefon war defekt, kaputt, und das, obwohl ich jeden nur erdenklichen Trick – auch mithilfe des Internets – versuchte.

Wunderschön.

Funktional.

Und nach ein paar Regentropfen erledigt.

Fazit: schlechtes Design.

(Entschuldige, Geist von Steve Jobs.)

Das würde mir nicht noch einmal passieren. Jetzt stecke ich mein Telefon immer in einen Aufbewahrungsbeutel mit Zip-Verschluss.

Diese Aufbewahrungsbeutel!

Wie ich sie liebe!

Ich beweise es Ihnen.

Ich liebe meine Allzweck-Aufbewahrungsbeutel so sehr, dass ich schon einen Ruf als jämmerlicher, exzessiver Aufbewahrungsbeutel-Nutzer habe. Anlässlich meines 60. Geburtstags stellte einer meiner Geschäftspartner ein Buch mit den besten Wünschen meiner Freunde und Kollegen zusammen. Das Buch war sehr bewegend und manchmal auch urkomisch. Diejenigen, die später zu meiner Geburtstagsfeier kamen, lasen ihre Briefe vor.

Der Geschäftspartner und Freund, der die Idee mit dem Buch hatte, hatte selbst einen Brief verfasst, den er genussvoll in Anwesenheit der Gäste vortrug. Der gesamte Text – etwa 600 Wörter – handelte von mir und meinen Aufbewahrungsbeuteln.

In meinem Büro gibt es eine ganze Schublade voll mit Aufbewahrungsbeuteln jeder Größe – von den Sandwich-Beuteln (so vielfältig einsetzbar!) zu den riesigen 7-Liter-Beuteln, die nicht immer einfach zu finden sind, ohne die ich jedoch nicht überleben würde.

Ich bin der Meinung, meine Aufbewahrungsbeutel sind gleichermaßen schön und nützlich. Was ich an ihnen besonders liebe, ist dieses einprägsame Klickgeräusch beim Schließen, das einem sagt, man hat alles richtig gemacht. Da dringt kein Regen mehr ein und zerstört ein mehrere Hundert Dollar teures iPhone, das ist mal sicher.

Warum, zum Kuckuck, erzähle ich Ihnen diese Geschichte?

Ganz einfach!

ICH LIIIIIEBE DINGE, DIE GENIAL KONZIPIERT SIND.
EINZIGARTIGE FUNKTIONALITÄT.
ÄSTHETISCH.
EMOTIONAL UNERSETZBAR.
(UND ICH HASSE DINGE, DIE SCHLAMPIG KONZIPIERT SIND. SIE SIND NICHT EINFACH „PROBLEMATISCH". SIE SIND EINE BELEIDIGUNG.)

Ich befürchte, ich habe nicht das kleinste künstlerische Talent. Mein Architekturstudium habe ich nach einem Semester abgebrochen – mir war klar, dass der künstlerische Teil und ich nicht zusammenkommen würden. (Ich bin ins Bauingenieurwesen gewechselt. Von diesem Ast aus konnten meine Kommilitonen und ich dann die Architekten für die Unrealisierbarkeit ihrer wunderschönen Entwürfe auf Papier kritisieren.)

Nein, ich bin kein Künstler, ich empfinde aber eine große Wertschätzung für und tiefe Zuneigung zu Dingen, deren Design mich umhaut – von den Aufbewahrungsbeuteln bis zu meinem Tuf-E-Nuf Mini Striker-Klauenhammer und – wie von Steve Jobs beabsichtigt und mit Obsession verfolgt – die ästhetischen, funktionalen Boxen, in denen die Produkte von Apple bei uns zu Hause ankommen.

Machen wir hier einen Cut und sehen uns das Gesamtbild meiner Design-Obsession an. Vor etwa fünfundzwanzig Jahren hatte ich ein großartiges Aufbewahrungsbeutel-Erlebnis und sollte kurz darauf vor einer Gruppe von Händlern von Verpackungstechnik sprechen. Dieser Vortrag war eine Liebeserklärung an die Aufbewahrungsbeutel und – obwohl ich nicht geschult war – ich machte aus dieser Passage einen Lobgesang auf die Liebe oder den Hass (nicht die Vorliebe oder Abneigung), die Design in uns Menschen hervorruft. Danach war ich so richtig in Fahrt.

Ich mache selten etwas nur halbherzig. (Ich wurde auf den Namen Thomas J. Peters getauft. Meine Frau besteht allerdings darauf, dass es Thomas E. Peters ist und das E für „Exzess“ steht.) Nach diesem ersten Vortrag erhöhte ich die Laustärke also immer mehr – und machte meine Hausaufgaben. Design, schlussfolgerte ich schon damals, war ohne Zweifel das wichtigste Alleinstellungsmerkmal einer jeden Sache – im Guten wie im Schlechten. Ich schwärmte und schimpfte und vertiefte meine Wertschätzung für Design – im Positiven wie im Negativen – so weit, dass ich zum Beispiel als (schwärmender und schimpfender) Keynote-Speaker zu Design-Konferenzen der Superlative in Neuseeland und Großbritannien eingeladen wurde. Einer der bekanntesten US-Designer, der IDEO-Gründer David Kelley, nannte mich sogar den „führenden Design-Botschafter der Wirtschaft“.

Leider gibt es immer noch viel zu viele Leute, die es nicht kapieren, die blind gegenüber dem Zauber von erstklassigem Design sind und die nicht verstehen, wie der kleinste Design-Schnitzer Kunden auf die Palme bringen kann. Ein erstklassiges Design versetzt Berge und lässt den Marktanteil in den Himmel wachsen. Ich denke, das war schon immer so; heute ist es jedoch noch viel, viel wichtiger geworden. Im Zeitalter omnipräsenter Roboter und einer fortschreitenden Algorithmisierung wird es zunehmend schwieriger, sich von der Masse abzuheben.

Nun, ich denke, aufstehen und herausstechen ist möglich. Und ich präsentiere Ihnen in diesem Abschnitt neben Design acht weitere Differenzierungsstrategien. Aber keine ist so wichtig wie die erste (beifallswürdige) auf der Liste: Design, das Liebe entfacht.

Juchhe, Aufbewahrungsbeutel (und vieles, vieles mehr)!

Design – die Geschichte

11.1 Design/D[esign]-Day: 10. August 2011

Design regiert die Welt!

Apple erzielt die höchste Marktkapitalisierung und überholt damit ExxonMobil.

Spätestens als die Marktkapitalisierung von Apple am 10. August 2011 die von ExxonMobil überstieg, dürfte jedem die „MACHT DES DESIGNS" klar geworden sein. Unabhängig von der Größe und Ausrichtung des Unternehmens konnte sie jetzt niemand mehr ignorieren, außer Idioten.

Seit zwei Jahrzehnten lasse ich mich jetzt über das Thema Design aus. Es war ein harter und oft auch vergeblicher Kampf. Und dann änderte sich plötzlich alles an jenem Tag, als Apple an Exxon vorbeischoss. Das ist natürlich übertrieben, aber der D-Day 2011 sorgte dafür, dass man die Design-Botschaft nicht länger als Unfug abtun konnte, vor allem nicht die Zahlenfresser im Rechnungswesen.

11.2

11.2.1 Design = Sorgfalt

Design = Sorgfalt
Design = Eleganz
Design = die größte menschliche Errungenschaft
Design = Beitrag zur menschlichen Kultur
Design = Respekt
Design = Aufmerksamkeit
Design = Vermeidung von Beleidigung

Ein großes Maß an *Sorgfalt*.
– Ian Parker im *New Yorker* über den Ansatz, den der Design-Chef von Apple, Jony Ive, bei der Produktentwicklung verfolgt

Steve und Jony diskutierten in der Regel stundenlang über jeden noch so kleinen Produktwinkel.

– Laurene Powell Jobs, Ehefrau von Steve Jobs

Setzen Sie sich den besten Ergebnissen aus, die andere erzielt haben, und versuchen Sie dann, diese in Ihre eigene Arbeit zu integrieren.

– Steve Jobs

Indem wir Sorgfalt walten lassen, dienen wir in gewisser Weise der Menschheit. Manche mögen das für einen albernen Glauben halten, es ist jedoch ein Ziel – ein kleiner Beitrag, den wir hoffen zur Kultur beitragen zu können.

– Jony Ive

Das große Geheimnis von Apples Designs ist vielleicht, Beleidigungen zu vermeiden. [Diese Aufmerksamkeit] ist ein Zeichen des Respekts. Jeder hat das Recht auf Eleganz in den Dingen. Das sollte uns nicht mehr kosten als die Hässlichkeit. Ein Großteil unserer produzierenden Unternehmen hat sich jedoch der Nachlässigkeit verschrieben.

– Paola Antonelli, Museum of Modern Art

Großartiges Design ist „Wow“.

Großartiges Design ist Nutzen.

Großartiges Design ist einfache Handhabung.

Von diesen drei Aussagen bin ich überzeugt.

Leidenschaftlich.

Lassen Sie uns aber noch einen Schritt weiter gehen. Sehen wir uns noch einmal die Begriffe in diesem Abschnitt an und die Zitate, aus denen sie stammen: *Sorgfalt. Eleganz. Die größte menschliche Errungenschaft. Beitrag zur menschlichen Kultur. Respekt. Aufmerksamkeit. Vermeidung von Beleidigung.*

Ich würde den Wetteinsatz und den Anspruch in diesem Abschnitt gern so hoch wie möglich ansetzen. Damit will ich keineswegs sagen, dass Sie oder ich Steve-Jobs-Klone sind. Und Ihr Versuchslabor ist auch nicht Apple. Das heißt jedoch nicht, dass wir die Messlatte nicht so hoch wie möglich anlegen sollten in allem, was wir für unsere Kunden tun und – wenn wir schon dabei sind – für unsere Kolleginnen und Kollegen und die Gemeinschaft.

Sorgfalt in jedem Winkel: Ist in Ihrem Unternehmen (mit 1 oder 101 Mitarbeitern) Sorgfalt Bestandteil jeder Überlegung hinsichtlich der Kundenbeziehung? Vom

Sales-Pitch über die Web-Präsentation und die nächste Kunden-E-Mail bis hin zu den unterstützenden Logistiksystemen und dem finalen Produkt oder der bereitgestellten Dienstleistung? Schenken Sie Ihren „Winkeln" – den kleinsten Bestandteilen dieser Produkte und Dienstleistungen – in etwa die gleiche Aufmerksamkeit wie Jony und Steve den Apple-Produkten?

„Beitrag zur menschlichen Kultur" ist viel verlangt von einem Blogartikel, den ich gleich veröffentlichen werde. Oder nicht? Ich habe weder die Zeit noch die Mittel – noch das Talent –, es Jony und Steve gleichzutun. Aber ich kann darüber nachdenken. Ich *kann* mir Zeit lassen und den Blogpost zwei- oder drei- oder vier- oder fünfmal lesen. Ich *kann* überlegen, ob ein paar Wortänderungen den Artikel zum Schwingen bringen und diejenigen, die sich entschieden haben, ihn zu lesen, emotional mitreißen.

Ich kann definitiv daran arbeiten, Beleidigungen zu vermeiden. Keine schlechte Grammatik. Keine noch so kleine Nachlässigkeit. Die Wörter sorgfältig auswählen, originell schreiben und ein bisschen weniger Management-Blabla verwenden. Und so weiter.

Ich könnte mir diese Wörter und Formulierungen – *Sorgfalt, Eleganz, die größte menschliche Errungenschaft, Beitrag zur menschlichen Kultur, Respekt, Aufmerksamkeit, Vermeidung von Beleidigung* – in meinen Hinterkopf eingravieren wie Herausforderungen, denen ich irgendwie versuche Herr zu werden. Tag für Tag. Stunde um Stunde.

Es gibt einfach keine Entschuldigung für Nachlässigkeit und Unaufmerksamkeit bei egal welcher Tätigkeit. In meinen Fall gibt es keine Ausrede dafür, dass ich nicht versuche, die Köpfe und Herzen jedes einzelnen meiner etwa 700 Zuhörer zu erobern, die eine Stunde ihrer kostbaren Zeit opfern, um an diesem Vormittag in Edmonton in Kanada einem Vortrag von mir zu folgen. (Wenn ich nicht mein Bestes gebe, wird mich definitiv der Geist von John F. Kennedy heimsuchen. Kennedy sagte einmal, man solle seine Ansichten nur öffentlich äußern, wenn man das Ziel habe, die Welt zu verändern. Unerreichbar für Sie und mich? Vielleicht. Vielleicht aber auch nicht.)

Ja, meine Ausführungen zu Design-ist-alles sind eine schonungslose, unverfälschte Predigt. Und ich bete, dass sie zumindest einen klitzekleinen Unterschied macht.

Versuchen Sie dies:

> **Design ist alles.**
> **Alles ist Design.**
> **Wir sind alle Designer.**
> – Richard Farson: *The Power of Design – A Force for Transforming Everything*

Meine Kolleginnen und Kollegen, unser Designer Ken Silvia und ich brauchten ganze zwei Jahre, viele Gespräche und Präsentationen, um das Logo für die Tom Peters Company zu entwerfen. Und was war das Ergebnis dieser mühsamen Arbeit?

Unser Logo ist ein frei stehendes rotes Ausrufezeichen. Das war's, die ganze Geschichte, mit Sack und Pack.

Und ich könnte – 25 Jahre später – nicht glücklicher sein.

Jeden Tag in jeder Interaktion – einschließlich meiner Tweets, und davon habe ich mehr als 5.000 produziert – versuche ich, Folgendes zu sein: ein …

rotes

Ausrufezeichen,

das herausfordert und

provoziert,

um die klitzekleinste Änderung zu bewirken.

Meiner Ansicht nach gibt es keinen Grund, warum Sie und ich unseren lokalen Markt nicht ordentlich aufmischen könnten, indem wir obsessiv nach Spitzenleistung im Design streben.

Das ist die Botschaft dieses Abschnitts. Und die Botschaft dieses Buches. Spitzenleistung zahlt sich aus, wenn Sie in die Offensive gehen und Produkte, Dienstleistungen, ein Betriebsklima und Beziehungen zu Kunden und zur Gesellschaft schaffen, die jeglichem technologischen Angriff mehr als standhalten.

11.2.2 Design/Was wirklich zählt: ein Stück von sich selbst weggeben

> **Für ihn sei der Bootsbau wie eine Religion, fuhr er fort. Die technischen Anforderungen zu beherrschen reiche nicht aus, man müsse sich auch geistig und seelisch auf die Arbeit einlassen. Wenn man ein fertiges Boot weggebe, müsse man das Gefühl haben, damit ein Stück von sich selbst wegzugeben.**
>
> – Daniel James Brown in seinem Buch *Das Wunder von Berlin: 1936 – Wie neun Ruderer die Nazis in die Knie zwangen* über den weltweit ersten Entwickler und Erbauer von Rennschalen, George Yeoman Pocock

Der Bestseller *Das Wunder von Berlin* erzählt die bewegende Geschichte der achtköpfigen US-Mannschaft der University of Washington, die 1936 die Olympischen Spiele gewann. Einer der Helden – neben den Ruderern – ist Pocock. Die technischen Details bei der Entwicklung von Ruderschalen sind extrem komplex. Laut Pocock ist das aber erst der Anfang. In Wirklichkeit gehe es darum, „sich auch geistig und seelisch auf die Arbeit ein[zu]lassen".

Das ergibt für mich absolut Sinn. Und da ich gerade diese Zeilen schreibe, würde ich das Gleiche auch über das Verfassen eines Buches sagen. Man braucht gutes

Material. Man muss das Prosa-Handwerk einigermaßen gut beherrschen. Doch wie Pocock glaube ich, dass das nur der Anfang ist. Sie müssen eine geistige Verbindung zu Ihrem Material haben. Ich hoffe, dass das auf der einen oder anderen Seite, die Sie bereits gelesen haben, durchscheint.

Mein eigentlicher Punkt sind aber weder Rennschalen noch dieses Buch.

Es sind Sie.

Nehmen wir beispielsweise die Gestaltung des Restaurants, das Sie eröffnen möchten und in das Sie Ihr gesamtes Eigenkapital und noch mehr investiert haben: Die Gestaltung muss funktionieren und Ihr Budget muss es hergeben. Wenn Sie aber möchten, dass Ihr Traum Wirklichkeit wird – selbst wenn Sie einen hervorragenden Koch haben –, muss Ihr Restaurant vom ersten Tag an eine Seele haben. Ansonsten, und da bin ich mir so gut wie sicher, wird das Ganze schnell zur Routine oder es floppt gleich.

Wenn Sie einen neuen Weiterbildungskurs oder eine Marketingkampagne entwickeln, sollte das ebenso Ihr beruflicher Schwerpunkt sein.

11.2.3 Transformatives Design: „Epische Schrauben mit einem tieferen Sinn"

> **[Tony Fadell, der Gründer von Nest] räumte ein: „Jede Business School der Welt würde Sie rauswerfen, wenn Sie einen Businessplan vorlegen würden, in dem es heißt: 'Ach so, übrigens, wir werden unsere eigenen Schrauben entwickeln und herstellen, und zwar zu Kosten, die weit über dem Einkaufspreis liegen.' Es sind jedoch nicht einfach nur Schrauben. Wie das Thermometer sind es bessere Schrauben, epische Schrauben, Schrauben mit – wenn ich das sagen darf – einem tieferen Sinn. Funktional gesprochen besitzen sie ein spezielles Gewinde, mit dem sie jede Art von Oberfläche durchdringen können, von Holz über Plastik bis hin zu dünnem Blech. Und der [maßgearbeitete] Schraubenzieher liegt sicher in der Hand. Auf ihm prangt das Nest-Logo und er hat den typischen Nest-Look, so wie alles von Apple den typischen Apple-Look hat."**
>
> – Rich Karlgaard: *The Soft Edge*

Halten Sie inne.

Bitte.

Epische Schrauben mit einem tieferen Sinn.

Versuchen Sie *bitte* einmal, diesen Gedanken von Fadell auf Ihr auf den ersten Blick profanes Projekt zu übertragen, an dem Sie gerade arbeiten. Ich weiß natürlich nicht, was das für ein Projekt ist, aber ich bin mir absolut sicher, dass die Worte von Fadell auch auf Ihr Projekt und auf Sie zutreffen!

11.2.4 Design: der Oskar für das meiste Lächeln

> **Man kann mit ziemlicher Sicherheit sagen, dass kein anderes neues Fahrzeugmodell der jüngeren Vergangenheit die Menschen mehr zum Lächeln gebracht hat als dieses.**
> – Testbericht in der *New York Times* über den MINI Cooper S, zitiert aus Donald Norman: *Emotional Design – Why We Love (or Hate) Everyday Things*

Donald Norman ist ein extrem einflussreicher und langjähriger Obermeister des funktionalen Designs in Abgrenzung zum klassischen ästhetischen Design. Im Verlauf mehrerer Jahrzehnte haben sich ihm jedoch die Grenzen sowohl des funktionalen als auch des ästhetischen Designs offenbart. Das Ergebnis ist sein hervorragendes Buch – ein Lobgesang auf „emotionales Design".

Emotionales Design = mehr Leute zum Lächeln bringen

(Übrigens: Neben der Lektüre von Norman empfehle ich Ihnen das folgende Buch von Guy Kawasaki: *Enchantment – The Art of Changing Heart, Minds, and Actions.* Kawasaki spielte unter anderem eine zentrale Rolle bei der Entwicklung und Vermarktung des ersten Macintosh-Computers von Apple.)

11.2.5 Design als „Religion"/BMW

> **Bei BMW hat Design den Stellenwert einer Religion.**
> – *Fortune*

Ich besitze keinen BMW. Eine Zeit lang habe ich aber eine Etage meines Geschäftsgebäudes in Palo Alto an BMW vermietet. Es war interessant, zu sehen, wie das Unternehmen der Gestaltung seines „Silicon-Valley-Außenpostens", wie sie es nannten, dieselbe Ehrerbietung entgegenbrachte wie der Entwicklung seiner

Fahrzeuge. Alles ist aus einem Guss und – in den Augen des Unternehmens – ein integraler Bestandteil des BMW-Lebensgefühls.

BMW: **Büroräume = Auto = Religion**

11.2.6 Design als „sehen, berühren, hören, riechen oder schmecken"/Starbucks

> **Mit seiner sorgfältig konzipierten Mischung aus Farben und Texturen, Gerüchen und Musik ist Starbucks bezeichnender für unsere Zeit als der iMac. Für das Zeitalter der Ästhetik ist Starbucks das, was McDonald's für das Zeitalter der Convenience war oder Ford für das Zeitalter der Massenproduktion – der Maßstab für Erfolgsgeschichten und ein Musterbeispiel für ... den ästhetischen Imperativ.**
> **„Jedes Starbucks-Café folgt einem sorgfältig ausgearbeiteten Konzept mit dem Ziel, die Qualität all dessen, was der Kunde sieht, berührt, hört, riecht oder schmeckt, zu steigern. Alle sensorischen Reize müssen den gleichen hohen Standards gerecht werden. Die Kunstwerke, die Musik, die Gerüche, die Oberflächen müssen alle dieselbe unterschwellige Botschaft vermitteln wie der Geschmack des Kaffees", schreibt CEO Howard Schultz.**
>
> – Virginia Postrel: *The Substance of Style – How the Rise of Aesthetic Value Is Remaking Commerce, Culture, and Consciousness*

STARBUCKS UND DESIGN UND ROMANTIK UND EINE VERLORENE UND WIEDERGEFUNDENE SEELE:

> **Starbucks war zu einem operativen Gebilde geworden, es ging mehr um Effizienz als um Romantik. Uns war die Seele des Unternehmens abhandengekommen.**
>
> – Howard Schultz über die Probleme von Starbucks, die ihn dazu veranlassten, seinen Posten als CEO zurückzufordern (Schultz bezeichnet seine Beziehung zu Starbucks übrigens als „Liebesgeschichte". Und nachdem er zurückkehrt war, fand Starbucks tatsächlich sein Mojo wieder!)

ROMANTIK: Fügen Sie Ihren Notizen zum Thema Design bitte die Begriffe „Romantik" und/oder „Liebesgeschichte" hinzu. (WARNHINWEIS: Die Beschreibung von Schultz zeigt auch, wie die Romantik dem schnellen Wachstum fast unweigerlich zum Opfer fällt. Die Kultur und die Romantik am Leben zu erhalten ist eine monumentale Aufgabe, siehe Kapitel 3.)

11.2.7 Design: Lovemarks

Aktionäre lieben selten die Marken, in die sie investiert haben. Und das Letzte, was sie wollen, ist ein intimes Verhältnis mit ihnen. Sie befürchten, das könnte ihr Urteilsvermögen trüben. Sie wollen Messbarkeit, steigende Erträge (immer) und keine Überraschungen (nie). Stellen Sie sich nur mal vor, Sie hätten eine Beziehung mit so jemandem!
Kein Wunder, dass so viele Marken den Gefühlsfaden, der ihnen ihren außergewöhnlichen Erfolg beschert hat, verloren haben und sich zu Zahlenfressern der niedersten Sorte entwickelt haben. Man achte auf die Anzeichen: Hier sind Köpfe am Werk, nicht Herzen.
Als ich das erste Mal die Liebe als Schlüssel zur Transformation von Unternehmen ins Spiel brachte, trieb das den erfahrenen CEOs die Schamesröte ins Gesicht und sie versteckten sich hinter ihren Jahresberichten. Ich ließ jedoch nicht locker.
Ich wusste, dass es die Liebe war, die fehlte. Ich wusste, dass Liebe die einzige Möglichkeit war, die emotionale Temperatur zu erhöhen und die Art von neuen Beziehungen zu schaffen, die die Marken brauchten. Ich wusste, dass Liebe der einzige Weg war, wie Unternehmen auf die Tatsache reagieren konnten, dass der Kunde die Kontrolle übernommen hatte.

– Kevin Roberts, ehemaliger CEO von Saatchi & Saatchi: *Lovemarks – The Future Beyond Brands*

Kevin ist seit Jahren mein Mentor. Ich habe bereits Dutzende Exemplare von *Lovemarks* verschenkt. Das Buch ist originell, es fordert heraus und es betrifft – wie auch die Botschaft dieses Kapitels – jeden von uns und unsere Projekte.

11.3

11.3.1 Design: die dritte Dimension (und warum es heute wichtiger ist denn je)

Design bedeutet, daran glauben (Sie erinnern sich: Apple >> Exxon), den Sprung wagen und einen oder zwei erstklassige Designer einstellen. Und sie dann machen lassen. Wie ich aber mit den obigen Zitaten versucht habe zu verdeutlichen, ist Design, das etwas bewegt, Design, das alles verändert, noch viel, viel mehr.

Wirksames Design bedeutet überlegene Benutzerfreundlichkeit. (Haken dahinter.)

Es bedeutet auch ästhetische Exzellenz. (Haken dahinter.)

Und dann gibt es da noch diese „dritte Dimension", die man *Herz* oder *Sorgfalt* oder *Romantik* oder *Hingabe* oder – warum nicht – *Lovemark* nennt. Ein Design, das unsere Vorstellung übersteigt – im Laden an der Ecke genauso wie bei Apple oder BWM –, bedeutet, eine spirituelle Verbindung zum Kunden – und deshalb und zuallererst – zu uns selbst aufzubauen.

Wenn ich Begriffe wie „spirituell" höre, nehme ich in der Regel sofort Reißaus. Hier jedoch nicht. Es wäre schlicht missverständlich, wenn man über eine bestechende, ewige, formverändernde, Liebesgefühle erzeugende Differenzierung durch Design spräche, ohne Wörter wie „spirituell" zu verwenden. Und ohne sie nicht in jeder Ecke und jedem Winkel des Unternehmens (egal welcher Größe) zum Leben zu erwecken.

Grundsatz: Diese *Sorgfalt* oder dieses *Herz* gilt ebenso für interne Produkte wie Schulungen und Geschäftsprozesse. GLAUBEN SIE MIR.

Hypothese: Diese „dritte Dimension" wird über die herkömmliche Produkt- bzw. Dienstleistungsdifferenzierung hinaus von großer pragmatischer

Bedeutung sein. Da die neuen Technologien (KI usw.) immer mehr herkömmliche Aufgaben im Unternehmen übernehmen, werden Aktivitäten im Zusammenhang mit dieser dritten Dimension ganz wesentlich die Rolle ausmachen, die Menschen in Zukunft spielen werden.

11.3.2 Design: die Liste

- Sorgfalt
- Respekt
- Aufmerksamkeit
- Ecken und Winkel
- mehr Menschen zum Lächeln bringen
- ein Stück von sich selbst
- epische Schrauben mit einem tieferen Sinn
- Religion
- Romantik
- Seele
- Lovemark
- Spiritualität
- (Apple >> Exxon)

11.3.3 Design ist …

- die Empfangshalle
- die Toiletten!
- Telefonate im Callcenter
- *jedes* elektronische oder Papierformular
- *jede* Darstellung eines Geschäftsprozesses
- *jede* E-Mail
- *jede* Tagesordnung, *jeder* Besprechungsraum usw.
- *jeder* Quadratmeter auf dem Unternehmensgelände
- *jeder* neue Produktvorschlag
- *jeder* Leitfaden
- *jeder* Kundenkontakt

- eine Überlegung bei *jeder* Beförderungsentscheidung
- die Omnipräsenz einer „ästhetischen Sensibilität"/„Design-Achtsamkeit"
- ein umfassender „Design-Prüfprozess" für eigentlich alles (jedes Projekt, jedes System usw.)
- usw.

> **Gewöhnlich ist Design ein vertikaler Streifen in der Ereigniskette bis zum fertigen Produkt. [Bei Apple ist es] ein langer, horizontaler Streifen, bei dem Design Bestandteil jedes Gesprächs ist.**
> – Robert Brunner, ehemaliger Design-Chef bei Apple

Jedes Gespräch!

(Es gibt keinen – **KEINEN EINZIGEN** – Grund, warum diese Aussage nicht auch auf die einzige Buchhalterin im Unternehmen oder den vierköpfigen Rasenpflege-Service zutreffen sollte.)

LESEN UND WEITERBILDEN!

Donald Norman: *Emotional Design. Why We Love (or Hate) Everyday Things*

Guy Kawasaki: *Enchantment. The Art of Changing Heart, Minds, and Actions*

Kevin Roberts: *Lovemarks. The Future Beyond Brands*

Tim Leberecht: *Business-Romantiker. Von der Sehnsucht nach einem anderen Wirtschaftsleben*

11.4

11.4.1 Design: Abschließende Worte I

> **Eines Tages beobachte Rikyū seinen Sohn Shoān, wie er den Gartenweg fegte und wässerte. „Nicht sauber genug", sagte Rikyū, als Shoān seine Arbeit beendet hatte, und bat ihn, es noch einmal zu versuchen. Nach einer beschwerlichen Stunde wandte sich der Sohn an Rikyū: „Vater, mehr kann ich nicht tun. Die Stufen sind zum dritten Mal gewaschen, die Steinlampen und die Bäume gut gewässert, Moos und Flechten erstrahlen in frischem, saftigem Grün. Kein Zweig, kein Blatt ist auf dem Boden liegen geblieben." „Dummer Junge", schalt ihn der Teemeis-**

ter, „so soll man keinen Gartenweg fegen." Und indem er das sagte, trat Rikyū hinaus, schüttelte einen Baum und verteilte goldene und karmesinrote Blätter im Garten, Teile des herbstlichen Brokats! Was Rikyū verlangte, war nicht nur Reinlichkeit, sondern auch Schönheit und Natürlichkeit.

– Kakuzo Okakura: *Das Buch vom Tee*

In ihrem inspirierenden Buch *Die Kunst, kleine Schwächen zu haben* präsentiert Veronique Vienne ihre Version von den im Garten verteilten Blättern: „In der Zen-Tradition gelten Wabi-sabi-Objekte, die mit größter Sorgfalt so geformt werden, dass sie mit Absicht nicht perfekt, nicht von Dauer oder unvollständig sind, als die allerschönsten. Ihre einfache Eleganz überwindet aktuelle Trends und Modeerscheinungen." Ähnlich argumentiert Kevin Roberts in *Lovemarks*, wenn er schreibt: „Wenn wir uns überlegten, was eine bestimmte Lovemark ausmache, stand das Geheimnisvolle stets ganz oben auf der Liste."

UNKONVENTIONELLES DESIGN
= FUNKTIONALITÄT
+ ÄSTHETIK
+ SPIRITUALITÄT/HERZ/DAS HERBSTLICHE BROKAT/ UNVOLLKOMMENHEIT/GEHEIMNIS

Schild in einem Tonstudio in Vermont: **ENTSCHEIDE DICH AM ENDE NICHT FÜR DIE „PERFEKTE" AUFNAHME, SONDERN FÜR DIE AUFNAHME, DIE FEHLER HAT. DENN DIESE FEHLER SIND AUSDRUCK DEINER LEIDENSCHAFT, DEINER LIEBE UND DEINES DRÄNGENDEN BEDÜRFNISSES, DIE GESCHICHTE DIESES SONGS ZU ERZÄHLEN.**

11.4.2 Design: Abschließende Worte II

Nur *ein* Unternehmen kann das günstigste sein. Die anderen müssen auf Design setzen.

– Rodney Fitch, Fitch & Co. (aus *Insights* des Design Council UK)

12 Das unablässige Streben nach den Dingen, die gut funktioniert haben (und acht weitere Strategien, die Mehrwert schaffen)

Acht mehrwertgenerierende Strategien

1. Maximieren Sie die Dinge, die gut funktioniert haben (DDGFH), und managen Sie den DDGFH-Prozess (klein >> groß)
2. Es ist hilfreich, so hilfreich wie möglich zu sein: Bieten Sie zusätzlichen Service (in jeder noch so erdenklichen Form).
3. Soziales Business: Wer? JEDER. Keine halben Sachen!
4. Big Data: riesige Chancen, wenig beachtete Nachteile
5. Internet der Dinge (IdD)/Internet von allem (Internet of Everything, IoE): Game-Changer par excellence
6. Unterversorgte Märkte I: Frauen als der mit Abstand häufigste Kunde von ALLEM
7. Unterversorgte Märkte II: der gewaltige Markt der Älteren. „Oldies are beautiful", sie haben noch viele Jahre vor sich und VIEL Geld zur Verfügung.
8. Das Offensichtliche: unsere Mitarbeiterinnen und Mitarbeiter/motiviert und engagiert/jeder ein Innovator/wichtigster Treiber der Mehrwertgenerierung!

Ich erhebe keinen Anspruch auf die Vollständigkeit dieser Liste. Ich bin mir jedoch sicher, dass jede dieser gut erprobten Ideen wichtig ist – sogar *sehr* wichtig –, und jede einzelne stellt eine gigantische Chance dar, Kundenwünsche zu erfüllen und Kunden zu begeistern sowie Wachstum und Rentabilität zu erzielen (und hinsichtlich des Raison d'Être dieses Buches: Arbeitsplätze zu sichern und zu schaffen).

Und was noch wichtiger ist: In einem Zeitalter, in dem Zuviel-des-Gleichen aussieht aus wie jede andere App/jedes andere Auto, ist eine Kombination aus diesen Strategien wichtiger denn je.

Produkte und Dienstleistungen: sich abheben oder untergehen.

Mitarbeiter: sich abheben oder aussterben.

Es liegt an Ihnen.

Eine lange Liste.

12.1 Dinge, die gut funktioniert haben – die Geschichte

Das machen, was man gern macht, DDGFH maximieren, den DDGFH-Prozess gezielt steuern

12.1.1 Dinge, die gut funktioniert haben: die große 8:80-Kluft überwinden

Kunden, die ihre Serviceerfahrung als „erstklassig" bewerten: 8 Prozent
Unternehmen, die ihre Serviceleistung als „erstklassig" bewerten: 80 Prozent

– Umfrage von Bain & Company unter 362 Unternehmen

Huch!?

40:60 okay, aber **8:80**?

EINE ANTWORT AUF DIE „GROSSE 8:80-KLUFT": MACHEN SIE MEHR VON DEN DINGEN, DIE GUT FUNKTIONIERT HABEN.

Nehmen wir einmal die Dinge, die schlecht funktioniert haben (DDSFH). In der Vergangenheit waren sie der Maßstab für Qualität (oder fehlende Qualität) in der Automobilindustrie. Fahrzeugmodelle wurden formal nach ihrem DDSFH-Wert bewertet. Diese „Punktzahl" spielte eine wichtige Rolle, als ich 1982 *Auf der Suche nach Spitzenleistungen* schrieb. Um es kurz zu machen: Die US-amerikanische Autoindustrie war stark gebeutelt, weil die japanischen Hersteller Fahrzeuge mit wesentlich weniger DDSFH (also von besserer Qualität) produzierten.

Zeitenwechsel: 2018. Heute funktionieren die meisten Dinge gut, egal wie teuer sie sind. Vor einigen Jahren habe ich einmal Ärger bekommen – das war mehr oder weniger beabsichtigt –, als ich in Deutschland (!), genauer gesagt in Frankfurt, öffentlich sagte, die Qualität eines Subaru (bezüglich der Dinge, die schlecht funktionieren) sei in etwa so hoch wie die eines Mercedes (Beispiel: Mein Subaru Outback, Baujahr 2007, hat mittlerweile über 250.000 Kilometer auf dem Tacho und zeigt keinerlei Anzeichen, dass er es nicht mehr lange macht.) Ja, die Anzahl der Dinge, die schlecht funktionieren, zu minimieren *ist* essenziell, Spitzenqualität ist jedoch nicht mehr das Unterscheidungsmerkmal, das es einmal war.

Sehen wir uns die andere Seite der Medaille an: die Dinge, die gut funktioniert haben (DDGFH). Heute grenzen sich Unternehmen von ihren Mitbewerbern ab, indem sie die Dinge, die gut funktioniert haben, maximieren, statt die Dinge, die schlecht funktioniert haben, zu minimieren. Man könnte sogar so weit gehen, dies als das DDGFH-Zeitalter zu bezeichnen. Ich tue das zumindest.

12.1.2 DDGFH/Auf das „Erlebnis" kommt es an: (viiiiel) mehr als auf „Zufriedenheit" und „zufrieden"

> **ERLEBNISSE unterscheiden sich von Service so sehr, wie sich ein Service von einem Produkt unterscheidet.**
>
> – Joe Pine und Jim Gilmore: *The Experience Economy – Work Is Theatre & Every Business a Stage*

Ich gebe es offen zu: Als ich vor etwa zwanzig Jahren das erste Mal mit dem „Erlebnis"-Gedanken in Berührung kam, belächelte ich das Ganze und dachte mir: „Klingt nach einer guten zusätzlichen Verdienstmöglichkeit für Berater." Mittlerweile habe ich meine Meinung komplett geändert: Sich auf die funktionale und emotionale Art und Weise zu konzentrieren, wie wir ein Produkt oder eine Dienstleistung erleben – also damit in Kontakt treten –, ist heute von fundamentaler Bedeutung und hat nichts zu tun mit „Zufriedenheit", das abgeleitet ist von „zufrieden" (also „nicht schlecht").

> **Im Kern sind wir ein Röster und Anbieter von Kaffeespezialitäten. Unsere Möglichkeit, die Marke zu erweitern, geht aber weit über Kaffee hinaus. Sie besteht in der UNTERHALTUNG.**
>
> – Howard Schultz, Starbucks

> **Unter Pete Rozelle als Geschäftsführer war die NFL ein reines Football-Geschäft, und ein gutes. Jetzt ist sie ein echtes UNTERHALTUNGSGESCHÄFT.**
>
> – Paul Much, Investmentberater

Jungle Jim's International Market in Fairfield, Ohio: „ein Abenteuer im SHOPPERTAINMENT."

– George Whalin: *Retail Superstars*

***Boston Globe*: „Warum haben Sie [Berkshire Hathaway] Möbel bei Jordan's Furniture gekauf?"**
Warren Buffett: „Jordan's ist großartig. Sie sind wahre Showtalente."

12.1.3 DDGFH/Auf das „Erlebnis" kommt es an: Wo zum Teufel sind die Autos? (Warum stehen keine Autos im Showroom?)

„SHOWROOM" = DAS SCHÖNSTE BLUMENARRANGEMENT ALLER ZEITEN

Ich habe eine Menge von Carl Sewell gelernt. Er besitzt eine Reihe gut laufender Autohäuser, darunter seine Hauptniederlassung in Dallas: Sewell Village Cadillac. Wenn Sie das Autohaus betreten, bekommen Sie jedoch kein einziges Fahrzeug zu Gesicht. Wie bitte?

Was Ihnen stattdessen auffällt, sind die wunderbaren Blumenarrangements. Das Showroom-Design verdankt Carl seinem mittlerweile verstorbenen Freund Stanley Marcus. (Genau, der Marcus von Neiman Marcus, der Nobelkaufhauskette.) Es gibt auch ein hübsch gestaltetes Wohnzimmer, in dem immer ein Video läuft. Das Video preist keine Autos an, sondern stellt das Autohaus vor. Die klare Botschaft lautet:

Willkommen bei Sewell Village Cadillac. Wir kümmern uns um Ihre Transport- und Logistikangelegenheiten.

Das Ziel von Carl und seinen Kollegen war, dass Sie und Ihre Familie sich „anschließen". Wenn man mit dem Showroom, in dem keine Autos stehen, fertig ist, geht es in den Servicebereich, in dem man – für Anfänger und um die bekannte Weisheit noch einmal zu wiederholen – vom Boden essen kann. Die Besichtigung des Servicebereichs ist wesentlicher Bestandteil der Einführung in „die Familie" – man lernt unter anderem einige Mitarbeiter (wir erinnern uns an die Einstellungspraxis bei Southwest Airlines: „sich kümmern, warmherzig sein …") und Mechaniker in akkurater Arbeitskleidung kennen.

Carl entging nichts. Für den Schritt vor dem Betreten des Autohauses schaffte er sogar eine Kehrmaschine an, denn, hey, das erste, was ein potenzieller Kunde zu Gesicht bekommt, ist die Straße vor dem Autohaus, richtig? Die Stadt Dallas machte keinen schlechten Job bei der Straßenreinigung; Carl ging es vielmehr darum, auch den Eingang in Szene zu setzen, ähnlich wie es Disney in seinen Freizeitparks tut. (Disney legt besonderen Wert auf das Parken. So ist der Auswahlprozess für Parkplatzeinweiser extrem streng. Warum dieser Aufwand? Ist doch klar: Der erste und der letzte Eindruck überlagern alles andere, auch den Spaß mit den Fahrgestellen; sie bestimmen das Kundenerlebnis.)

Das war bei Weitem noch nicht alles. Wenn Sie mehr wissen möchten, empfehle ich Ihnen Carls Buch *Customers for Life*. Um es kurz zu machen: Carl Sewell ist ein langjähriger Meister der **DINGE, DIE GUT FUNKTIONIEREN**.

12.1.4 Mehr DDGFH: Einen CXO ernennen

Auch kleine Unternehmen sollten einen Chief Experience Officer (CXO) in Voll- oder Teilzeit haben.

Der Schlüsselbegriff hier ist „klein". Denn der Erlebnisgedanke gilt für Einzelunternehmer genauso wie für Starbucks oder Jungle Jim's.

MEHR ERLEBNIS – VORSCHLAG:
Für jeden Ingenieur und Marketer in Ihrem Erlebnis-Design und -Development-Team sollten Sie einen Künstler, Psychologen, Musiker, Theaterdirektor und vielleicht einen Schamanen einstellen.

Okay, das mit dem Schamanen ist vielleicht nicht ganz ernst gemeint, aber Sie verstehen, was ich meine. Ein einzigartiges Erlebnis zu schaffen liegt nicht gerade in der Natur eines Ingenieurs oder MBA. Das ist eine Tatsache, keine Vermutung. Tut mir leid. Immerhin kommt diese schnippische Bemerkung von einem Ingenieur/MBA – mir.

12.1.5 Jenseits des „Konstruierens“: nachhaltige emotionale Bindung (oder das Fehlen dieser)

Ich hatte lange Probleme mit dem Konzept des „Erlebnismarketings“. Das impliziert ja, dass man ein einzigartiges Erlebnis „konstruieren“ kann. Sicherlich liegt einem erstklassigen Erlebnis ein gut funktionierendes System zugrunde. Wenn aber das System alles andere kontrolliert, ist der Ärger vorprogrammiert.

Erlebnisse, die hängen bleiben, haben immer mit emotionaler Bindung zu tun. Und bei emotionaler Bindung geht es um immaterielle Werte, um Kunstfertigkeit, Überraschung und um die Lächeln, die der Mini Cooper S den Leuten aufs Gesicht zaubert.

Der Erlebnis-Fetisch ist mittlerweile leider dem Kennzahlenwahn zum Opfer gefallen. Kennzahlen hier, Kennzahlen da. Es wird nur noch gemessen. Neulich habe ich mein Auto zu einer Routineuntersuchung in die Werkstatt gebracht. Sie haben gute Arbeit geleistet und ich konnte den Wagen pünktlich abholen. Der Serviceleiter erinnerte mich jedoch sage und schreibe dreimal daran, meinen Besuch online zu bewerten, und fragte, was er noch tun könne, damit ich ein gutes Feedback hinterließe.

Wissen Sie was? **VERABSCHIEDEN SIE SICH VON DER EMOTIONALEN BINDUNG.**

Ich möchte natürlich, dass der Mitarbeiter seinen Bonus bekommt (manchmal hängt auch die weitere Beschäftigung von dieser Bewertung ab), der Service erzeugte bei mir jedoch eher negative als positive *Gefühle.*

12.1.6 Mehr DDGFH: klein >> groß

> **Es sind die kleinen, belanglosen Nettigkeiten, die die größte Dankbarkeit und Wertschätzung in uns hervorrufen.**
>
> – Henry Clay

> **Wir sollten nicht vergessen, dass es die kleinen Emotionen sind, die unser Leben besonders ausmachen.**
>
> – Vincent van Gogh

In der Welt der echten Menschen mit echten Gefühlen ist „klein“ häufig größer als „groß“, das heißt, die kleinen „menschlichen Dinge“ bleiben uns am längsten in Erinnerung (so kann ich mich zum Beispiel kaum an den Cadillac im Autohaus von Carl Sewell erinnern; das von Marcus entwickelte Blumenarrangement im Showroom ist mir jedoch auch zwanzig Jahre später noch im Gedächtnis).

KLEIN >> GROSS: SECHS FALLBEISPIELE

1. SAUBERE BRILLE = ERINNERUNG FÜR DEN REST DES LEBENS

Fluggesellschaft: Kingfisher Airlines
Ort: Anflug auf Neu-Delhi
Flugbegleiter: Möchten Sie, dass ich Ihre Brille putze, Sir?

Nach einem Seminar in Mumbai flog ich nach Neu-Delhi, wo ich mich mit meiner Frau treffen wollte, die dort mit ihren Inneinrichtungslieferanten arbeitete. Es war das erste Mal, dass ich mit Kingfisher Airlines flog. Als wir unseren Landeanflug begannen, lief die Flugbegleiterin durch den Gang der Business Class (der etwa die Hälfte des Flugzeugs ausmachte) und fragte jeden der Passagiere, der eine Brille trug (fast alle), ob er oder sie eine Brillenreinigung wünsche.

Eine kleine Sache? Natürlich. Wichtig war vor allem, dass das Flugzeug sicher und pünktlich landete. Dennoch werde ich mich an dieses Brillenputz-Detail bis an mein Lebensende erinnern!

„Kleine Sache?“
Nein!
Versuchen Sie …
„eine NOCH GRÖSSERE Sache“!

2. **RESTAURANTINHABERIN AUF DER STRASSE:** Vor einigen Jahren flogen meine Frau und ich spontan nach Chicago, um dort mit zwei guten Freunden Silvester zu feiern. Für das Abendessen hatten diese eines der besten Restaurants der Stadt ausgesucht. Das Essen war wie erwartet sagenhaft. Wir blieben bis nach Mitternacht. Die meisten Gäste verließen das Restaurant zur gleichen Zeit wie wir. Es war eine dieser eiskalten Chicagoer Nächte und der Wind wehte vom See in die Stadt hinein. Wir gingen nach draußen, um ein Taxi herbeizuwinken (es war noch die Zeit vor Uber). Draußen, in dieser erbarmungslosen Kälte, sahen wir eine Person in einem wunderschönen leichten Kleid, die den Gehweg hoch- und hinunterlief und Taxis herbeiwinkte. Diese Person war niemand anderes als die Inhaberin des Restaurants.

Wow.

Ich muss dazusagen, dass sie regelmäßig auf der Shortlist der einflussreichsten Feinschmecker dieser essensverrückten Stadt steht. Ich erinnere mich an das Essen, an die schöne Zeit mit unseren Freunden und an den Trip von der Ostküste nach Chicago, der sich voll gelohnt hatte. Am meisten aber erinnere ich mich an die Inhaberin, die in der Eiseskälte draußen auf der Straße mit vollem Einsatz Taxis für ihre Gäste herbeiwinkte.

3. **ÜBER DEN (FIESEN) HÜGEL:** Wie ich schon erzählt habe, entfliehen meine Frau und ich jedes Jahr dem nordamerikanischen Winter und verbringen etwas über zwei Monate in Neuseeland, genauer in Golden Bay an der nördliche Spitze der Südinsel. Wir nehmen uns immer einen Mietwagen, sind offen gesagt aber zu geizig, für die sechzig Tage die exorbitanten Preise von Hertz oder Avis zu zahlen. Also entscheiden wir uns immer für einen einheimischen Autoverleih mit moderaten Preisen.

Letztes Jahr fuhr ich Susan etwa vierzig Kilometer von unserem kleinen Cottage zu einer Fähranlegestelle, von wo aus sie zum Ausgangspunkt ihrer geplanten Tageswanderung übersetzte. Nachdem ich sie abgesetzt hatte, lief ich noch ein wenig in der Gegend herum und wollte dann nach Hause fahren. Sieben Stunden später wollte ich sie wieder abholen. Als ich jedoch am Auto ankam, konnte ich den Schlüssel nicht finden. Ich suchte und suchte, allerdings vergeblich. Da wir keinen Zweitschlüssel hatten, konnte ich nicht zurückfahren.

Es war Sonntag. Ich beschloss, den Chef der Autovermietung anzurufen, den wir über die Jahre besser kennengelernt hatten, auch wenn ich nicht wusste, wie er mir helfen sollte. Neuseeland war kein Taxiland, aber vielleicht würde mich jemand per Anhalter mitnehmen, und ein Nachbar könnte Susan später abholen.

Unserem Freund bei der Autovermietung tat es wirklich leid, dass ich festsaß. Er bat mich, einen Moment dranzubleiben. Als er wieder ans Telefon kam, sagte er: „Problem gelöst. Ich mache sonntags gern mal eine Spazierfahrt mit meiner Frau und meine Schwiegermutter. Ich komme vorbei und bringe dir einen Ersatzschlüssel.“ Das war jedoch noch nicht alles. Er wohnte fast hundert Kilometer entfernt, in Nelson, und zwischen uns lag ein fieser Hügel mit etwa zweihundert Serpentinen. Die Fahrt war also ein größeres Unterfangen. Doch anderthalb Stunden mühsamer Fahrt später waren sie da und übergaben mir den Schlüssel. „Kein Problem“, sagte er noch.

Zu sagen, dass dieser Akt der Freundlichkeit mir unvergesslich ist, trifft es bei Weitem nicht. Ich kann nur sagen, dass ich seinen Autoverleih jedem, der mir in den Sinn kam, weiterempfohlen habe, Blogartikel darüber geschrieben und auch sonst überall von ihm geschwärmt habe. (Seine Fahrt über den Hügel hat sich wahrscheinlich auch im Kleinen positiv auf den Tourismus ausgewirkt: Ich erzähle die Geschichte gern Freunden, um zu zeigen, wie nachbarschaftlich es im Land der Kiwis zugeht.)

4. **MODERNES PNEUMATISCHES ENGINEERING:** Als meine Enkelin vier war, besuchte sie uns zusammen mit ihren Eltern an der Südküste von Massachusetts. Von uns aus sind es etwa fünf Minuten zur Buzzards Bay. Ich hatte Zoe unter anderem einen süßen aufblasbaren Drachen besorgt, mit dem sie am Strand spielen konnte. Als es jedoch ans Aufblasen ging, verließ mich mein Glück. Der Drachen hatte ein komisches Ventil, und meine Fahrradpumpe passte nicht. Also versuchte ich es etwa fünfzehn Kilometer entfernt bei der nächsten Reparaturwerkstatt. Doch auch ihre Luftpumpe funktionierte nicht. Um es kurz zu machen: Einer der Mecha-

niker, den ich kannte, bastelte notdürftig ein Anschlussstück für die Pumpe, was keine leichte Aufgabe war. Zwischenzeitlich waren drei (!) Mechaniker mit dem Aufpumpen von Zoes Drachen beschäftigt. Am Ende war das Tier aufgeblasen, und ich fuhr zum Strand zurück.

Ich habe ein Foto von den drei Männern gemacht, wie sie an Zoes Drachen zugange waren. Dieses Foto habe ich in eine meiner Präsentationsfolien eingefügt und in einem Vortrag vor Autohändlern verwendet. Kurze Zeit später hatten wir ein Problem mit unserem Wagen und sollten ihn ins Autohaus fahren. Wir haben uns dann aber entschieden, ihn in die Werkstatt vor Ort zu bringen. Am Ende verdienten sie an uns 800 Dollar.

5. **PREISVERDÄCHTIGE STEINSKULPTUR:** Wir wollten die Zufahrt zu unserem Anwesen in Massachusetts erneuern. Das hieß nicht nur, der Feuchtgebiete Herr zu werden, sondern auch, sich durch einen komplexen und langwierigen Genehmigungsprozess auf kommunaler und Bundesstaatebene zu kämpfen. Als wir endlich alle Unterschriften zusammen hatten, blieben uns nur noch drei Wochen, einen komplizierten Weg durch Wald und Felsen anzulegen. Der Grund dafür war eine Genehmigung, die festlegte, dass wir innerhalb von drei Wochen fertig sein müssten, da dann die Wanderungsbewegung einer bedrohten Tierart beginnen würde.

Als der Großteil der hektischen Straßenbauarbeiten stattfand, waren Susan und ich gerade in England. Als wir zurückkehrten und das erste Mal die Zufahrt entlangfuhren, machten wir auf halbem Wege halt und schnappten nach Luft (ich meine wortwörtlich, kein Scherz). Die Zeit, die für den Auftrag zur Verfügung stand, war angesichts der Komplexität des Unterfangens wahnsinnig knapp gewesen.

Entlang des Weg befand sich zum Beispiel ein riesiger Einschnitt im Hang, vielleicht 45 Meter lang. Und etwa 90 Meter weiter hatte sich ursprünglich ein ziemlich großer Felsen befunden, der bewegt und irgendwie weggeschafft werden musste. Wir hatten nach Luft gerungen, weil auf der rauen Hangseite nun eine Skulpturmauer prangte, die einen Preis für Landschaftsgestaltung verdient hätte. Der Auftragnehmer hatte den Felsen an den Hang versetzt und ein Kunstwerk geschaffen. (Mehrere Freunde haben es mittlerweile gesehen und sie alle schnappten bei dem Anblick nach Luft.) Wir machten uns auf den Weg zum Auftragnehmer, um uns für die tolle Arbeit zu bedanken. Doch dieser war verstimmt. Er habe aufgrund der fehlenden Zeit nur nachlässig an der Steinmauer arbeiten können und würde diese später noch ausbessern. Er entschuldigte sich für dieses unglaubliche Arbeit, die wir gar nicht erwartet hatten und die er in extrem kurzer Zeit und ohne eine Aufpreis zu verlangen erledigt hatte.

Unvergesslich? Stark untertrieben. So wird ein kleiner Konstrukteur vor Ort zu einem Musterbeispiel für Spitzenleistung und zu einem unschätzbaren Gewinn für die Kommune.

6. **UNERWARTETER SCHNEEFALL:** Ich war wieder einmal auf dem Weg wer weiß wohin. (Ich bin immer „auf dem Weg wer weiß wohin".) Für die Fahrt zum 120 Kilometer entfernten Flughafen von Boston hatte ich einen Wagen mit Fahrer

bestellt. Ich fahre seit Jahren mit diesem Anbieter: Sie haben sich auf Businessleute wie mich spezialisiert, und die Fahrer tragen immer Anzug. Der Fahrer war diesmal etwas früh dran, ich war allerdings etwas in Verzug. Das war ziemlich problematisch, da wir vom Schnee überrascht wurden. Er lag mittlerweile 15 Zentimeter hoch. Als ich endlich fertig war und die Tür hinter mir schloss, traute ich meinen Augen nicht. Der Fahrer, wie auch sonst im Anzug, war gerade dabei, den schweren, nassen Schnee von dem Weg vor unserem Haus, der nicht gerade kurz ist, wegzuschippen. Er arbeitete ganz nonchalant und entschuldigte sich, dass er im 20 Meter entfernten Schuppen nach einer Schneeschaufel gesucht hatte.

Noch so ein Ereignis, das ich nie vergessen werde.

KLEIN >> GROSS
Q.E.D.

Ein Hoch auf …

- geputzte Brillengläser
- die Inhaberin auf der Straße
- die (fiese) Fahrt über den Hügel
- Zoes aufgeblasenen Stranddrachen
- die großartige Steinskulptur
- den unaufgefordert frei geschippten Gehweg

12.1.7 DDGFH/Klein >> groß: Vervielfältigung

Wie erreichen wir, dass unsere Mitarbeiterinnen und Mitarbeiter ähnliche tolle Taten vollbringen? Hierzu vier Dinge:

1. Stellen Sie nette, empathische Leute ein, die über eine natürliche Sensibilität verfügen und automatisch Dinge wie oben beschrieben tun.
2. Schaffen Sie eine Kultur des „Nehmen Sie sich Zeit, anderen zu helfen" – mit „andere" meine ich sowohl Kollegen als auch externe Akteure. Ermutigen und unterstützen Sie Mitarbeiter, die Extrastunden investieren und mehr tun, als auch die letzten 0,001 Prozent Effizienzsteigerung zu erreichen (die zum Beispiel in Eiseskälte nach draußen eilen, um Taxis für ihre Kunden zu organisieren).
3. Es mag abgedroschen klingen, aber gehen Sie mit gutem Beispiel voran: Wenn der Vorgesetzte immer wieder den Schnee schnippt oder an einem Sonntag eine kurvenreiche Fahrt auf sich nimmt, werden es ihm seine Mitarbeiterinnen und Mitarbeiter sehr wahrscheinlich gleichtun.

4. Applaus. Bringen Sie solche Gesten mit allen Mitteln ans Licht und würdigen Sie sie sowohl im Einzelgespräch als auch vor anderen.

12.1.8 DDGFH finden: der inklusive Ansatz von Graniterock

Die Baufirma Graniterock aus dem im kalifornischen Watsonville verkauft so „langweilige" Dinge wie Straßensteine, Beton und Asphalt. Graniterock gewann unter anderem den Baldrige Award, die höchste nationale Auszeichnung für Produkt- und Servicequalität. Grundlage dafür ist laut dem Inhaber der wichtigste Grundwert des Unternehmens: „Mitarbeiter zuerst".

Vor einiger Zeit lud mich Graniterock ein, ein Kundenserviceseminar zu halten. Ich rechnete damit, mein Standardprogramm machen zu können, doch der Geschäftsführer wollte stattdessen einen Open-Mike-Workshop veranstalten.

Normalerweise bereiten sich Kunden nicht besonders oder gar nicht auf solche Veranstaltungen vor. Graniterock schon. Das gesamte Unternehmen war präsent. Lkw-Fahrer, Empfangsangestellte und Buchhalter. Zur Vorbereitung hatte man ihnen folgende Aufgabe gegeben: In den zwei Wochen vor der Veranstaltung sollten sie Alltagsbeispiele für guten und nicht so guten Service sammeln und festhalten (im Supermarkt, in der Wäscherei, im Kino, beim Arzt usw.). Diese Beispiele sollten dann im Seminar als Material für eine Übung dienen.

Tatsächlich trugen die Mitarbeiterinnen und Mitarbeiter mehrere Dutzende Beispiele für DDGFH und DDSFH zusammen. Wir analysierten sie gemeinsam. (Beispiel: „Die Kassiererin hat sich wie ein Automat verhalten, sie hat nicht einmal „Hallo" gesagt.) Es war eine klasse Veranstaltung. Alle Beschäftigten hatten dieselbe vorbereitende Aufgabe bekommen und so trugen Fahrer, Empfangsmitarbeiter und Führungskräfte der untersten und der obersten Ebene zahlreiche Beispiele zusammen: DDSFH, die man auch bei Graniterock versuchen sollte, und DDSFH, die man vermeiden wollte.

„Langweilige" Branche.
Ein großartiger, inklusiver Ansatz.
Eine ellenlange Versuchsliste.
Unmittelbare Umsetzungsmöglichkeiten.

12.1.9
Klein >> groß: zusammengefasst

Produktivität ist für die allermeisten Unternehmen von größter Wichtigkeit. Keine Frage. Auf der anderen Seite gilt: Wenn man „die Extrameile" für den Kunden geht, erzeugt das Wellen, die einem Erdbeben von 7,5 auf der Richterskala gleichkommen. Erinnern wir uns an die Maxime von Vernon Hill: „Kostensenkung ist eine Todesspirale. Wir setzen voll und ganz auf Umsatzwachstum." Wir haben uns seine Mitarbeiterinnen und Mitarbeiter der Metro Bank genau angesehen. Ihr Job ist es, den Kunden (zukünftiger Fan!) einzubeziehen. Und das braucht Zeit. Die Kultur der Bank gibt den Mitarbeitern diese Zeit.

Noch ein Beispiel: Seit fünfzig Jahren bin ich nun Kunde des großen Versicherers USAA. Wenn ich mit dem Unternehmen zu tun habe – alle Anfragen werden über das einzige Callcenter in der Firmenzentrale in San Antonio abgewickelt –, bin ich immer wieder überrascht, dass die Person am anderen Ende der Leitung alle Zeit der Welt zu haben scheint. Einmal habe ich sie mitten im Gespräch gefragt, ob sie nicht neben sich eine tickende Stoppuhr stehen habe, was sie verneinte. Sie hatte tatsächlich den Auftrag, sich in aller Ruhe um mein Anliegen zu kümmern. Es mag komisch klingen, aber immer wenn ich auflege, habe ich das Gefühl, einen Freund in San Antonio zu haben. Das ist mal eine Reaktion auf den Kontakt mit einem Versicherungsunternehmen, oder?

Sie möchten, dass der Fahrer den Schnee vom Gehweg schippt oder der Callcenter-Mitarbeiter eine enge Verbindung zum Versicherungsnehmer aufbaut? Dann schaffen Sie eine Kultur, in der dieses Verhalten gewürdigt wird. Das kostet Sie vielleicht 1,634 Prozent auf Ihrer Produktivitäts-Scorecard, ich behaupte jedoch mit fast absoluter Sicherheit, dass Sie diesen Verlust mit zusätzlichem Umsatz und hervorragenden Empfehlungen um ein Vielfaches wettmachen.

12.1.10

12.1.10.1
DDGFH/Klein >>> groß bei „Stärke durch Vielfalt"

Es gibt einen Aspekt der „Klein >> groß"-Geschichte, der besondere Aufmerksamkeit verdient. Er wird gelegentlich als „Nudging" bezeichnet und ist ein Begriff der Verhaltensökonomie. Unabhängig vom Namen ist die Idee dahinter, dass kleine Änderungen Großes bewirken können.

Sehen wir uns dazu einmal folgende Beispiele an:

1. Große Einkaufswagen: **1,5-mal größer** = **$$$$$**
   Um den Verkauf großer Artikel (etwa Mikrowellen) zu fördern, testet Walmart Einkaufswagen mit einem größeren Fassungsvermögen. (Gähn, ich weiß.)
   Größere Einkaufswagen: Der Absatz sperriger Artikel wie zum Beispiel Mikrowellen steigt um **50 Prozent**. 50 Prozent mehr größere Artikel bei Walmart = **$$$+++**.
2. Blitzende Augen = **-62 Prozent**
   In einer europäischen Stadt steigt die Zahl der Fahrraddiebstähle. Test: Man hängt an Fahrradparkplätzen Plakate auf, die blitzende Augen zeigen. In den Versuchsgegenden gehen die Diebstähle um 62 Prozent zurück.
3. 2 Meter = **-63 Prozent**
   Wenn man die Servierplatte 2 Meter oder mehr vom Esstisch entfernt platziert, nachdem sich jeder eine erste Portion genommen hat, nehmen sich 63 Prozent weniger Menschen einen Nachschlag, als wenn man die Platte auf dem Tisch stehen lässt.
4. Casino-Zufahrt in Las Vegas: „leichte Krümmung" = **Verdopplung** = **$$$**
   „Als Designer Friedman den rechten Winkel einer Zufahrt zu einer Lokalität durchfuhr, war er 'erstaunt, wie sehr sich dadurch das Verhalten der Fußgänger änderte'. Der Anteil derer, die das Casino betraten, stieg von einem Drittel auf zwei Drittel."[6]
   Leicht gekrümmte Zufahrt = **2-mal** so viele Kunden = **++1 Milliarde US-Dollar**
   (Klein >> groß. „Leichte" Krümmung? Grundgütiger!)
5. Form ändern = **Verdopplung/100 Prozent**
   Wenn Sie die Form des Tisches im Konferenzraum von rechteckig in rund ändern, verdoppelt sich die Anzahl der Kommentare und die Zahl derer, die sich beteiligen, steigt auf fast 100 Prozent.
6. +Größe des Avatars = **++Selbstwertgefühl**

> **„Wenn ich im Labor mit digitalen Gadgets experimentiere, stelle ich immer wieder fest, dass geringfügige Änderungen an Details des digitalen Designs tief greifende und unvorhergesehene Auswirkungen auf das Erleben von Menschen haben können, die später damit spielen. Wie der Forscher Jeremy Bailenson von der Standford University gezeigt hat, kann die Veränderung der Größe eines Avatars in der immersiven virtuellen Realität das Selbstwertgefühl und das soziale Selbstbild des Spielers verändern. Man kann unmöglich mit Kommunikationstechnologie arbeiten, ohne sich auf Sozialtechnologie einzulassen."**
>
> – Jaron Lanier: *Gadget – Warum die Zukunft uns noch braucht*

---

[6] Aus: Natasha Dow Schüll: *Addiction by Design – Machine Gambling in Las Vegas*; ein außerordentliches Buch und das Ergebnis von 15 Jahren Recherche. Ich weiß nicht, wie viele Exemplare ich schon verschenkt habe. Es ist eine ausgezeichnete Grundlagenlektüre über Verhaltensökonomie, Nudging, klein >> groß und DDGFH.

(Schon beängstigend, wie einfach sich grundlegende Charaktermerkmale verändern lassen.)

7. Checkliste = **von 11 Prozent auf 0 Prozent**
   Intensivstation am John Hopkins Hospital in Baltimore, Maryland/Die Kraft einer „einfachen“ Checkliste:
   - Dr. Peter Pronovost, Leiter der Intensivstation am Johns Hopkins University Hospital, hat eine „einfache“ Checkliste zur Vermeidung von Infektionen beim Legen eines venösen Zugangs entwickelt.
   - Bevor Pronovost die Checkliste einführte, gab es beim Legen eines venösen Zugangs in 30 Prozent der Fälle mindestens einen Verfahrensfehler.
   - Für die Umsetzung war ein erheblicher Kulturwandel nötig. (Beispiel: Die Krankenschwestern und Pfleger erhielten die Erlaubnis/hatten die Verpflichtung, den Eingriff abzubrechen, wenn ein Arzt oder eine andere Person die Schritte auf der Checkliste nicht befolgte.)
   - Innerhalb eines Jahres sank die Infektionsrate von 11 Prozent auf **0 Prozent**.

Da Dr. Pronovost die hohe Fehlerquote auf der Intensivstation des John Hopkins Hospital störte, nahm er sich Piloten-Checklisten zum Vorbild und probierte das Verfahren selbst aus. Aufgrund der nötigen Kulturänderungen (zum Beispiel Krankenschwestern, die Ärzte stoppen, die Schritte auslassen)[7], gestaltete sich die Umsetzung dieser „einfachen“ Idee schwieriger als gedacht. Auf den ersten Blick ist die Checkliste eine kleine, bescheidene Idee, doch mittlerweile wird sie nicht nur auf Intensivstationen eingesetzt. Sie ist zu einem Wunderheilmittel für viele Probleme der Patientensicherheit geworden und hat Tausende von Leben gerettet.

8. Strümpfe = **+10.000**
   Der britische National Health Service schätzt, dass, wenn alle stationären Patienten direkt zu Beginn ihres Krankenhausaufenthalts Kompressionsstrümpfe erhalten würden, jährlich bis zu 10.000 tödlich verlaufende Fälle von tiefer Beinvenenthrombose vermieden werden könnten.

FAZIT:

- größere Einkaufswagen bei Walmart
- Plakat mit blitzenden Augen an Fahrradparkplätzen aufhängen
- die Servierplatte in größerer Entfernung zum Esstisch abstellen
- die Zufahrt zum Casino langsam fahren
- runder statt rechteckiger Konferenztisch

[7] Hauptquelle: Atul Gawande: „The Checklist“, in: *The New Yorker*; Gawande hat auch einen Bestseller über dieses Phänomen geschrieben: *The Checklist Manifesto – How to Get Things Right.*

- die Größe des Avatars ändern
- Checkliste auf der Intensivstation
- Kompressionsstrümpfe für alle Patienten

Was wir mitnehmen: (Buchstäblich) unendlich viele günstige, schnell zu testende, vielversprechende Ideen warten darauf, entdeckt und erprobt zu werden. Voraussetzung: Jeder Einzelne muss – um einen zentralen Begriff aus dem Innovationskapitel zu verwenden – sich dem „ernsthaften Spiel" und dem Motto „Wer am meisten ausprobiert, gewinnt" verschreiben.

12.1.10.2 Kleine Ideen mit großem Potenzial für Verhaltensänderungen durch regelmäßiges „ernsthaftes Spiel" testen

Der Prozess:

- Schnelles Testen ist problemlos möglich.
- Fehler kosten nichts (keine Sichtbarkeit, keine schlechte PR, kein finanzieller Verlust).
- schnelle Umsetzung/schneller Rollout
- Einstellung „Wer am meisten ausprobiert, gewinnt"/„ernsthaftes Spiel" ist Voraussetzung.
- Um Experimente zu starten, ist keine Machtposition nötig.

12.1.10.3 Ein Wort der Warnung

Mit Nudging lassen sich großartige Dinge erreichen, etwa Leben auf der Intensivstation retten oder Fahrraddiebstähle reduzieren. Nudging ist jedoch alles andere als harmlos. Ich nenne es vorsichtig „radikale unterbewusste Verhaltensmanipulation" (RUVM).

Bei Google werden die Mitarbeiterinnen und Mitarbeiter zum Beispiel gut dafür bezahlt, unser Verhalten praktisch unsichtbar zu beeinflussen. Und dank Tools, deren Fähigkeiten exponentiell steigen, gelingt ihnen das immer besser. Da sollten bei uns zumindest die Alarmglocken läuten.

Die scheinbar naheliegendste Antwort darauf ist Transparenz. Mittlerweile findet jedoch so viel RUVM statt, dass Transparenz keinen guten Schutz mehr darstellt. Zudem wird der Begriff so häufig verwendet, dass er bedeutungslos geworden ist. Und angesichts der Vielzahl an Manipulationen, denen wir ausgesetzt sind, ist die Einstellung „Vorsicht ist besser als Nachsicht" auch nicht wirklich hilfreich, sie ist sogar eher lächerlich. Aber auch wenn ich denke, dass Bewusstmachung und Wachsamkeit letztlich nicht helfen, können wir eine Aktivität, die so viel Schadenspotenzial besitzt, nicht unerwähnt lassen.

Dieser Hinweis gilt für mich genauso wie für Sie. Mich begeistern die coolen Beispiele wie der größere Einkaufswagen oder die Zufahrt zum Casino. Wie genial! Aber dann sage ich mir – und Ihnen –, dass mehr dahintersteckt und wir vorsichtig sein sollten.

12.1.11 DDGFH: zusammengefasst

PROBIEREN SIE SIE AUS.
SCHNELL.
VERBESSERN SIE SIE, WO NÖTIG.
PROBIEREN SIE SIE WIEDER AUS.
SCHNELL.
STEUERN SIE SIE.
MESSEN SIE SIE.
BEGINNEN SIE.
JETZT.

Zum Abschluss:

Ein kontinuierlicher „DDGFH-Weiterentwicklungsprozess“ ist eine STRATEGISCHE FÄHIGKEIT.

Der Prozess sollte EXPLIZIT und FORMAL sein und sowohl GEMESSEN als auch BELOHNT werden.

12.2 Value Added Services – die Geschichte

Es ist hilfreich, so hilfreich wie möglich zu sein: Mehrwertdienstleistungen (in jeder noch so erdenklichen Form)

12.2.1 Value Added Services: der Warenhölle entkommen

Wenn Sie keine Services bieten, landen Sie in der Warenhölle.
– Lou Gerstner, ehemaliger CEO von IBM

Wie bereits in Kapitel 3 erwähnt, übernahm Gerstner in den frühen 1990ern das schwächelnde Unternehmen IBM und verjüngte es, indem er eine Strategie der Value Added Services verfolgte. Dies gelang ihm vor allem dadurch, dass er eine kleine Kundensupport-Truppe, die mehr ein Anhängsel des Unternehmens war, in ein 50 Milliarden starkes Business verwandelte:

IBM Global Services.

Die Ziele von IBM waren allumfassend. So schrieb die *Bloomberg Businessweek* damals: „Vergessen Sie Computer und technischen Service. IBM definiert seinen Fokus radikal neu: die Betriebsprozesse seiner Kunden umgestalten und leiten."

Fazit: Aus IB**M**/International Business **Machines** wurde I**B**M/International **Business** Machines.

In gewisser Hinsicht könnte die Geschichte nicht einfacher sein: Je mehr Sie dem Kunden helfen (die Tiefe und Breite der Beziehung und die erbrachten Services), desto mehr Umsatz generieren Sie und desto länger hat Ihr Unternehmen Bestand. Mit diesem Gedanken im Hinterkopf nahm ich meinen Korrekturstift und machte aus dem eher businesslike klingenden Titel dieses Abschnitts, „Value Added Services", die Unterüberschrift. Davor setzte ich:

ES IST HILFREICH, SO HILFREICH WIE MÖGLICH ZU SEIN.

Darum geht es. In Zeiten von Internet, künstlicher Intelligenz, Globalisierung und ähnlichen Entwicklungen müssen wir uns anstrengen, einen immer größeren und größeren (und größeren) Mehrwert zu schaffen. Rufen Sie sich dazu noch einmal die beiden Unterkapitel dieses Abschnitts in Erinnerung: schillerndes, emotional ansprechendes Design und immer mehr Dinge tun, die gut funktioniert haben.

Das sind ...

„weiche" Dinge.
Es geht um Menschen.

Und nun dieses Unterkapitel:

HILFREICHER SEIN.
VERDAMMT.
(ODER SIE KÖNNEN ES GLEICH LASSEN.)

12.2.2 Abschied vom Primat des Brockens (Flugzeugtriebwerke)

Ich übertreibe vermutlich nicht, wenn ich sage, dass ich eine klassische Spätzündung hatte, als ich diesen Satz im *Economist* las:

> **Rolls-Royce verdient mittlerweile mehr Geld mit Tätigkeiten wie dem Management der globalen Einkaufsstrategien seiner Kunden und der Wartung von Triebwerken als mit der Herstellung dieser.**

Aus dem typischen Hersteller von „Brocken" wird – ähnlich wie beim früheren IBM – ein Anbieter von Value Added Services, der nur noch nebenbei sperrige Gegenstände produziert.

Besonders interessant: **„globale Einkaufsstrategien"**. Es geht nicht einfach darum, die „Brocken", die man verkauft, zu warten, sondern zu einem strategischen Player in den umfassenden Geschäftsaktivitäten seiner Kunden zu werden.

12.2.3

12.2.3.1 Aus UPS wird UPS (neuer Fokus: vom Paket zum Service)

> **Die neue Verpackung des „Big Brown": UPS will zum Logistikmanager der US-Wirtschaft werden.**
>
> – Überschrift in der *Bloomberg Businessweek*

> **Es geht um Lösungen. Wir sprechen mit unseren Kunden, wie Lieferketten besser, robuster und günstiger werden können. Bei uns arbeiten 1.000 Ingenieure eng mit den Kunden zusammen.**
>
> – Bob Stoffel, Topmanager bei UPS

UPS bedeutet komplexe Dienstleistungen. Tatsächlich hat sich UPS mittlerweile umbenannt und trägt den Service-Namen:

UPS = United Problem Solvers

Von einem Unternehmen, das mit einer Schar brauner Lieferwagen Pakete („Brocken") ausliefert zu – an der Spitze der derzeitigen Unternehmensaktivitäten – den mächtigen Herren eines die Wirtschaft umspannenden Logistiknetzwerks und einem strategischen Partner großer Unternehmen.

Integrierte Lieferkettenlösungen im Wert von mehreren Milliarden Dollar.

Ein Unterschied wie Tag und Nacht!

12.2.3.2
Eindrucksvolles Beispiel/Ansporn zum Handeln

Prägen Sie sich das Beispiel von UPS unbedingt ein. Es zeigt eindrucksvoll, wie es einem Unternehmen gelungen ist, seinen Purpose und sein Wesen zu erweitern und neu zu definieren. Und von einem „rohen", einseitigen Business zu einem Full-Service-Anbieter und Profitmaximierungspartner seiner Kunden zu werden, der auf Austausch und Kooperation setzt. Und wenn wir noch eine Ebene höher gehen: von einer Spedition zu einem Wissensunternehmen.

Natürlich ist UPS um ein Vielfaches größer als Ihr Bereich oder Ihre Firma. Dennoch können wir alle von dieser Transformation von einem Unternehmen der „harten Dinge" hin zu einem Integrated-Services-Anbieter, der auf den „weichen Dingen" und geistigem Eigentum basiert, lernen. (Für mich heißt das zum Beispiel, mich mehr auf Online-Aktivitäten zu konzentrieren statt auf Vorträge und Bücher.)

12.2.4
„Geeks" = strategische Repositionierung

1. LAN Installation Co. (3 Prozent lokaler Marktanteil)
2. Umbenennung in „Geek Squad" (lokaler Marktanteil schießt auf 30 Prozent)
3. Geek Squad wird von einem lokalen Kunden, Best Buy, übernommen.
4. Geek Squad wird das Herzstück der strategischen Positionierung von Best Buy.

Die LAN (Local Area Network) Installation Co. besaß 3 Prozent Marktanteil im Großraum Minneapolis. Als die Erlebnis-Marketing-Gurus Joe Pine und Jim Gilmore dem Unternehmen rieten, sich in „Geek Squad" umzubenennen, weil das persönlicher klinge, verzehnfachte sich der lokale Marktanteil.

Die neugeborenen Geeks erledigten einige Aufträge für den in der Nähe von Minneapolis ansässigen Elektroeinzelhändler Best Buy. Dieser kaufte die Geek Squad irgendwann und machte deren „Kundenerfolgs"-Philosophie (= Lösungen für die Elektro-Probleme der Kunden anbieten) zum zentralen Bestandteil seiner Marktpositionierung. Durch die Übernahme gelang es Best Buy, seinen Mitbewerber Circuit City aus dem Geschäft zu drängen. Dieser hatte sich angesichts der zunehmenden Online-Konkurrenz entschlossen, Kosten zu senken und die Zahl seiner Filialangestellten zu reduzieren. Best Buy entschied sich für den umgekehrten Weg: Es baute sein Angebot an Value Added Services aus und behauptet sich bislang erfolgreich am Markt.

12.2.5 IDEOs Wandel

Vom Produktdesign *zu* …
Von Produktdesign-Schulungen *zu* …

… Trainings/Beratung zur Innovationskultur in Unternehmen

Vor zwanzig Jahren war IDEO eine der führenden Firmen für Produktdesign und für seine Kreativität bekannt. Irgendwann wollten die Kunden, dass das Unternehmen ihnen den „IDEO Way of Design" näherbringe. Das tat IDEO dann auch. Nachdem es einen Erfolg nach dem nächsten erzielt und sich zu einem High-Profile-Unternehmen entwickelt hatte, wollte die Kunden plötzlich mehr über das Innovationskonzept von IDEO erfahren. Bevor es sich versah, begleitete IDEO große Unternehmen im Zuge ihres Innovationsprozesses bei ihrem systematischen, strategischen Kulturwandel.

Was für ein Aufstieg auf der Leiter der Value Added Services: vom Produktdesigner zum strategischen Innovationspartner.

Nach oben gibt es keine Grenze.

12.2.6 Ein Wort der Warnung

EIN RADIKALER FOKUS AUF VALUE ADDED SERVICES BEDEUTET VOR ALLEM – ICH WIEDERHOLE MICH – EINEN RADIKALEN INTERNEN KULTURWANDEL. „VERPACKUNGSHERSTELLER" UND „WISSENSBASIERTER INTEGRIERTER STRATEGISCHER SERVICEPARTNER" SIND – MINDESTENS – ZWEI VERSCHIEDENE PAAR SCHUHE. ES SIND TATSÄCHLICH UNTERSCHIEDLICHE WELTEN. SCHON SO MANCHER VERSUCH, SICH AUF MEHRWERTDIENSTLEISTUNGEN ZU KONZENTRIEREN, IST IN DIE HOSE GEGANGEN.

12.2.7 Value Added Services: Ein Begriff verschwindet

„Distributoren“ = „Zwischenhändler“?

ERLEDIGT.
AUS UND VORBEI.

Es funktioniert heute einfach nicht mehr. Der Web-Begriff lautet „direkt“, und der Zwischenhändler ist zu einem teuren und zeitfressenden Anachronismus geworden.

Es sei denn …

Alternative Rolle für Zwischenhändler auf der Höhe der Zeit: **„Meister des Value-Added-Kundenservice“** (etwa Systemintegrator, Verwalter der Unterauftragsnehmer, strategischer Berater, Veranstalter von Mitarbeiterschulungen, vollwertiger Partner – das heißt ein „Laden für alles“ –, der erledigt, was der Kunde wünscht.)

EINE NEUE /ERWEITERTE/UMFASSENDE ROLLE FÜR „MEINE“ ZWISCHENHÄNDLER

Anfang 2016 sprach ich vor einer Gruppe von Industriegerätehändlern. Sie waren Angriffen von allen Seiten ausgesetzt. Vor allem durch das (exponentiell) wachsende Internet gerieten sie immer mehr ins Abseits und spürten den Druck von beiden Enden der Lieferkette: Zum einen wandten sich die Anlagenhersteller immer häufiger direkt an den Endkunden. Zum anderen umgingen die Endkunden die Zwischenhändler und nahmen direkt Kontakt mit den Herstellern auf.

Ich stellte also Modelle wie das von UPS vor, bei denen der Paketzulieferer/Zwischenhändler seine Rolle radikal neu definiert und zu einem Full-Service-System-integrator/Manager/strategischen Partner für Großkunden wird. Der Zwischenhändler (UPS) versucht unerschrocken, der Schwanz zu werden, mit dem der Hund (Kunde) wedelt, oder das Kamel, das schon fast komplett durchs Nadelöhr gegangen ist, indem er seine umfangreiche Branchenexpertise nutzt und immer mehr interne Aktivitäten seiner Kunden übernimmt.

Ich argumentierte folgendermaßen:

Der (kreative/entschlossene/effektive) Zwischenhändler (meine Zuhörer) ist aufgrund seines umfangreichen Know-hows (zahlreiche langjährige Kunden an beiden Enden des Ein- und Verkaufsprozesses) und seiner Beherrschung der gesamten Lieferkette besonders gut geeignet, umfassende Serviceaktivitäten für seine Kunden zu übernehmen. Auch wenn es technisch klingt: Der Trick ist, von grundlegenden, einfach zu definierenden An- und Verkaufsservices zu einem vollumfänglichen Geschäftspartner zu werden, und zwar indem man integrierte Servicepakete entwickelt, die dem Kunden dabei helfen, sein Geschäft neu auszurichten oder sogar neu zu erfinden. Das war der mutige Ansatz, den IBM mit seinen Global Services verfolgte: „Wir führen Ihre Geschäfte (de facto und de jure) für Sie" lautete die implizite – oder vielmehr verdammt explizite – Botschaft. Daraus entstand ein Unternehmen im Unternehmen, das mittlerweile 50 Billionen US-Dollar Umsatz macht.

Der (frühere) Zwischenhändler hat tatsächlich ein außerordentliches Potenzial, seine Geschäftsbeziehungen auszuweiten. Die meisten seiner Kunden sind keine Großunternehmen, weshalb ihre Reichweite und damit auch die Fähigkeiten und die Erfahrung seiner Mitarbeiter begrenzt sind. Unser Zwischenhändler, der jetzt ein Full-Service-Partner ist, sollte also mühelos in der Lage sein, seinen Kunden von der Vielzahl von Erfahrungen profitieren zu lasen, die er in den unterschiedlichsten Settings gesammelt hat und die – sofern sie richtig eingesetzt werden – einen unschätzbaren Wert für seine Kunden darstellen können.

Ich befürchtete, dass ich mich mit meiner Idee, aus einem „einfachen" Warenhändler/Zwischenhändler einen führenden Servicepartner für seine Kunden zu machen, zu weit aus dem Fenster gelehnt hatte. Umso erfreuter war ich, als der Verbandsvorsitzende etwa drei Monate später auf mich zukam und mir mitteilte, dass die Präsentation gut angekommen sei und er von seinem „Verbandshochsitz" aus Workshops organisierte mit dem Ziel, differenzierte Möglichkeiten zu finden, wie Zwischenhändler mehr Value Added Services anbieten können. Ich war wenig überrascht, als er hinzufügte: „Wie immer werden die Reichen noch reicher – unsere besten Zwischenhändler waren bereits in die Richtung unterwegs, die Sie beschrieben haben. Durch Ihren Vortrag fühlen sie sich nun ermutigt, noch mehr zu machen. Ein paar von ihnen testen eine Verbreiterung und Vertiefung ihres Angebots, um ihre besten Kunden noch stärker an sich zu binden."

12.2.8 TaskRabbit: Uber für alles Mögliche

Die vielleicht reinste Form von „Services unlimited" ist TaskRabbit. Seine fähigen Teilzeitmitarbeiter erledigen so gut wie jeden Job für ihre Kunden:

Hier ein paar Fakten über TaskRabbit (Stand Anfang 2017):

- Das Unternehmen wurde 2008 in Boston unter dem Namen RunMyErrand gegründet. 2010 benannte es sich in TaskRabbit um und zog nach San Francisco um.
- Seit seiner Gründung hat TaskRabbit 50 Million US-Dollar an Risikokapital eingesammelt.
- Die „Taskers" verdienen im Durchschnitt 35 US-Dollar pro Stunde.
- 2013 bot TaskRabbit seinen ersten Service außerhalb der USA, in London, an.
- Zum Zeitpunkt der Erstellung dieses Buches macht TaskRabbit in allen 18 Städten, in denen das Unternehmen aktiv ist, Gewinn.

- *The Verge*, ein auf Technologie spezialisierter Nachrichtendienst, bezeichnete Task Rabbit als „Uber für alles mögliche".
- Das Magazin *Fast Company* kürte TaskRabbit in einer Titelgeschichte zu einem der „weltweit innovativsten Unternehmen 2017".

Auch wenn das eher wenige Informationen sind, verdient das Unternehmen in diesem Kapitel über Fantasie im Bereich Value Added Services unbedingt eine Erwähnung. Noch wichtiger: Der Geist von TaskRabbit kann auf jedes x-beliebige Unternehmen übertragen werden – egal ob es 1 oder 100.001 Mitarbeiter hat.

12.2.9
Die unbegrenzte Reichweite des Professional-Service-Firm-Modells

Wir leben im Wissenszeitalter – wer das ignoriert, kann einpacken.
Wir leben im Zeitalter projektzentrierter fluider Organisationen – wer das ignoriert, kann ebenfalls einpacken.

Die gute Nachricht:

Um Schritt zu halten, müssen Sie das Rad nicht neu erfinden (wie es unsere Freunde von Rolls-Royce oder UPS getan haben).

Es gibt bereits erprobte Vorbilder.

12.2.9.1
Die Professional Service Firm (PSF)

Zahlreiche Unternehmen unterschiedlicher Größe (bis zu mehreren Hunderttausend Mitarbeiterinnen und Mitarbeitern) spielen seit ihrer Gründung (mein früherer Arbeitgeber McKinsey & Co. zum Beispiel seit 1926) das folgende Spiel:

INTELLEKTUELLES EIGENTUM IST ALLES.

(Viel mehr als Flugzeugturbinen oder große braune Lieferwagen.)

PROJEKTE, PROJEKTE, NICHTS ALS PROJEKTE.

(*Jeder* ist *ständig* mit Projekten beschäftigt.)

WANDEL IST DIE NORM.

(Ein Unternehmen hat niemals zwei Tage hintereinander dieselbe Form.)

MITARBEITER SIND DIE GANZE GESCHICHTE.

(„Mitarbeiter zuerst" ist kein Slogan; es ist eine Frage von Leben oder Tod.)

KUNDENINTERAKTION IST DIE ART DES SEINS.

Dienstleister leben für ihre Kunden, sie essen mit ihren Kunden und sie sind auf intime (und häufig profitable!) Weise mit ihnen verbunden.

Seit Anfang der 1990er mache ich mich für die Professional Service Firm (PSF) stark. Als Unternehmen immer stärker auf Outsourcing setzten und die künstliche Intelligenz langsam ihre Flügel ausbreitete, war klar, dass die Zukunft der bürokratischen „Abteilung", die es seit anno dazumal gegeben hatte, ins Wanken geriet. Wie hatten wir die unzähligen Abteilungen nicht genannt: „Kostenstellen", „bürokratische Hürden" und so weiter.

Sicher, sie erledigten Dinge, die erledigt werden mussten, aber sie galten eher als notwendiges Übel, das sich negativ auf die Erfolgsrechnung auswirkte.

Ich argumentierte schon damals für das PSF-Modell, weil ich glaubte, dass die Abteilung/Kostenstelle/bürokratische Hürde zu einer Brutstätte für Ideen werden könnte, die das *gesamte* Unternehmen in eine rosige Zukunft katapultiert. In meinem Konzept würde jede interne Abteilung in eine umfassende PSF/ein komplettes Unternehmen verwandelt werden!

Und in diesem Zuge würde das Unternehmen zu einer …

wissensbasierten, auf Innovation und Wachstum ausgerichteten Mega-PSF.

(Wieder eine sehr technische Formulierung, aber korrekt und richtungsweisend.)

12.2.9.2 Unternehmensinterne Value-Added-Goldgrube: flächendeckende PSF-Transformation

Und so könnte die Geschichte weitergehen:

Aus dem Aus- und Weiterbildungsteam wird zum Beispiel Training Inc. Eine vierzehnköpfige Gruppe/Kostenstelle wird zu ei-

ner umfassenden Professional Service Firm (bislang) innerhalb einer Personalabteilung mit fünfzig Mitarbeitern in einem 200 Millionen Dollar starken Geschäftsbereich in einem, sagen wir, 3 Milliarden Dollar schweren Konzern. Diese wiedergeborene Kostenstelle, jetzt Training Inc., hat das Ziel, die Beste ihrer Art zu werden – nicht die beste Abteilung im Geschäftsbereich oder Unternehmen, sondern der beste Weiterbildungsanbieter in der gesamten Branche!
Es würde erstklassige Produkte (Servicepakete) anbieten, und „Wow!"-Magazine würden darüber berichten. Es würde sein Wissen vervielfachen und für seine Expertise bekannt sein! Training Inc. wäre ein unschätzbarer Mehrwert für den gesamten Konzern, nicht nur weil es zur Kompetenzsteigerung jedes einzelnen Mitarbeiters beitrüge, sondern auch weil es externe Aufträge übernähme.

Zusammengenommen ist das natürlich viel verlangt, und es wäre keinesfalls die Norm. Aber Sie verstehen, was ich meine: Die frühere Abteilung und alle anderen Abteilungen wären Vermögenswerte (statt Verbindlichkeiten) und Motoren des Fortschritts, die geschätzt, gefördert und in die übergeordnete Unternehmensstrategie integriert würden. Sie würden nicht länger als Kostenstellen behandelt, die man so schnell wie möglich auslagern (oder durch High-Speed-Algorithmen ersetzen) muss.

DAS MANTRA VON TRAINING INC.
Wir *sind* Training Inc.
Das ist *unser* Haus.
Das ist *unser* Leben.
Wir haben das Sagen.
Wir sind der stärkste Motor der Mehrwertgenerierung im Unternehmen.
Spitzenleistung liegt in unserer Hand … wir können gewinnen oder untergehen.

FAZIT: Training Inc. und die anderen (ehemals bürokratielastigen, kostenfressenden, wertvernichtenden Abteilungen) werden DER Motor für die Wachstums-, Fortschritts- und strategische Positionierung des gesamten Geschäftsbereichs.

12.2.9.3 Fallstudie/PSF-Transformation: Kreditabteilung bei Trek

Der CEO von Trek (hochwertige Fahrräder), John Burke, stellte dieses Beispiel einer Abteilungstransformation innerhalb seines Unternehmens vor (von einer Kostenstelle zum Motor der Mehrwertgenerierung):

WAR	IST
• Kreditabteilung	• Finanzdienstleistungen
• Händler bearbeiten, bis sie zahlen	• Händler zum Erfolg führen, sodass sie zahlen KÖNNEN
• Debitorenbuchhaltung an externes Handelsunternehmen übertragen	• Trek trägt das Risiko selbst
• verantwortlich für Forderungen in Höhe von 70 Millionen US-Dollar (in Spitzenzeiten)	• verantwortlich für Forderungen in Höhe von 160 Millionen US-Dollar (in Spitzenzeiten)
• identifiziert riskante Händler	• identifiziert Chancen bei Händlern
• Kostenstelle (–)	• Profitcenter (+)
• keine Produkte	• Produkte: Beratung, Kreditkartenabrechnung, Gutscheine und Geschenkkarten und so weiter und so fort

12.2.9.4 Interner PSF-Rahmen: machen oder sterben

JA, SIE KÖNNEN.

Die Frage kommt unweigerlich auf: Schaffen wir das auch, wenn wir in einer mittelgroßen Abteilung eines großen Unternehmens eingepfercht sind?

Meine Antwort: Ja.

Meine zweite Antwort: Sie haben keine Wahl!

Tatsache ist, Sie sind bereits eine PSF. Jede Abteilung dient einem Kunden, egal ob das eine andere Abteilung ist oder ein externer Kunde. Und jede Ihrer Aktivitäten lässt sich neu interpretieren oder neu verpacken als Mehrwert-(„Wow!“-)Projekt.

Ich schlage deshalb vor, dass Sie sich noch mehr anstrengen und sich wie die Mehrwert-Superstars benehmen, die Sie sein können. Sie wissen, dass Sie es können.

Was den „Sterben"-Teil der Überschrift betrifft: Erinnern Sie sich noch an die Worte des früheren US-Arbeitsministers Robert Reich?

Wenn Sie glauben, ein „Experte" zu sein, sichere Ihren Arbeitsplatz, sollten Sie noch einmal nachdenken.

Das sollten Sie tatsächlich.

12.3 Das sozial vernetzte Unternehmen – die Geschichte

Das sozial vernetzte Unternehmen: Wer? Alle! Keine halben Sachen!

12.3.1 Das sozial vernetzte Unternehmen: die 20/5-Regel++

Der Unternehmer und Kundenservice-Experte John DiJulius soll mit den folgenden Auszügen aus seinem Buch *The Customer Service Revolution – Overthrow Conventional Business, Inspire Employees, and Change the World* den Auftakt zu diesem Kapitel geben, in dem es um die dritte Strategie zur Mehrwertgenerierung geht:

Was früher „Mundpropaganda" war, ist jetzt „Mauspropaganda". Entweder schaffen Sie Markenbotschafter oder Markenterroristen.

Der Kunde hat die absolute Kontrolle über die Kommunikation.

Sie brauchen zwanzig Jahre, um sich einen Ruf aufzubauen, aber nur fünf Minuten, um ihn zu ruinieren.

[Kunden] erwarten Informationen, Antworten, Produkte, Reaktionen und Lösungen noch schneller als so schnell wie möglich.

Das sind starke Worte.

Zu Recht.

DiJulius beschreibt eine neue Weltordnung, in der „Reaktionsfähigkeit" eine vollkommen neue Bedeutung erhält. Eine Welt, in der das Wörtchen „sofort" keine Übertreibung darstellt. Und in der, wenn es um Reputation geht, „prekär" eine 60/60/24/7/365-Angelegenheit ist.

Das erfordert unter anderem eine (deutlich) überarbeitete Definition von Mitarbeiterengagement. Erinnern wir uns dazu an die Aussage des ehemaligen CEO von Burger King, Barry Gibbons, aus Kapitel 2. Er sagte, er könne nur erfolgreich sein, wenn jeder seiner 250.000 Mitarbeiterinnen und Mitarbeiter „die Marke sind".

12.3.2 Das sozial vernetzte Unternehmen: die sieben Merkmale des kommunikativen Mitarbeiters

In ihrem Buch *The Social Employee* operationalisieren Cheryl und Mark Burgess das einzigartige „Alle sind die Marke" von Gibbons, indem sie betonen, dass jeder Mitarbeiter – jetzt ein sozialer Mitarbeiter – eine neue Rolle übernehmen sollte (muss!), in die er völlig eingebunden ist.

Auszug aus dem Buch:

DIE SIEBEN MERKMALE DES KOMMUNIKATIVEN MITARBEITERS

1. Engagiert
2. Erwartet eine Verzahnung von Beruflichem und Privatem
3. Steht hinter der Markenstory
4. Ist der geborene Partner
5. Hört zu
6. Stellt den Kunden in den Mittelpunkt
7. Handelt als selbstständiger Change-Agent

Eine große Aufgabe. In einer Welt, in der es nicht übertrieben ist, zu behaupten, dass ein hart erarbeiteter Ruf innerhalb von wenigen Minuten zerstört werden kann, haben Sie oder ich in einem Unternehmen oder Bereich egal welcher Größe – sogar in einer One-Woman-Band – keine andere Wahl.

Das wichtigste der sieben Merkmale ist meiner Meinung nach das letzte. Auch die Mitarbeiterinnen und Mitarbeiter, die am kürzesten dabei sind, müssen den Freiraum erhalten, auf außergewöhnliche Ereignisse reagieren zu können, ohne sich vorher mit ihrem Vorgesetzten abzustimmen.

12.3.3 Das sozial vernetzte Unternehmen: Tweet toppt Super-Bowl-Anzeige

Peter Aceto ist der frühere CEO von Tangerine, einem äußert erfolgreichen kanadischen Unternehmen, das die Finanzwelt mithilfe von Social Media verändern will. Das folgende beeindruckende Zitat von ihm stammt aus einem Buch von Ted Coine und Mark Babbit mit dem Titel *A World Gone Social – How Companies Must Adapt to Survive*:

> **Mir ist es lieber, mich auf Twitter mit einem einzigen Kunden zu unterhalten, als dass unser Unternehmen versucht, mit einer begehrten Werbeanzeige während des Super Bowl die Aufmerksamkeit von Millionen Kunden zu gewinnen. Warum? Weil es viel wertvoller ist, wenn die Leute direkt mit ihnen sprechen, Sie sogar persönlich kontaktieren, und es ist auch wesentlich billiger! Verbraucher wollen sich darüber austauschen, was sie mögen, welche Unternehmen sie gut finden und welche Firmen und Führungspersönlichkeiten sie vertreten. Sie wollen eine Community. Sie wollen gehört werden.**

Dieses Zitat habe ich bereits in zig Vorträgen verwendet und nun in diesem Buch. Zwischendurch habe ich es bestimmt mehr als fünfzig Mal gelesen. Und jedes Mal bin ich wieder überrascht. Und doch glaube ich, vor allem nachdem ich Acetos eigenes Buch *Weology – How Everybody Wins When We Comes Before Me* gelesen habe –, dass seine Aussage die neue Realität sehr gut beschreibt.

Auch wenn Sie sich die Rolle als CEO zwar vorstellen können, dieses Statement aber eher nicht von sich geben würden, betrachten Sie es einfach als Zeichen unserer Zeit. Wir können, sollten und dürfen es nicht als „extremistisch" abstempeln.

Noch eine weitere offensichtliche Erkenntnis: **DER CEO TWITTERT.**

Und Sie …

(Mehr dazu im Kapitel über Führung.)

(„Und Sie" bezieht sich übrigens sowohl auf den Chef eines Ein-Mann-Betriebes als auch auf den CEO eines großen Konzerns.)

12.3.4 Das sozial vernetzte Unternehmen: Kunden haben jetzt das Sagen

In *Social Business by Design – Transformative Social Media Strategies for the Connected Company* schreiben Dion Hinchcliffe und Peter Kim:

> **Kundeninteraktion bewegt sich weg von relativ isolierten Markttransaktionen hin zu starken und dauerhaften sozialen Beziehungen. Dieser grundlegende Wandel in der Art und Weise, wie wir Geschäfte machen, wird so gut wie alles verändern, was wir tun.**

ENGE KUNDENINTERAKTIONEN.

Noch einmal: Vergessen Sie 24/7.

Heute gilt: **60/60/24/7/365**.

Wir erinnern uns: Es braucht nur *fünf* Minuten, um zwanzig Jahre harter Arbeit zu zerstören.

12.3.5

12.3.5.1 Das sozial vernetzte Unternehmen: Einfluss, der sich auszahlt

Auszüge aus dem Buch von Mark Schaeffer *Einfluss, der sich auszahlt – Die revolutionäre Wirkung von Klout, Social Scoring und Influence Marketing*:

> **Als die US-amerikanische Fluggesellschaft Virgin America im Frühjahr 2010 bekannt gab, dass nun auch Toronto angeflogen wird, beauftragte sie Klout, eine kleine Gruppe dieser Influencer zu suchen, die alle einen Freiflug geschenkt bekämen, weil sich die Gesellschaft davon erhoffte, dass sie kräftig dafür werben würden.**
> **Nachdem die anfänglichen 120 Teilnehmer und dann noch weitere 144 beauftragte Influencer feststanden, dauerte es nicht lang, bis der Erfolg dieser Taktik auf dem Tisch lag. In über 4600 Tweets war von der neuen Flugstrecke die Rede. Daraus ergaben sich über 7,4 Millionen Aufrufe von Top-Blogs und Online-Zeitungen wie der *LA Times* und sogar CNN.**

Diese Entwicklung – das sogenannte Social Scoring – definiert die althergebrachten Klassen von Arm und Reich neu und spaltet die Gesellschaft in die Elite, aber auch die Loser der sozialen Medien, sie kann aber auch als hektischer Versuch interpretiert werden, der herrschenden Oberschicht einen Dämpfer zu versetzen – was jedoch Groll und Missgunst noch weiter verstärkt. Andererseits ist Social Scoring auch das Kernstück eines außergewöhnlichen Marketings. Zum ersten Mal sind Unternehmen – mit steigender Zuversicht – in der Lage, Meinungs- und Stimmungsmacher zu identifizieren, zu quantifizieren und sich bestens um sie zu kümmern. Denn von ihnen hängt ab, wie stark die Nachfrage nach ihren Produkten ist.

Ich denke, diese Analyse sagt alles. Sie sagt sooo viel. Und wie so oft geht es um mehr als nur darum, eine Social-Media-Kampagne zu starten. Diese Worte beschreiben eine Lebensart (da ist es wieder, das alte Schreckgespenst, die Kultur), gewürzt mit einer tatkräftigen (wir erinnern uns: *The Social Employee*) OBSESSION für soziale Vernetzung.

12.3.5.2 Das sozial vernetzte Unternehmen: Wir alle brauchen eine Amy Howell/Lawinen lostreten ist ihr Ding

Ein weiterer Auszug auf *Einfluss, der sich auszahlt:*

**Amy Howell [Social-Media-Expertin ohnegleichen] tritt Lawinen los. Keine Angst, niemandem passiert etwas Schlimmes.
Die Rede ist nämlich von durchweg positiven Gefühlen wie heller Aufregung, aber auch von der Anbahnung von Geschäftskontakten und Einfluss, der sich dann im ganzen Land verbreitet.**

Mein Stiefsohn arbeitet im Social-Media-Marketing. Angefangen hat alles mit einem Job bei einer ziemlich großen Werbeagentur in Manhattan, The 88. Dort hatte er mit Kunden wie Coca-Cola zu tun. Seine Liebe für die Berge zog ihn dann nach Denver. Dort kümmert er sich – unter anderem als Social-Media-Leiter – eher um kleine Firmen wie Restaurants und Ähnliches. Was ich damit sagen will: Nicht nur große Unternehmen machen sich die sozialen Medien in großem Stil zunutze. „Lawinen lostreten", wie Amy Howell es tut, sollte heute jeder.

12.3.6 Das sozial vernetzte Unternehmen: Ort und Größe spielen keine Rolle

> **Obwohl wir nur eine kleine Firma aus Virginia sind, die Swimmingpools herstellt, haben wir mittlerweile die bestbesuchte Website der Welt, wenn es um Schwimmbecken geht. Wenn Sie meine Geschäftspartner und mich vor fünf Jahren gefragt hätten, was wir eigentlich machen, hätten wir geantwortet: „Wir stellen Einbauschwimmbecken aus Glasfaser her." Heute würden wir sagen: „Wir sind die besten Lehrer der Welt im Bereich Glasfaser-Pools und wir stellen sie nebenbei auch noch her."**
>
> – Marcus Sheridan, Gründer von River Pools and Spas aus Warsaw, Virginia, zitiert in Jay Baer: *Youtility – Why Smart Marketing Is About Help, Not Hype*

Der Protagonist, River Pools and Spas, ist eine kleine Firma (5 Millionen US-Dollar Umsatz) in einer unexotischen Branche am A... der Welt.

Was haben sie gemacht?

Sie wurden zum **weltweiten Power Player Nummer 1**.

ICH FASSE ZUSAMMEN:

- Warsaw, Virginia
- Schwimmbecken
- 5 Millionen US-Dollar Umsatz
- WELTKLASSE
- Social-Media-Superpower

12.3.7 Das sozial vernetzte Unternehmen: Zero Moment of Truth

IN 84 PROZENT DER FÄLLE TREFFEN KUNDEN EINE KAUFENTSCHEIDUNG BEREITS, BEVOR DER KLASSISCHE MARKETINGPROZESS BEGINNT.

**WILLKOMMEN IM ZEITALTER DES ZMOT:
DES ZERO MOMENT OF TRUTH**

Zunächst ist es nur eine vage Idee, dass wir dieses oder jenes brauchen (vielleicht einen leistungsstärkeren Staubsauger), dann wird der Gedanke immer konkreter. Unsere Sinne stellen sich darauf (Staubsauger) ein und wir sehen uns Werbeanzeigen in der Zeitung und im Fernsehen an. Da wir diesen Samstagnachmittag nichts vorhaben, machen wir uns auf den Weg ins zehn Minuten entfernte Einkaufszentrum. Wir wollen einen Staubsauger.

Das war gestern.

Jetzt ist heute.

Plötzlich kommt uns in den Sinn, dass wir einen neuen Staubsauger gebrauchen könnten. Wir tun, was wir (heutzutage) immer tun: Wir greifen nach unserem iPad, iPhone oder etwas Ähnlichem und recherchieren nach Staubsaugern. Big Data sei Dank werden wir direkt an die richtige Stelle geleitet. Immer wieder erregen Teaser unsere Aufmerksamkeit, die sich speziell an Tom Peters und Angela Smith richten und auf unserem Einkaufsverhalten der letzten fünf Jahre basieren, Kreditkartenangaben inklusive. Die Wahrscheinlichkeit ist groß, dass wir in null Komma nichts beim Kaufmoment angekommen sind. Und in null Komma nichts startet Amazon Prime schon mal die Drohne.

Der Verkauf hat bereits stattgefunden, bevor der klassische Verkaufsprozess beginnt – wenn wir ehrlich sind: sogar bevor sich der Gedanke in unserem Gehirn manifestiert und (in zunehmendem Maße) vielleicht sogar bevor wir ihn überhaupt haben.

Dieses Phänomen hat eine Namen:

ZERO MOMENT OF TRUTH

In *Youtility* schreibt Jay Baer dazu:

> **Sie wissen, was ein „Moment of Truth" ist. Es ist der Moment, in dem ein potenzieller Kunde entweder den nächsten Schritt im Kaufprozess tätigt oder aussteigt und sich nach Alternativen umsieht. …**
>
> **Aber was ist ein „Zero Moment of Truth"? Viele Verhaltensweisen können den Zero Moment of Truth darstellen. Gemein ist ihnen die Tatsache, dass der Kunde bereits nach Produkten sucht und den Kauf in Erwägung zieht, bevor der klassische Kaufprozess überhaupt beginnt. Studien von Google zufolge sagen 84 Prozent der Verbraucher, dieses neue gedankliche Modell, der ZMOF, bestimme ihre Kaufentscheidungen.**

(Mehr dazu unter https://www.thinkwithgoogle.com/marketing-resources/micro-moments/zero-moment-truth/)

Frage: Ist Ihr Unternehmen (egal welcher Größe) online so stark aktiv, dass Sie gewappnet sind für den großen Kampf um den ZMOT?

12.3.8 Das sozial vernetzte Unternehmen: Schlussfolgerung I/Jeder

Wer sollte ein Social-Media-Fanatiker sein: **JEDER.**

Wer braucht einen Social-Media-Verantwortlichen: **JEDER.**

Ganz ohne Übertreibung: **JEDER = JEDER.**

(**Fallstudie/Die sozialen Medien und ich:** 2004 sagte ich mir „Was soll's, ich probier das jetzt auch!" und startete meinen Blog. Es war ein Riesenspaß – und der Blog schaffte es in mehrere „Top 500"-Rankings des World Wide Web. Vor etwa fünf Jahren begann ich dann wie verrückt zu twittern. Etwa 50.000 Tweets später lag ich mit meiner Twitter-Aktivität in der von einem Algorithmus erstellten Liste „Thought Leaders 2014: Global Top 100 Influencers", die das Schweizer Gottlieb Duttweiler Institute – ein Thinktank – zusammen mit dem MIT veröffentlicht hatte, hinter dem Papst, aber vor Größen wie Elon Musk. Ich weiß, das ist albern, und ich will damit auch nicht angeben. Aber es ist doch ein eindrucksvolles Beispiel, wie jemand (ich) sich voll und ganz auf die sozialen Medien einlässt und von den Folgen positiv überrascht wird.)

12.3.9

12.3.9.1 Das sozial vernetzte Unternehmen: Schlussfolgerung II/ Überleben in den sozialen Medien – ein Manifest

Im Folgenden das „Social Survival Manifesto" des Social-Media-Gurus Tom Liacas (mehr dazu unter www.socialdisruptions.com):

1. **Verstecken ist keine Option.**
2. Ob Sie es wollen oder nicht: Die anderen sind in der Mehrheit.
3. **Sie haben keine Kontrolle mehr über Ihre Botschaft.**
4. Versuchen Sie sich wie … ein Mensch zu verhalten.

5. **Lernen Sie zuzuhören – oder Sie können einpacken.** (Anderen WIRKLICH zuzuhören ist ein Muss.)
6. Akzeptieren Sie, dass Sie nicht auf alles eine Antwort haben.
7. Sprechen Sie eine klare Sprache und informieren Sie.
8. Seien Sie nicht länger ein „Monolith“: Ihre Mitarbeiter, die online als Individuen auftreten, sind eine wichtige Ressource. … Mit Strukturen, die Social-Media-Aktivitäten fördern, haben Sie die Sache im Griff.
9. Versuchen Sie, weniger böse zu sein.
10. Tun Sie Gutes, jetzt. (Die Internetkultur basiert größtenteils auf einer Kultur des Schenkens. … Bieten Sie Ihren Online-Communitys Mehrwert.

Dem habe ich nichts hinzuzufügen.

12.3.9.2 Das sozial vernetzte Unternehmen: Schlussfolgerung III

Auszug aus dem Buch *11 Rules for Creating Value in the Social Era* von Nilofer Merchant:

1. **Vernetzung schafft Wert.**
2. Macht der Gemeinschaft
3. **Zusammenarbeit > Kontrolle**
4. Zelebrieren Sie *Einzigartigkeit.* (Profitieren Sie von der Einzigartigkeit jedes Einzelnen.)
5. Beziehen Sie alle ein. (Vergessen Sie Titel und Label. Alle Mitarbeiter sind Teil des Spiels.
6. **Kunden werden Mitgestalter.**
7. Fehler können Vertrauen schaffen.
8. Lernen und verlernen Sie (immer wieder).
9. Setzen Sie auf Offenheit.
10. Wenn es einen sozialen Purpose gibt, übernehmen Mitarbeiter Verantwortung.
11. Es gibt keine Antworten.

Auch dem habe ich nichts hinzuzufügen.

(Ich habe Ihnen diese drei Listen in Kapitel 12.3 vorgestellt, weil ich zeigen möchte, wie ähnlich sie sich sind. Auch wenn es an der Umsetzung noch beträchtlich hapert, sind sich doch fast alle einig, wie es gehen kann.)

12.3.10
Das sozial vernetzte Unternehmen: meine „Big Five“

- ES DAUERT NUR FÜNF MINUTEN, EINEN RUF ZU ZERSTÖREN, DEN MAN SICH ÜBER ZWANZIG JAHRE AUFGEBAUT HAT.
- ALLE SIND DIE MARKE UND HABEN DIE AUTONOMIE, EIGENE ENTSCHEIDUNGEN ZU TREFFEN.
- EINE EINZIGER TWEET > WERBEANZEIGE BEIM SUPER BOWL
- KLEINSTADT/KLEINUNTERNEHMEN = WELTKLASSE DURCH SOCIAL-MEDIA-PRÄSENZ
- ZMOT/ZERO MOMENT OF TRUTH

12.3.11
Alles andere als unschuldig: Die sozialen Medien wissen alles/Willkommen im Zeitalter der „*Augmented Memory*“ (etc., etc.)

> **Sie können Ihre E-Mails aus dem vergangenen Jahr auf Tastendruckdaten (wie hart Sie auf der Tastatur getippt haben = Anzeichen für Ärger oder Stress) hin auswerten und so herausfinden, zu welchen Zeiten am Tag oder in der Woche Sie emotional sind und wie das die Empfänger Ihrer E-Mails beeinflusst. Sie können Ihre GPS-Daten mit Ihren E-Mails verlinken … und mithilfe von Sentimentanalysen (Technologie, die bestimmte Wörter identifiziert, die auf positive, negative oder neutrale Sprachmuster schließen lassen) die Orte bestimmen, an denen Sie am produktivsten sind.**
>
> – John Havens: *Hacking Happiness – Why Your Personal Data Counts and How Tracking it Can Change the World*

Das soziale „Spiel“ – **ES IST ALLES ANDERE ALS EIN SPIEL** – hat gerade erst begonnen.

Das sind mächtige Tools.

Blauäugige Begeisterung ist hier fehl am Platz.

Vorsicht ist angesagt.

12.4 Big Data – die Geschichte

Big Data: Riesenchance und unerforschte Schattenseiten

12.4.1 Die Prioritäten von Caesars Entertainment

Caesars Entertainment setzt zukünftig stärker auf Datenerfassung als auf extravagante Locations.

– Adam Tanner: *What Stays in Vegas – The World of Personal Data – Lifeblood of Big Business – and the End of Privacy as We Know* It (siehe dazu auch den bereits erwähnten Titel von Natasha Dow Schüll: *Addiction by Design – Machine Gambling in Las Vegas*)

Dieser Abschnitt über Big Data ist kurz und (wie ich hoffe) bündig. In gewisser Weise steckt alles, was Sie wissen müssen, in dem obigen Zitat.

BOTSCHAFT HEUTE (abgeleitet von Caesars Entertainment):

Vergessen Sie … Immobilien!
Setzen Sie auf … Daten!

Ein mehrere Milliarden Dollar starkes Unternehmen – weithin bekannt für seine prunkvollen Spielpaläste – kommt zu dem Schluss, dass diese physischen Gebäude am Ende durch das rasante Sammeln und Auswerten von Einsen und Nullen ersetzt werden, das heißt durch Technologien, die Daten hyperschnell und in riesigen Mengen verarbeiten und auf unvorstellbar komplexen Algorithmen basieren (die in kürzester Zeit zu selbstlernenden Algorithmen werden). Mit diesen akribisch ausgewerteten Bergen an Daten können Unterneh-

men die Psyche ihrer Kunden mikroskopisch genau untersuchen sowie Gerüche und Farben identifizieren, die diese Kunden so lange wie möglich an die Spielautomaten fesseln (Spielautomaten machen mittlerweile den größten Teil des Casinoumsatzes aus). All dies wird letztlich das Ergebnis dieses Riesenkonzerns verbessern und seine Zukunft bestimmen.

Das muss man erst einmal verdauen.

Aber was genau hat das mit Ihnen und mir zu tun, die wir so weit weg von Las Vegas sind?

Folgendes: All diejenigen, mit denen wir über unsere Computer und vor allem unsere Mobilgeräte vernetzt sind, kennen unsere Geschmäcker und Vorlieben immer besser. Das gilt auch für die Vernetzung mit unseren Thermostaten, unseren Autos, unseren Kühlschränken und unseren Bewegungen – Schritt für Schritt, wo immer wir gerade sind.

Auch unsere Augenbewegungen und unsere Gestik am Arbeitsplatz (oder auf dem „Spielpatz") werden von unserem Arbeitgebern mikroskopisch genau erfasst – siehe hierzu meine Ausführungen zur Personalsoftware in Kapitel 5.

Einiges davon wird unser Leben verbessern (zum Beispiel bessere medizinische Diagnosen). Anderes wird dagegen zerstörerisch sein, etwa wenn eine Versicherung Sie aufgrund einer ungünstigen Konstellation von längst vergessenen Ereignissen in der Vergangenheit ablehnt.

Und das Ganze hat gerade erst begonnen …

In diesem Sinne …

12.4.2 Die Rücklaufquote von Persado

Big Data: Persado (Persado Persuasion Automation [Inc.])

Texter gegen Algorithmus:

Adaptiert nach: *The Wall Street Journal*: „It's Finally Time to Take AI Seriously"

1. TEXTER: Ein branchenerfahrener menschlicher Copywriter konzipiert eine Anzeige für ein Sonderangebot einer Kreuzfahrtgesellschaft:

Gutschein über 250 $
für alle Schiffe und Ziele.
Noch 2 Tage gültig.
Die Anzeige des Texters generiert eine Kundenrücklaufquote von **1,3 Prozent**.

2. ALGORITHMUS: Die KI von Persado wertet Daten von Kunden aus, die sich für eine Kreuzfahrt interessieren könnten. Dabei konzentriert sich der Algorithmus laut seinen Entwicklern auf „emotionale Begriffe, Produktmerkmale, einen Call to Action und die Position von Text und Bildern".
Die vom Algorithmus generierte Anzeige:
Kein Witz! Unsere Daten sagen, Sie sind genau der Richtige,
um mit uns eine unvergessliche Kreuzfahrt zu erleben. :-)
Die Anzeige von Persado Persuasion Automation generiert eine Rücklaufquote von **4,1 Prozent**.

Rücklaufquote Algorithmus versus Mensch: 4,1 Prozent zu 1,3 Prozent = 3x so viel = $$$$$

Eine kreative Person ist gut, ihr Erfolg ist jedoch zufallsbedingt. Wir haben den Zufall aus der Gleichung gestrichen und eine [KI-gesteuerte] Ontologie der Sprache entwickelt.

– Lawrence Whittle, Vertriebsleiter bei Persado

War es das für Texter?

Die Besten werden wohl auch weiterhin erfolgreich sein, aber die anderen 70 bis 90 Prozent???

LESEN UND WEITERBILDEN!

Mahnende Worte

Cathy O'Neil: *Angriff der Algorithmen. Wie sie Wahlen manipulieren, Berufschancen zerstören und unsere Gesundheit gefährden*

Christian Rudder: *Inside Big Data. Unsere Daten zeigen, wer wir wirklich sind*

Sarah Spiekermann: *Digitale Ethik. Ein Wertesystem für das 21. Jahrhundert*

12.5
Das Internet der Dinge – die Geschichte

Internet der Dinge (IoT)/Internet von allem (IoE): Game Changer par excellence

Alles redet mit allem – jederzeit und überall

Es ist gut möglich, dass das Internet der Dinge die größte technologische Disruption sein wird, die wir bislang erlebt haben.

12.5.1
Das IoT in den eigenen vier Wänden: auf dem Weg zum selbstdenkenden Zuhause

Auszug aus Steven Levys Artikel „Where There's Smoke …" in der US-amerikanischen Computerzeitschrift *Wired*:

> **Die Algorithmen, die die Experten für maschinelles Lernen bei Nest entwickeln, und die riesigen Datenmengen, die diese Algorithmen generieren, sind genauso wichtig wie die geschmeidigen Materialien, die die Industriedesigner mit großer Sorgfalt auswählen. Der Nest Learning Thermostat zeichnet das Nutzerverhalten auf und beeinflusst es subtil. Damit erhebt er sich aus einer langweiligen Produktkategorie.**
> **Ähnliches erhofft sich Nest für ein anderes prosaisches Gerät – den Rauchmelder. Ja, der Nest Protect tut, was seinesgleichen tun: Er schlägt bei starker Rauch- oder Kohlenstoffmonoxidentwicklung Alarm. Er tut aber noch viel mehr. Mit seinen Sensoren kann das Gerät zwischen Rauch und Dampf unterscheiden. Es ist mit dem Internet verbunden und sagt dem Kunden, wo die Gefahr lauert. Sein sanfter Tonfall verleiht ihm eine eigene Persönlichkeit und sein warmes Licht leuchtet dem Besitzer nachts den Weg.**
> **Mit anderen Worten: Nest will nicht einfach nur den Thermostat verschönern oder den profanen Rauchmelder multifunktional machen. „Wir entwickeln das selbstdenkende Zuhause", erklärt Tony Fadell, der CEO des Unternehmens. Was er nicht erwähnt,**

> **ist die größere Vision von Nest, die deutlich weitreichendere Folgen haben wird: vernetzte Geräte, die miteinander kommunizieren, unsere Umgebung erfassen und unaufgefordert Dinge für uns erledigen.**

(ICH-MUSS-ES EINFACH-LOSWERDEN-TIRADE: Ich halte mich in keinster Weise für einen Maschinenstürmer. Ich twittere und blogge wie ein Verrückter und bin absolut iPhone-süchtig, selbst im Vergleich zu Leuten, die halb so alt sind wie ich. Allein auf einer zweitägigen Geschäftsreise habe ich neun elektronische Geräte dabei. Ungelogen.

Gleichzeitig kann ich mit Sicherheit sagen: **Ich werde keine Produkte von Nest verwenden.** Ich bin überzeugt, ich verdiene eine volle 10, oder so gut wie, auf einer „Keine Leichen im Keller"-Skala. Ich wäre jedoch verrückt, wenn ich wollte, dass meine Geräte – von Nest oder der Kühlschrankfirma oder dem Hersteller meines Stabsaugers oder meines Smart-TV – mit der großen weiten Welt über mein Leben plauderten. Ich liebe mein *nicht* denkendes Zuhause.

Also vergiss es, Tony!

Und, ja, ich weiß, ich kämpfe auf verlorenem Posten.)

12.5.2 IoT/Sensor-Pillen: „Jawohl, Herr Doktor, Tommy hat seine nächtliche Dosis Sotalol nicht genommen"

In *Age of Context – Mobile, Sensors, Data, and the Future of Privacy* schreiben Robert Scoble und Shel Israel:

> **Proteus Digital Health ist einer der Pioniere auf dem Gebiet der sensorbasierten Gesundheitstechnologien. Das Unternehmen stellt einen Silikonchip her, der die Größe eines Sandkorns hat und mit sicher zu verdauenden Tabletten verkapselt wird. Wenn sich der Chip nach Einnahme des Arzneimittels mit der Magensäure mischt, aktiviert sich der Prozessor automatisch und sendet einen elektrischen Impuls. Die Daten werden auf ein elektronisches Pflaster übertragen, das der Patient trägt. Das Pflaster sendet die Informationen wiederum über Bluetooth an eine App, die die Daten an eine zentrale Datenbank weiterleitet. Ein Gesundheitstechniker kann dann überprüfen, ob der Patient seine Medizin genommen hat. Das hat weitreichendere Folgen, als es auf den ersten Blick scheint: Weil Patienten die ihnen verschriebenen Medikamente nicht einnahmen, entstanden 2012**

Schätzungen zufolge Kosten in Höhe von 258 Milliarden US-Dollar durch Notfallversorgung, Krankenhausaufenthalte und Arztbesuche. Durchschnittlich sterben im Jahr 130.000 US-Amerikaner, weil sie ihre Medikamente nicht wie verordnet einnehmen.

Und wir schreiben „erst" das Jahr 2018. Der Startschuss ist gefallen und das Alles-ist-mit-allem-vernetzt-Derby ist in vollem Gange (erst kürzlich genehmigte die Arzneimittelbehörde der Vereinigten Staaten (FDA) das Tool von Proteus).

Was bedeutet das für Sie und ihre 25 Mitarbeiter in der Personalabteilung?

Haben Sie einen IoT-Berater?
Haben Sie einen technisch versierten Personaler, der die neuesten Entwicklungen des IoT im Blick hat?

Das ist keine Fortsetzung meiner Nest-Tirade von oben. Denn auch nur einen Teil dieser 130.000 Patienten zu retten, sind keine Peanuts. Wie immer heutzutage gibt es jedoch ein „Ja, aber". Denn was passiert, wenn ich meine Krankenversicherung verliere, weil Proteus meine Daten weiterleitet und der Anbieter erfährt, dass ich regelmäßig vergesse, meine Pillen zu nehmen? Das ist alles andere als reine Spekulation: Eine ähnliche Datensammelwut führt derzeit unter anderem zur Aufkündigung von Kfz-Versicherungen.

12.5.3 IoT: Willkommen in Boston, Mr. Immelt

Ich lebe in der Nähe von Boston. Das Boston, wohin das US-Kultunternehmen Generel Electric 2016 seinen Unternehmenssitz verlagert hat. GE ist auf ein ganze Armee von Software-Superstars angewiesen und versucht, seinen riesigen Bürokratieapparat mit einen Schuss Start-up-Mentalität aufzupeppen. Fairfield in Connecticut erfüllte die technischen oder psychologischen Anforderungen leider nicht. In Boston tummeln sich dagegen zahlreiche Spitzenuniversitäten, allen voran das Massachusetts Institute of Technology (MIT). Zudem ist die Stadt ein Gründerzentrum. Manche sagen sogar, ihr Erfindergeist erreiche langsam das Level des Silicon Valley.

Warum dieser Umzug und diese Dringlichkeit? Weil der frühere CEO von GE, Jeff Immelt, das Unternehmen faktisch auf das **Internet der Dinge** verwettete – eine umstrittene Entscheidung. Der Konzern sieht die Zukunft darin, seine Industrieprodukte immer smarter zu machen und mit der ganzen Welt zu vernetzen. (Der Prozess ist tatsächlich in vollem Gange: Nach einem Flugzeugabsturz über dem Pazifik im Jahr 2016 waren es nicht etwa die Navigationssysteme, die die genauesten Daten über den Absturzort lieferten, sondern die von GE produzierten Triebwerke.

Diese standen aus Leistungsgründen in regelmäßigem Kontakt mit den Systemen der GE-Triebwerksherstellung.)

12.5.4 Die verschiedenen Erscheinungsformen des IoT

IoE/Internet of Everything (Internet von allem)
M2M/Machine-to-machine
Ubiquitous Computing oder Pervasive Computing (allgegenwärtige Datenverarbeitung)
Embedded Computing (eingebettete Systeme)
industrielles Internet

Hier ein paar Zahlen, die die Ungeheuerlichkeit der IoT-Welt verdeutlichen (Primärquelle: „The Big Switch", *Capital Insights*):

- „mehr als 50 MILLIARDEN vernetzte Geräte bis 2020" – Ericsson
- geschätzte 212 MILLIARDEN Geräte bis 2020 – International Data Corporation (IDC)
- geschätzter Marktanteil des IoT in den 2020ern: 14,4 Billionen US-Dollar
- „2025 könnte das Internet der Dinge an der Produktion eines Outputs in Höhe von 82 Billionen US-Dollar oder etwa 50 Prozent der Weltwirtschaft beteiligt sein." – GE
- 100 BILLIONEN Sensoren bis 2030 – Michael Patrick Lynch, *The Internet of Us*

Das IoT rast wie ein Schnellzug auf uns zu. Im Laufe der nächsten 15 Jahren könnte es die Welt für jeden von uns komplett auf den Kopf stellen.
Mein erster Ratschlag in diesem Zusammenhang: Bilden Sie sich weiter, als hänge Ihr berufliches Überleben davon ab.
Was es übrigens auch tut.

Unterversorgte Märkte I

12.6
Der Markt der Frauen – die Geschichte

Frauen als der (mit Abstand) größte Kunde von allem

Meine Erziehung

Der Anruf von Heather Shea Schultz erreichte mich, als ich gerade mit dem Auto unterwegs war. Heather war der CEO des von mir gegründeten Trainings- und Beratungsunternehmens in Palo Alto. Sie sagte, sie habe ein Meeting organisiert, in dem sie mich über Frauenangelegenheiten informieren wollte. (Sie ging anscheinend davon aus, dass ich auf diesem Gebiet Nachhilfe bräuchte.) Ihr Anruf war mehr ein Befehl als eine Bitte. Da ich sie und ihre Hartnäckigkeit schätzte, stimmte ich zu. Das Treffen fand in Boston statt.

> **Danach war mein Leben nicht mehr dasselbe.**
> **(Ohne Witz.)**

Pünktlich betrat ich den Konferenzraum bei Wordworks, einem Verlag, der von meiner langjährigen Kollegin Donna Carpenter LeBaron geführt wurde. Es waren etwa 15 Frauen anwesend, die sich bei einer Tasse Kaffee unterhielten.

Heather stelle mich den Anwesenden vor und ich muss sagen, ich war beeindruckt: Eine der Frauen betrieb ein extrem erfolgreiches Unternehmen für Inneneinrichtung, eine andere war eine IndyCar-Rennfahrerin – die erste Frau überhaupt, die in dieser Motorsportserie fuhr. Dann gab es da noch eine Topmanagerin von Disney und eine College-Präsidentin. Die Liste ließe sich fortsetzen.

Schließlich bat Heather um unsere Aufmerksamkeit und sagte etwa Folgendes: „Tom ist mittlerweile eine bekannte Persönlichkeit in der Wirtschaft, und er ist ein echt guter Kerl. Er ist zum Beispiel der Meinung, dass viel mehr Frauen in Führungspositionen arbeiten sollten. Und er hat mich zur Geschäftsführerin seiner Schulungsfirma ernannt, und das, als ich im Mutterschutz war. Da er nicht nur ein Kollege, sondern auch ein Freund ist, erlaube ich mir im vertraulichen Rahmen dieses Treffens zu sagen, dass er – wie die meisten Vertreter seines Geschlechts – wenig darüber weiß, was es bedeutet, als Frau am Wirtschaftsleben teilzunehmen – sowohl beruflich als auch als Verbraucherinnen. Ihr alle habt euch dazu bereit erklärt, ihm einen Crashkurs zu diesem Thema zu geben.“

Dies waren starke Frauen. Und ohne mit der Wimper zu zucken berichteten sie von den zahllosen Missverständnissen und indirekten (manchmal auch direkten) Bevormundungen, die sie erlebt hatten – egal ob in der Führungsetage, beim Autohändler oder in der Arztpraxis.

So kam es, dass ich 1996 meine mittlerweile 22 Jahre währende „Frauenkampagne" startete.

Um eines klarzustellen: Ich bin ein obsessiver Anhänger von Spitzenleistung. Und ich glaube an die Kraft der Märkte, das heißt, dass „Toms Frauending", wie manche es nannten, beruflich begründet ist und ganz pragmatische betriebswirtschaftliche Gewinnziele verfolgt:

1. Frauen sind die größte Kundengruppe in so gut wie jeder Hinsicht. Und obwohl die meisten Unternehmen dies erkannt haben, sind es Stand 2018 doch die wenigsten, die sich auf allen Ebenen bemühen, Frauen das beste Kauferlebnis zu bieten. Das gilt sowohl für Produktdesign, Marketing und Vertrieb als auch für die übergeordnete Unternehmensstrategie.
2. Mehr Frauen in Führungspositionen = mehr Gewinn (und zwar ordentlich – Belege in Hülle und Fülle liefert Kapitel 15)

Es ist offensichtlich, oder sollte es zumindest sein, dass die beiden Puzzleteile perfekt ineinanderpassen: Unternehmen, die das volle Potenzial weiblicher Kunden und weiblicher Arbeitskräfte ausschöpfen wollen, müssen Frauen Zugang zu allen Ebenen gewähren, vor allem aber zum Topmanagement und zum Board of Directors.

12.6.1 Der Markt der Frauen: globale Dominanz

Schlagzeile im *Economist*:

Vergessen Sie CHINA, INDIEN und das INTERNET. Echtes Wirtschaftswachstum kommt von den FRAUEN.

(Hinweis: Der *Economist* neigt nicht gerade zu Übertreibungen.)

Auszug aus einem im September 2009 im *Harvard Business Manager* erschienenen Artikel von Michael Silverstein und Kate Sayre mit dem Titel „Die Wirtschaft ist weiblich":

Frauen sind ein wichtiger Motor für die Weltwirtschaft. Sie kontrollieren Konsumausgaben in Höhe von 20 Billionen US-Dollar weltweit und diese Zahl könnte in den nächsten fünf Jahren sogar auf 28 Billionen US-Dollar steigen. Ihr Gesamteinkommen von derzeit 13 Billionen US-Dollar wird im selben Zeitraum voraussichtlich bis zu 18 Billionen US-Dollar erreichen … Insgesamt stellen Frauen einen größeren Wachstumsmarkt dar als China und Indien zusammen. Um genauer zu sein: einen ungefähr doppelt so großen Markt. Angesichts dieser Zahlen wäre es geradezu töricht, Verbraucherinnen zu ignorieren oder zu unterschätzen. Trotzdem tun viele Unternehmen genau das – selbst jene, die davon überzeugt sind, in Bezug auf ihre weibliche Kundschaft die richtige Marktstrategie zu verfolgen.

In einer Gleichung ausgedrückt hieße das:

F = >2 x (C + I) = 28 Billionen US-Dollar
Marktanteil der Frauen = mehr als doppelt so groß wie der Marktanteil von China und Indien zusammen = 28 Billionen US-Dollar

Womenomics

Eines ist jetzt schon klar: In allen Branchen und Gesellschaftsbereichen streben Frauen an die Macht. Ursache dafür ist unter anderem ein Anstieg des Pro-Kopf-Einkommens. Und das ist erst der Anfang. Das Phänomen wird sich noch verstärken, denn Mädchen sind die Gewinner des Schulsystems. Manche Beobachter sprechen bereits vom Zeitalter der „Womenomics", eine von Frauen gemachte und gelebte Wirtschaft.

– Aude Zieseniss de Thuin, Gründerin, Women's Forum for the Economy and Society der *Financial Times*

Diese paar Zitate zeichnen natürlich mitnichten ein vollständiges Bild des Marktpotenzials, das Frauen darstellen. Sie zeigen jedoch, wie gewaltig das Phänomen ist und wie gewaltig die damit verbundenen Chancen für Unternehmen.

12.2.6 Vereinigte Staaten/Frauen als Entscheider

Frauen sind DER Mehrheitsmarkt.

– Fara Warner: *The Power of the Purse*

Hier ein paar Zahlen:

Innenreinrichtung: 94 Prozent
Urlaub: 92 Prozent
Immobilien: 91 Prozent
Unterhaltungselektronik: 51 Prozent (66 Prozent bei Heimcomputern)
Autos: 68 Prozent (90 Prozent haben starken Einfluss auf die Kaufentscheidung)
Konsumartikel gesamt: 83 Prozent
Auswahl der Bank: 89 Prozent
Haushaltsrelevante Investitionsentscheidungen: 67 Prozent
Kredite für Kleinunternehmen/kleine Start-ups: 70 Prozent
Gesundheit (alle Bereiche): 80 Prozent

UND: In den USA bekleiden Frauen mehr als 50 Prozent der Managementpositionen. Von ihnen sind wiederum mehr als die Hälfte leitend im Einkauf tätig. Frauen treffen also auch den Großteil der betrieblichen Kaufentscheidungen (neben den privaten).

Zusammengerechnet:
Frauen: Nr. 1 bei den privaten Kaufentscheidungen
Frauen: Nr. 1 bei den betrieblichen Kaufentscheidungen
= Frauen kaufen ALLES

Harte. Fakten.

Was so viel heißt, wie: Das trifft es noch nicht mal annähernd. Denn die Botschaft ist nicht: Der Markt der Frauen ist zu groß, als dass man ihn ignorieren könnte. Oder etwas in die Richtung. Noch einmal: Die Botschaft lautet: FRAUEN KAUFEN ALLES.

Fragen Sie sich deshalb:

Berücksichtigen Ihre Strategie, Ihre Kultur und die Zusammensetzung Ihrer Mitarbeiter die Daten von oben?

12.6.3 Feine geschlechterspezifische Tendenzen: Verkaufs-/After-Sales-Prozess

Ein paar Schnappschüsse, wie diese Daten sich in beobachtbare Markthandlungen übersetzen:

> **In jeder Verkaufssituation ist die wichtigste Variable das Geschlecht des Käufers. Noch wichtiger ist, wie der Verkäufer im Gespräch auf das Geschlecht des Käufers eingeht.**
>
> – Jeffery Tobias Halter: *Selling to Men, Selling to Women*

Mehr als 27 Jahre beschäftige ich mich nun mit diesem Phänomen, das die vorgestellten Daten und die Daten, die ich noch präsentieren werde, beschreiben. Zwei Regale in meinem Büro sind bis oben hin voll mit Büchern aus Politik, Geschichte, Wirtschaft, Marketing, Soziologie und Psychologie, die sich mit so ziemlich allem beschäftigen – von weltweiten Frauenbewegungen im 18. Jahrhundert über die Unterschiede zwischen männlichem und dem weiblichem Gehirn bis hin zu geschlechterspezifischen Wirtschafts- und Marketingprozessen.

Was ich damit sagen möchte: Die Zitate, die ich hier präsentiere (aus Platzgründen nur wenige), sind alles andere als anekdotisch – wenn ich mehr Platz zur Verfügung hätte, würde ich Ihnen liebend gern Geschichten von Frauen erzählen – frustrierende wie amüsante –, die ich in den letzten zwanzig Jahre zusammengetragen habe.

Es gibt unendlich viele Witze über das Verhältnis von Männern und Frauen – darunter lustige, dumme, unverschämte und vulgäre. *Hier werde ich keine Witze erzählen.* Hier geht es vielmehr um die Unfähigkeit, und zwar die anhaltende Unfähigkeit der Wirtschaft im Umgang mit dem größten aller Märkte.

KAUFPROZESS: UNTERSCHIEDE ZWISCHEN MÄNNERN UND FRAUEN

An einer Konferenz in London, auf der ich einen Vortrag hielt, nahm auch die Chefredakteurin des britischen Verlags Redwood Publications teil. Als wir uns nach dem offiziellen Teil unterhielten, bemerkte sie mit Blick auf die Unterschiede zwischen Männern und Frauen:

Redaktionelle Inhalte, die Männer bevorzugt konsumieren: **Tabellen, Rankings.**

Redaktionelle Inhalte, die Frauen bevorzugt konsumieren: **Geschichten, die Zusammenhänge erläutern und die Fantasie anregen.**

Was sie im Großen und Ganzen damit meint, ist, dass Männer auf emotionsloses Marketing ansprechen. Sie schätzen knallharte Vergleiche von Produktmerkmalen.

Frauen sprechen im Großen und Ganzen eher auf Geschichten an, die den Einsatz des Produkts sowie seine Vor- und Nachteile beschreiben.

(In diesem Absatz habe ich zweimal die Formulierung „im Großen und Ganzen" verwendet. Das gilt auch für jedes Beispiel in diesem Abschnitt, auch wenn ich es nicht explizit erwähne. Natürlich unterscheiden sich Männer untereinander in ihrem Verhalten stark; das Gleiche gilt für Frauen. Was ich hier präsentiere, ist sozusagen das modelltypische Verhalten in der Normalverteilung.)

Meine Frau betrieb 15 Jahre lang ein Unternehmen für Inneneinrichtung – Susan Sargent Designs. Sie verkaufte unter anderem Möbel, die sie zum Beispiel auf dem High Point Market in North Carolina, einer Fachmesse für Inneneinrichtung, ausstellte. Einmal erzählte sie:

Männer betrachten einen Esstisch und stellen in der Regel Vermutungen darüber an, mit welcher Drehmaschine die Tischbeine hergestellt wurden. Frauen stellen sich den Tisch in ihrem Esszimmer vor und sprechen darüber. So geht es jedes Mal, praktisch ohne Ausnahme.

Auch hier berufe ich mich auf „im Großen und Ganzen"; meine eigenen Messebeobachtungen decken sich jedoch mit denen meiner Frau: NULL Variation.

Diese Wahrnehmung bestätigt auch Jeffery Tobias Halter in *Selling to Men, Selling to Women*:

Verkauf an Männer: **Transaktionsmodell**

Verkauf an Frauen: **Beziehungsmodell**

Ähnlich argumentiert die auf weibliche Kunden spezialisierte Marketingexpertin Faith Popcorn in ihrem Buch *EVEolution*:

Frauen „kaufen" keine Marken. Sie gehen eine „Verbindung" mit ihnen ein.

Dies bestätigt die Standford-Professorin Judy Rosener in ihrem Buch *America's Competitive Secret – Women Managers*:

Frauen sprechen und hören eine Sprache der Verbundenheit und Intimität. Männer sprechen und hören eine Sprache von Status und Unabhängigkeit. Männer kommunizieren, um Informationen zu beschaffen, ihren Status auszubauen und ihre Unabhängigkeit unter Beweis zu stellen. Frauen kommunizieren, um Beziehungen zu knüpfen, Zusammenarbeit zu fördern und Gefühle auszutauschen.

Ein letztes Beispiel, das zeigt, dass Frauen nach Verbundenheit und Vernetzung streben. Es stammt aus einer Unterhaltung, die ich nach einem Vortrag vor einer Frauengruppe führte:

Der CEO einer Finanzberatung mit Sitz in Manhattan erzählte mir, dass er das Unternehmen vor etwa fünf Jahren gezielt auf die Anliegen von Frauen ausgerichtet habe. Dabei habe er viele bemerkenswerte und überraschende Erkenntnisse über den Unterschied zwischen Männern und Frauen gesammelt. Eine davon: Seine männlichen Kunden empfahlen ihn im Durchschnitt an 2,6 Personen weiter, seine weiblichen Kunden an 21 Personen.

2,6 versus 21.
Wow.

LESEN UND WEITERBILDEN!

Englischsprachige Originalausgaben:

Marti Barletta: *Marketing to Women. How to Increase Your Share of the World's Largest Market*

Fara Warner: *The Power of the Purse. How Smart Businesses Are Adapting to the World's Most Important Consumers–Women*

Bridget Brennan: *Why She Buys. The New Strategy for Reaching the World's Most Powerful Consumers* (Stichwort: „world" – das gilt also buchstäblich überall)

Michele Miller und Holly Buchanan: *The Soccer Mom Myth. Today's Female Consumer, Who She Really Is, Why She Really Buys*

Maddy Dychtwald: *Influence. How Women's Soaring Economic Power Will Transform Our World for the Better*

Auf Deutsch erschienen:

Paco Underhill: *Was Frauen wollen. Warum sie kaufen, was sie kaufen*

Louann Brizendine, M.D.: *Das weibliche Gehirn. Warum Frauen anders sind als Männer*

12.6.4
Besteht Ihr Unternehmen den „Blinzel-Test"?

Eine Art, herauszufinden, ob Sie für diesen riesigen Markt der Frauen bereit sind, ist der – wie ich ihn nenne – „Blinzel-Test":

1. Betrachten Sie ein Foto Ihres Topmanagements.
2. Blinzeln Sie.
3. Prüfen Sie: Ist das Team so zusammengesetzt wie der Markt, den Sie bedienen wollen?

Beispiel:

> **Wenn Frauen 70 Prozent Ihrer Produkte und Dienstleistungen (beruflich und/oder privat) beziehen: Zeigt der Blinzel-Test ein Topmanagement, in dem Frauen die klare Mehrheit darstellen?**

Hier geht es nicht um Quoten, sondern um gesunden Menschenverstand und Gewinnmaximierung.

12.6.5
Die Chance klopft an, aber die Tür lässt sich nicht so leicht öffnen

In diesem Abschnitt geht es nicht um den „Verkauf an Frauen". Es geht vielmehr darum, das riesige Potenzial, das Frauen als Konsumentinnen darstellen, zu erkennen und zu nutzen. Das erfordert nicht weniger als eine umfassende strategische Neuausrichtung. Marketing und Vertrieb sind der Schwanz des Hundes; und nein: Dieser Schwanz wedelt nicht mit dem Hund.

Viel wichtiger als Marketing und Vertrieb sind die Merkmale des Produkts oder der Dienstleistung selbst. So sagt der oben zitierte CEO einer Finanzberatung zum Beispiel, Frauen hätten andere Sorgen bezüglich ihrer finanziellen Zukunft als Männer – „andersartige Sorgen, nicht mehr oder weniger Sorgen". Männer wollten „sich am Markt austoben", als sei das Ganze ein Spiel. Frauen liege dagegen deutlich mehr die langfristige Sicherheit am Herzen – ihre eigene und die ihrer Familie. Die Geldanlage sei für sie alles andere als ein Spiel. Deshalb biete sein Unternehmen Frauen auch ein völlig anderes Produktportfolio.

FAZIT: Wer die Chancen, die ich in diesem Kapitel dargelegt habe, voll ausschöpfen will, muss sich zuallererst jede Ecke und jeden Winkel seines Unternehmens vornehmen.

VORGEHEN: Diesen stark unterversorgten Markt erschließen Sie sich *nicht* mit einer „Fraueninitiative 2018" oder einer „Marketing für Frauen"-Kampagne. Wenn Sie es *wirklich* ernst meinen, hilft nur eine umfassende betriebliche Neuausrichtung. Punkt.

12.6.6 Marktmacht: kommende ($$$$$) Attraktionen

Bis 2020 wird ein Vermögen von insgesamt 22 Billionen US-Dollar in die Hände von Frauen übergehen.

Aus: *The Street and Investment News* (vollständiger Titel des Artikels: „$22 Trillion in Assets Will Shift to Women by 2020: Why Men Need to Watch Out").

Hauptursachen für diese Vermögensverlagerung sind 1. eine stark alternde Bevölkerung (Babyboomer plus), in der Männer zuerst sterben, und 2. der zunehmende Erfolg berufstätiger Frauen.

Unterversorgte Märkte II

12.7 Der Markt der Älteren – die Geschichte

Der gewaltige Markt der Älteren: „Oldies are beautiful", sie haben noch viele Jahre vor sich und viel Geld zur Verfügung

Die Kaufkraft der Frauen – national und global – ist gewaltig. Und obwohl die meisten Unternehmen das erkannt haben, wagen die wenigsten den Sprung und richten sich strategisch komplett neu aus, um dieses gewaltige Potenzial zu nutzen.

Es gibt jedoch noch einen zweiten (**extrem**) unterversorgten Markt und auch er ist von gewaltiger Größe. In diesem Fall wissen die meisten Unternehmen allerdings nicht, was sie tun sollen, oder SCHLIMMER: Sie ignorieren diese Chance vollkommen.

12.7.1 Alle acht Sekunden

Die American Association of Retired People (AARP) veröffentlichte im Zusammenhang mit dem „Silver Tsunami", der immer älter werdenden Bevölkerung, folgende eindrucksvolle Zahlen:

1. Zahl der US-Bürgerinnen und -Bürger **über 50: 109.000.000**
   Anstieg der über 50-Jährigen innerhalb der nächsten zehn Jahre: +19.000.000; im Vergleich dazu Anstieg der zwischen 18. und 49-Jährigen: +6.000.000
2. Anteil der Ausgaben der über 50-Jährigen an den Gesamtausgaben: **50 Prozent**
3. Anteil der Marketingbudgets für die Zielgruppe der über 50-Jährigen: **10 Prozent**
4. **Bis 2029** feiert alle **8 Sekunden 1 Babyboomer** (zwischen 1946 und 1964 Geborene) seinen **65.** Geburtstag.

12.7.2 Neu: Die größte Kundengruppe

In ihrem Buch *Ageless Marketing* übersetzen David Wolfe und Robert Snyder die obigen Zahlen in folgende präzise Beschreibung des Markts der Älteren:

Man nimmt an, dass Verbraucher zwischen 44 und 65 mittlerweile die GRÖSSTE KUNDENGRUPPE darstellen.

Und in *Age Power – How the 21st Century Will Be Ruled by the New Old* schreibt Ken Dychtwald, einer der wenigen Marketinggurus, der das Potenzial der alternden Bevölkerung für die Wirtschaft erkannt hat:

Die „Macht der Älteren" wird das 21. Jahrhundert bestimmen und wir sind in keinster Weise darauf vorbereitet.

Wir sind allgemein schlecht vorbereitet, was in manchen Bereichen schwerwiegende Folgen haben wird (vor allem im Gesundheitswesen). Was die Wirtschaft betrifft, sind wir nicht nur schlecht vorbereitet; wir haben die Gruppe der 44- bis 65-Jährigen, die Wolfe und Snyder unter die Lupe nehmen, praktisch vollkommen ignoriert.

12.7.3 50:50

Es gibt diese seltenen Momente, in denen Sie einen einzigen Satz hören, der Ihr Weltbild völlig auf den Kopf stellt. Das folgende Zitat von Bill Novelli, dem ehemaligen Vorsitzenden der AARP, entnommen aus seinem Buch *50+ – Igniting a Revolution to Reinvent America*, war für mich so ein Moment:

WER HEUTE 50 WIRD, HAT NOCH MEHR ALS DIE HÄLFTE SEINES ERWACHSENENLEBENS VOR SICH.

50 Jahre.
Erst die Hälfte vorbei.
Unternehmen: Hören Sie zu?

MIT 50 ERST DIE HÄLFTE VORBEI: 7/13

Aus Marti Barlettas *PrimeTime Women*:

Anzahl der im Durchschnitt angeschafften Autos pro US-Haushalt, auf die Gesamtlebenszeit bezogen: 13
Anzahl der im Durchschnitt angeschafften Autos pro US-Haushalt, in denen der „Hauptentscheider" 50 Jahre oder älter ist: 7

(Klingelt es da in Detroit? Ich befürchte, nein.)

ZUSAMMENHANG: 55–65 VERSUS 24–34

Ein paar weitere Zahlen aus *PrimeTime Women*:

Neuanschaffung Autos oder Lkws: 55- bis 64-Jährige geben 20 Prozent mehr aus als 25- bis 34-Jährige
Essen im Restaurant: +29 Prozent
Flugreisen: +38 Prozent
Sportausstattung: +58 Prozent
Wohnmobile: +103 Prozent
Wein: +113 Prozent
Instandhaltung, Reparaturen und Hausratversicherungen: +127 Prozent
Ferienunterkünfte: +258 Prozent
Haus- und Gartenarbeit: +250 Prozent

(Dazu muss ich wohl nichts mehr sagen, oder?)

12.7.4 Markt der Älteren/Vermögen: 47-mal so viel

Das Forschungsinstitut Pew Research Center schreibt:

> **2009 besaßen Haushalte, in denen die Menschen 65 oder älter waren ..., 47-mal so viel Nettovermögen wie der durchschnittliche Haushalt eines unter 35-Jährigen. 1984 war das Verhältnis mit 10:1 noch weniger ungleich.**

12.7.5 Markt der Älteren: nicht „beste Chance", sondern „*einzige* Chance"

> **Diese größte Kundengruppe ist die ... EINZIGE ... erwachsene Zielgruppe, die realistisch betrachtet ein enormes Absatzwachstum verspricht, und zwar bei Dutzenden von Produktlinien für Tausende von Unternehmen.**
>
> – David Wolfe und Robert Snyder: *Ageless Marketing*

12.7.6 „Die" bekommen es einfach nicht gebacken

> **Marketer haben bislang auf ganzer Strecke darin versagt, die über 50-Jährigen anzusprechen. Keine andere Zielgruppe wird in ihren Motiven und Bedürfnissen so missverstanden.**
>
> – Peter Francese, Verlagsgründer, *American Demographics* Magazin

Und in *PrimeTime Women* schreibt Marti Barletta:

> **Ein besonders verstörender Aspekt unserer Besessenheit von der Jugend ist die äußerst begehrte Zielgruppe der 18- bis 34-jährigen Männer, und so wird sie auch bezeichnet, als „äußert begehrte Zielgruppe". Marketer haben sich von den 18- bis 34-jährigen Männern ablenken lassen, weil es immer schwieri-**

ger wird, sie zu erreichen. Na und? Wieso sollte man sie überhaupt erreichen wollen? Außer Fastfood und Bier kaufen sie so gut wie nichts. ... Die These lautet: Wenn man sie „gewinnt, solange sie jung sind, hat man sie für immer als Kunden sicher". Was für ein Unsinn!
Spätestens bei 54-Jährigen haben jegliche Marketingmaßnahmen, mit denen ich zu tun hatte, aufgehört. Das ist äußert seltsam, wenn man bedenkt, dass 50 das Alter ist, in dem Menschen, die ihr ganzes Leben gearbeitet haben, endlich etwas Geld haben, das sie ausgeben können. Und die Zeit, es auszugeben.
Ältere Menschen haben ein Imageproblem. Unsere Kultur ist auf Jugend gepolt. ... Jugend bedeutet für uns „dynamisch und bunt". Bei mittelalten Menschen kommen uns Beschreibungen wie „müde und ausgelaugt" in den Sinn, und bei „alten" Menschen oder „Senioren" denken wir an „erschöpft und grau", oder wir denken gar nicht. Dabei sind die Zahlen eindeutig: Die Zielgruppe der Älteren hat Geld. Überraschenderweise ignorieren Werbetreibende das jedoch völlig.

12.7.7 Noch ein (weiteres) Sahnehäubchen für die Älteren

Forrester Research: „[Die über 55-Jährigen] regeln ihre Finanzen häufiger online, sie kaufen eher online ein und sie konsumieren Online-Unterhaltungsangebote stärker als die unter 55-Jährigen."

Kauffman Foundation: „USA 1996–2007: Die meisten Unternehmens-/Start-up-Gründungen gab es in der Gruppe der 55- bis 64-Jährigen (die wenigsten dagegen unter den 20- bis 34-Jährigen)."

12.7.8 Abschließende Bemerkung: mehr als eine „Maßnahme"

In diesem Abschnitt habe ich mich mit Kommentaren zurückgehalten. Denn diesmal sprechen die Zahlen tatsächlich für sich. Oder anders ausgedrückt: Die Zahlen belegen eindeutig, dass dieser unheimlich große und unheimlich unterversorgte Markt ein riesiges Potenzial darstellt.

Also??????

Steigen Sie von Ihrem hohen Millennials-Ross herunter und setzen Sie auf das Pferd, das Sie direkt in die Bank bringt. Ich und die Meinen – wir Oldies – verfügen über die Mittel (**47-mal** so viel) *und* die Zeit (**50:50**), sie auszugeben.

HINWEIS/MEHR ALS EINE „MASSNAHME“: Wie ich bereits im letzten Abschnitt zur gewaltigen Kaufkraft der Frauen gesagt habe, braucht es auch hier mehr als eine „Oldies-Initiative 2018“, um das Potenzial dieses riesigen Markts auszuschöpfen. Es braucht eine umfassende Analyse der betrieblichen Kompetenzen, Ressourcen und Kultur, um diese mit Blick auf die Kaufkraft der Älteren (mehrere Billionen US-Dollar) wirksam zur Geltung zu bringen.

(HMM. ICH HALTE ES FÜR SEHR WAHRSCHEINLICH [BIN MIR SICHER], DASS DIES DIE GRÖSSTE MARKTCHANCE IST, DIE ICH IN DIESEM BUCH VORGESTELLT HABE. UND DAS GUTE IST, DASS IHRE MITBEWERBER IN DIESER HINSICHT IDIOTEN SIND. ICH NEHME MAL AN, SIE NICHT, RICHTIG?)

12.8 Die wichtigste Ressource für Mehrwert – die Geschichte

Das große „Ist doch klar!“: Unsere Mitarbeiter/hoch motiviert/alles Innovatoren – wichtigster Treiber des Mehrwerts

Es wäre falsch, dieses Kapital abzuschließen, ohne das Offensichtliche zu erwähnen. Unser Thema sind Strategien zur Mehrwertgenerierung und ich bin überzeugt, dass die acht, die wir uns soeben angesehen haben (eine neunte findet sich in Kapitel 11; und es gäbe sicher einige weitere) riesige Chancen bieten. Diese können jedoch nur realisiert werden, wenn wir das, was wir in Kapitel 5 gelernt haben, auch umsetzen. Wenn wir also unsere …

Mitarbeiter (wirklich) in den Mittelpunkt stellen.

Zum Beispiel indem wir (wir erinnern uns):

- nette Leute einstellen, also Mitarbeiter, die zuhören, sich kümmern, lächeln, Danke sagen, warmherzig sind und Persönlichkeit haben.
- Training zur wichtigsten Investition machen und ein Weiterbildungsangebot schaffen, das die Mitarbeiter regelmäßig mit „supercalifragilisticexpialigetisch" bewerten.
- von unseren Führungskräften erwarten, dass sie Dream Manager werden und sich für die Weiterentwicklung ihrer Mitarbeiter einsetzen, sie zu lebenslangem Lernen motivieren und dadurch ihren Marktwert steigern, sodass sie „reicher" gehen, als sie gekommen sind.
- zum besten Arbeitgeber werden – wie wir gesehen haben, ist das im Lebensmittelgeschäft, in der Klinik oder auf der Teeplantage genauso möglich wie in der Welt von Google und Facebook.

Meine Lieblingszitate in diesem Zusammenhang stammen einmal mehr vom Unternehmer und Kundenservice-Guru John DiJulius:

Ihre Kunden werden niemals zufriedener sein als Ihre Mitarbeiter.

Und von Ari Weinzweig von Zingerman's (Superfood-Imperium):

Wenn Sie wollen, dass Ihre Mitarbeiter erstklassigen Service leisten, müssen Sie Ihren Mitarbeitern erstklassigen Service bieten.

Ich sage es noch einmal:

KEINE DER IN DIESEM UND DEM VORHERIGEN KAPITEL VORGESTELLTEN CHANCEN DER MEHRWERTGENERIERUNG ERREICHEN AUCH NUR BETRIEBSTEMPERATUR, WENN WIR NICHT UNSER HERZ, UNSERE SEELE UND UNSER GELD IN DEN AUFBAU EINER ERSTKLASSIGEN UND MOTIVIERTEN BELEGSCHAFT STECKEN, DIE SICH WEITERENTWICKELN WILL.

TEIL VI

Leadership Excellence

13 Zuhören – die Grundlage exzellenter Führung

Meine Geschichte

Über eine schöne Frau, ein Dinner in Paris und den Abend, an dem ich den Mund hielt

Ich kam gerade von einem zweitägigen Seminar in London und sollte am übernächsten Tag ein Tagesseminar in München halten. Den Tag dazwischen hatte ich frei. Ganz spontan beschloss ich, einen Zwischenstopp in Paris einzulegen, einer Stadt, die ich liebe. Mir fiel ein, dass dort eine alte Freundin von mir wohnte, die ich seit meiner Zeit in Standford nicht mehr gesehen hatte (sie arbeitete dort als Lehrassistentin, während sie ihren Doktor machte). Sie lebte etwa eine Stunde außerhalb von Paris. Ich kündigte mich an und fragte, ob sie Zeit hätte und in den Zug springen würde. Dafür würde ich sie zum Abendessen in ein Restaurant ihrer Wahl einladen.

Sie sagte zu und wählte für unser längst überfälliges Treffen ein hübsches kleines Restaurant. Ich freute mich sehr, sie zu sehen. An diesem Abend war ich jedoch alles andere als ein anregender Gesprächspartner – ich war extrem müde und die nächsten Tage würden noch anstrengender werden.

Da ich mich aber sehr auf ihre Gesellschaft freute, legte ich mir eine Strategie zurecht, wie ich meinen eigenen Redeanteil so gering wie möglich halten könnte. Nachdem wir ein wenig geplaudert hatten, sagte ich ziemlich geradeheraus: „Janet, wir kennen uns nun schon so lange, aber eigentlich weiß ich fast nichts über dich. Wie wäre es, wenn du mir deine Geschichte erzählst – von Anfang an?“ Dann lehnte ich mich zurück und gab nichts weiter von mir als ein gelegentliches „Hm“ oder „Toll“. Und ihre Geschichte *war* unglaublich: Geboren und aufgewachsen in einem abgelegenen Städtchen in Kanada, gelang ihr durch eine Reihe verrückter Zufälle der Schritt in die weite Welt und so weiter. Die Geschichte endete mit ein paar Gedanken zu ihrem aktuellen und faszinierenden Job in einem internationalen Forschungsinstitut, das sich mit der Zukunft der Arbeit beschäftigte.

Ich hörte ihr gern zu und lernte *so* viele Dinge, dass mir der Kopf noch Tage später schwirrte. Und obwohl ich sie wirklich sehr mochte, ist das hier keine romantische Geschichte, weshalb ich nach dem Essen ein Taxi bestellte und ins Hotel fuhr, wo mein nächster Tag bereits um 4 Uhr morgens beginnen würde. Janet kam bei einem guten Freund in der Stadt des Lichts unter.

Einige Tage später meldete sie sich noch einmal und teilte mir überschwänglich mit, dass ich einer der besten Zuhörer sei, den sie je erlebt habe.

Ich muss es leider zugeben: Da irrt sie sich. Ich leide eigentlich an einem Aufmerksamkeitsdefizit, bin ein schlechter Zuhörer und unterbreche mein Gegenüber ständig. Durch ihre Nachricht kamen mir aber plötzlich verschiedene Personen in den Sinn, vor allem Führungskräfte, die ich sehr bewundere. Dabei stellte ich fest, dass die Besten der Besten durchweg außerordentlich gute Zuhörer waren. Scheinbar mit Leichtigkeit und regelmäßigem Kopfnicken gelingt es ihnen, uns Dinge zu entlocken – Fakten, Beobachtungen, Meinungen, Geständnisse –, von denen wir gar nicht wussten, dass wir sie kennen oder haben. So verhält es sich auch mit einem meiner Freunde, der früher CEO eines Finanzdienstleisters war und mittlerweile im Ruhestand ist. Jedes Mal, wenn ich von einem Abendessen mit ihm nach Hause komme, fällt mir auf, dass „wir" uns eine Stunde lang unterhalten haben, ohne dass er viel gesagt hat. Das lag nicht etwa daran, dass ich wie ein Idiot vor mich hingequasselt hätte (hoffe ich zumindest!), sondern an seiner Art, interessante und weiterführende Fragen zu stellen. Und dann weitere Fragen, je tiefer wir in ein Thema eintauchten, bis er irgendwann schwieg und mich reden ließ. Einmal erzählte ich seiner Frau von meiner Beobachtung, woraufhin sie lachte und meinte: „Ja, das ist Davids großes Erfolgsgeheimnis. Er ist ein außerordentlich guter Zuhörer."

Herzlichen Glückwunsch, David!

(Zuhören verdient oberste Priorität in diesem Teil über Leadership Excellence. Ich widme dem Thema deshalb auch ein eigenes Kapitel. Wir sind uns zwar alle einig, wie wichtig Zuhören ist, die wenigsten von uns verhalten sich jedoch entsprechend. Wahrscheinlich denken wir, wir seien ziemlich gut darin, aber mit allem Respekt: In fünf von sechs Fällen machen wir uns bloß etwas vor. Anders als mein Banker-Freund, der außergewöhnliche Zuhörer, vertun wir damit eine Riesenchance, unsere Führung noch wirksamer zu gestalten. Behalten Sie das im Hinterkopf, wenn Sie dieses Kapitel lesen.)

Spitzenleistung beim Zuhören – die Geschichte

13.1 Zuhören

> **Die beste Art und Weise, eine Person zu überzeugen, ist mit den Ohren. Sie müssen zuhören.**
>
> – der frühere US-Außenminister Dean Rusk

Ein toller Einzeiler.

Noch wichtiger: **mit ziemlicher Sicherheit ein Gedanke, der Ihr Leben verändert.**

13.2 Zuhören = „ungeteilte" Aufmerksamkeit, Zuhören ist Strategie

> **Es ist schon beeindruckend, wie diese scheinbar kleine Sache – einer anderen Person seine ungeteilte Aufmerksamkeit zu schenken, interessiert nachzufragen, wirklich zuzuhören – auch in kurzen Gesprächen – solch eine gewaltige Wirkung haben kann.**
>
> – Susan Scott: *Fierce Conversations – Achieving Success at Work and in Life, One Conversation at a Time*

Aufmerksamkeit ist das eine. UNGETEILTE Aufmerksamkeit das andere. Ungeteilte Aufmerksamkeit ist eine Form der Achtsamkeit, die man spüren kann. Die Person, die auf den Kommentar oder die Frage antwortet, fühlt sich voll eingebunden, sie ist der Mittelpunkt des Universums und spürt, dass sie jetzt besser schnell etwas Nützliches oder Schlaues von sich gibt. Ich kann mit Fug und Recht behaupten, dass sich dieses gesamte Kapitel mit dem Unterschied zwischen *Aufmerksamkeit* und *UNGETEILTER Aufmerksamkeit* beschäftigt.

Das Adjektiv **„UNGETEILT"** sagt alles.

Scotts Buch ist ein Meisterwerk und es impliziert, dass ein Thema wie Zuhören/Unterhaltung umfassend untersucht werden kann, auch im Rahmen wissenschaftlicher Studien. Es kann genauso untersucht werden wie andere Gebiete, etwa Rechnungswesen oder Neurochirurgie!

Zuhören IST Strategie.

Und uns alle zu echten *professionellen Zuhörern* zu machen ist eine plausible Vorstellung.

Neben „ungeteilt" ist auch „Experte" ein Schlüsselbegriff. Es geht nicht darum, *zuzuhören* oder *besser zuzuhören*, sondern darum, das Zuhören (*hoch konzentriertes* Zuhören) zum Kernstück Ihres Daseins zu machen, zu Ihrer strategischen Stärke, zu Ihrem wichtigsten strategischen Alleinstellungsmerkmal.

Nun lässt sich das leicht behaupten. Wesentlich schwieriger ist dagegen die Umsetzung. Zuhören als Forschungsgebiet zu betrachten, gar als Beruf oder Berufung, ist alles andere als gängig. Ich wette, nicht einer von hundert – oder tausend? – meiner Leserinnen und Leser hat jemals ein *Fachbuch* über das Zuhören gelesen oder ein *Seminar* speziell zu diesem Thema besucht. Deshalb hoffe ich, dass dieses Kapitel, in dem es um den wichtigsten Aspekt der Führung geht, Sie zum Nachdenken bringt. Dass Sie der Idee Raum geben und mit Ihren Kolleginnen und Kollegen darüber sprechen. Und dass Sie vielleicht, nur vielleicht, der Richtung folgen, die ich hier vorschlage.

13.3 Das Achtzehn-Sekunden-Syndrom

Von Jerome Groopman, Arzt und Professor an der Harvard Medical School, stammt der Titel *Wie Ärzte ticken – Warum Mediziner so oder anders entscheiden*. Darin argumentiert er, dass der Schlüssel, um Informationen zu erhalten und sich um das Anliegen des Patienten kümmern zu können, darin besteht, ihn reden zu lassen. Die Studien, die er zitiert, zeichnen allerdings ein ganz anderes Bild:

Der Arzt unterbricht den Patienten, der gerade seine Symptome beschreibt, nach …
ACHTZEHN SEKUNDEN.

Jetzt sind Sie dran: Unterbrechen *Sie* Ihr Gegenüber nach achtzehn Sekunden?

Der typische Arzt oder die typische Ärztin ist wahrscheinlich wie Sie und ich – ein Experte oder eine Expertin, der/die weiß, worüber er/sie spricht. Sie (Patient) beginnen also, Ihre Geschichte zu erzählen, was Sie in die Praxis führt, und in null Komma nichts hat unser Arzt die Situation erfasst und unterbricht Sie, um seinen zehn (oder fünfundzwanzig oder fünfzig) Cent teuren Ratschlag einzuwerfen.

Problem gelöst.

Rezept ausstellen.

„Der Nächste bitte …"

Nun, die Wahrscheinlichkeit ist überraschend hoch, dass der Arzt das Problem eben *nicht* vollständig erfasst hat. Und selbst wenn, hat er nicht dafür gesorgt, dass der Patient das Gefühl hat, hier gehe es wirklich um ihn. Stattdessen hat der Arzt ihn sofort an den Rand gedrängt: Das ist *mein* Spiel (Arzt), nicht *Ihr* Spiel (Patient). Dadurch entgeht uns des Pudels Kern, nämlich:

1. sich einzulassen und dem Patienten auf Augenhöhe zu begegnen
2. wichtige Informationen zu erhalten, die sich normalerweise nicht sofort offenbaren, sondern das Ergebnis eines Hin und Her sind, das es dem Patienten erlaubt, eine relativ zusammenhängende Geschichte zu erzählen, aus der sich am Ende eine Menge neuer Informationen gewinnen lassen.

Und? Wirkt der erste Schritt im Heilungsprozess des Achtzehn-Minuten-Syndroms schon?

Akzeptieren Sie die Tatsache, dass Sie mit großer Wahrscheinlichkeit einer der vielen Achtzehn-Sekunden-Unterbrecher sind. Vielleicht gelingt es Ihnen aber mithilfe dieses Kapitels und durch hartes, kontinuierliches Lernen, Üben und Feedback-Einholen, diese Unart zu unterbinden – und in diesem Zuge aus einer offenkundigen Schwäche eine große Stärke zu machen.

(Meine Präsentationen zu diesem Thema beginne ich immer mit einer Folie, die das Achtzehn-Sekunden-Zitat zeigt. Und wenn ich dann frage, „Gehören Sie zu den Achtzehn-Sekunden-Managern?", folgt unweigerlich großes Gelächter – Sie wissen schon, die Art von Gelächter, die sagt: „Da haben Sie mich erwischt." Es ist tatsächlich der perfekte Einstieg in das Thema und die Schuldigen sind immer in der Mehrheit, angefangen bei mir natürlich!)

(Übrigens: Meine Absicht ist nicht, Ärztinnen und Ärzte als einzige Berufsgruppe darzustellen, die diese Schwäche besitzt. Sie sind zwar das Forschungssubjekt von Dr. Groopman; ich möchte die Anschuldigung jedoch zügig auf uns alle ausweiten.)

13.4 Die große Kraft des Zuhörens

OBSESSION: MIT EINER BESTIMMTEN FURCHT VERBUNDENEN ZWANGSVORSTELLUNG ODER -HANDLUNG!

Obsessives Zuhören ist …
… das ultimative Zeichen von Respekt.
… Herz und Seele von Sich-Einlassen und Umsicht.

... die Grundlage für Zusammenarbeit und Gemeinschaft.
... eine individuelle Fähigkeit, an der man arbeiten kann. (Obwohl Frauen grundsätzlich deutlich besser darin sind als Männer.)
... der Kern wirksamer abteilungsübergreifender Kommunikation (was wiederum das wichtigste Merkmal betrieblicher Effektivität ist).
... der Schlüssel zu erfolgreichen Kaufabschlüssen.
... der Schlüssel zur Kundenbindung.
... die Voraussetzung für einen Service, der in Erinnerung bleibt.
... der Kern, um unterschiedliche Meinungen zu berücksichtigen.
... profitabel. (Der ROI des Zuhörens ist definitiv höher als der jeder anderen Aktivität.)
... das Fundament, das ein Streben nach SPITZENLEISTUNG ermöglicht.

Diese Liste der Vorteile des obsessiven Zuhörens mag dahingekritzelt erscheinen. Ich empfehle Ihnen jedoch, sich jeden Punkt einzeln vorzunehmen und Ihre eigenen Schlüsse zu ziehen. „Das ultimative Zeichen von Respekt? Hmmm, **NATÜRLICH**." „Der Schlüssel zu erfolgreichen Kaufabschlüssen? Hmmm, **NATÜRLICH**." „Die Voraussetzung für einen Service, der in Erinnerung bleibt?" Hmmm, **NATÜRLICH**." Ich bin mir ziemlich sicher, dass es so laufen wird. Und am Ende dieser Übung erkennen Sie vielleicht langsam, dass Zuhören tatsächlich eine essenzielle Tätigkeit und Chance ist, die Ihre *systematische* Aufmerksamkeit (und die Ihres Unternehmens) verdient, weil sie eine *strategische* Fähigkeit ist, die jeder von uns entwickeln sollte.

13.5 Zuhören ist Respekt

Erst viel später verstand ich, was Dads Geheimnis war. Die Leute respektierten ihn, weil er sie respektierte. Mit den Viertklässlern in Spring Valley, die Schuhe putzten, ging er genauso um wie mit einem Bischof oder einem College-Präsidenten. Er hatte ein ernsthaftes Interesse daran, wer sein Gegenüber war und was es zu sagen hatte.

– Sara Lawrence-Lightfoot: *Respect*

Es war nicht seine Intelligenz, die mich umhaute. ... Was mich beeindruckte, war die Art und Weise, wie er, wenn er eine Frage

gestellt hatte, auf die Antwort wartete. Er hörte nicht einfach nur zu …, er gab mir das Gefühl, die einzige Person im Raum zu sein.

– ein Rechtsanwalt, der von seiner ersten Begegnung mit seinem berühmten Kollegen David Boies berichtet, aus dem Artikel „The Skill That Separates" von Marshall Goldsmith, erschienen in *Fast Company*

Wahrscheinlich kennen Sie selbst einige herausragende Personen wie diese beiden. Wenn wir in das Kraftfeld solcher Menschen gelangen, weichen wir unweigerlich zurück. Der Ratschlag, „Seien Sie wie diese Personen", bringt uns nicht weiter. Ich möchte Sie dagegen an die Kraft des Zuhörens (des **HOCH KONZENTRIERTEN** Zuhörens) erinnern und Sie noch einmal dazu anhalten, die Praxis des Zuhörens zu einem unternehmensweiten sowie persönlichen strategischen Ziel zu machen.

13.6 Intensives Zuhören

Mike Abrashoff war Kapitän des Lenkwaffenkreuzers USS Benfold und ist Autor des Buches *It's Your Ship – Management Techniques from the Best Damn Ship in the Navy*. Sein Schiff erhielt die besten Bewertungen der US Navy – eine echte Aufstiegsgeschichte. Mittlerweile ist er ein äußerst gefragter Managementredner.

Abrashoff erzählt, wie für ihn die Reise zu effektiver Führung durch Zuhören begonnen hat:

Meine Leadership-Ausbildung begann in Washington, wo ich als Assistent des Verteidigungsministers William Perry arbeitete. Perry war beliebt und alle bewunderten ihn – die Staats- und Regierungschefs ebenso wie unsere Truppen und die Truppen unserer Verbündeten. Das lag vor allem an der Art und Weise, wie Perry zuhörte. Wer mit ihm sprach, konnte sich seiner ungeteilten Aufmerksamkeit sicher sein. Die Menschen blühten in seiner Anwesenheit auf, weil er so respektvoll mit ihnen umging, und ich merkte, dass auch ich diese Wirkung erzielen wollte. Perry wurde zu meinem Vorbild, aber das reichte nicht. Es musste etwas Größeres geschehen und das tat es dann auch. Schmerzhaft erkannte ich, dass ich häufig nur so getan hatte, als hörte ich anderen zu. Wie oft hatte ich einfach nur kurz von meiner Arbeit aufgeblickt, wenn ein Untergebener mein Büro betrat? Ich war nicht aufmerksam. Ich wartete bloß darauf, den nächsten Befehl erteilen zu können. Diese Erkenntnis ließ mich

ein neues persönliches Ziel formulieren: Ich nahm mir vor, jede Begegnung auf der *Benfold* als die in diesem Moment wichtigste Angelegenheit zu behandeln. Das war nicht leicht, aber die Begeisterung und die Ideen meiner Besatzung motivierten mich. Es dauerte nicht lange, bis ich begriff, dass meine junge Crew clever, talentiert und voller guter Ideen war – Ideen, die normalerweise versandeten, weil niemand der Verantwortlichen sich je die Mühe gemacht hatte, sie anzuhören. …
Also beschloss ich, meine Aufgabe würde es sein, intensiv zuzuhören.

Ein Kriegsschiff erfolgreich kommandieren? Ein Kriegsschiff ist eine Umgebung, in der die Offiziere das Sagen haben und die Matrosen nur eines lernen: „Mund halten und Befehle ausführen."

Richtig?

Kapitän Abrashoff lehrt uns: **FALSCH!**

13.7 Zuhören ist ein *Tun*-Wort

Sehen Sie sich diese Formulierungen genau an:

HOCH KONZENTRIERT zuhören.
INTENSIV zuhören.

Sie sind außerordentlich wichtig. Denn „zuhören" ist ein *Tun*-Wort. In der Regel gilt Zuhören als passive Tätigkeit.

FALSCH.

FALSCH.

UND NOCHMALS FALSCH.

Zuhören ist hundertprozentiges Sich-Einlassen. Es ist sogar die intensivste emotionale menschliche Aktivität.

ZUHÖREN = **MACHEN!/AKTION!**

Ich würde sogar so weit gehen, zu behaupten, dass, wenn Sie nach einem halbstündigen Gespräch nicht erschöpft sind, Sie nicht ernsthaft/hoch konzentriert/intensiv zugehört haben.

13.8 Zuhören: der wichtigste Grundwert eines Unternehmens

Nr. 1 = Nr. 1

Vorschlag für den wichtigsten Grundwert eines Unternehmens:

Wir sind effektive Zuhörer. Wir behandeln EXZELLENTES Zuhören als den Kern unserer Verpflichtung zu Respekt, Engagement, Gemeinschaft und Wachstum.

Es gibt zahlreiche legitime Kandidaten für unternehmerische Grundwerte, die an die erste Stelle gehören. Wenn Sie mit den Zitaten in diesem Kapitel übereinstimmen, dann ist Zuhören doch eine gute Wahl für diesen ersten Platz, oder nicht?

Klingt übertrieben?

Wirklich?

(Bitte denken Sie darüber nach.)

13.9

13.9.1 Sir Richard sagt: „Teil I: Zuhören"

In seinem jüngsten Buch *The Virgin Way – Wie ich das Thema Führung sehe* widmet Richard Branson EIN DRITTEL dem Thema Zuhören. („Der Schlüssel zu fast allen diesen Eigenschaften beim Führen von Menschen und von absolut entscheidender Bedeutung war, dass diese Führungspersönlichkeit zuhören konnte.")

Das hat mich überrascht. Ich habe bestimmt Hunderte von Büchern zum Thema Führung gelesen, und immer ging es auch ums Zuhören. Aber das!?

Ich wiederhole:

EIN DRITTEL DES GESAMTEN BUCHES.

ÜBER HUNDERT SEITEN.

DIE ERSTEN HUNDERT+ SEITEN.

ZUHÖREN.

NICHTS ANDERES.

13.9.2 Multiplikator: Bitte mitschreiben

Branson ist zudem ein fleißiger (fanatischer!) Notizenmacher. Über die Jahre hat er mehrere Hundert Notizbücher vollgeschrieben. Mitschreiben ist für ihn *der* Schlüssel zu effektivem Zuhören.

Notizenmachen zwingt einen unter anderem zu Aufmerksamkeit. Darüber hinaus zeigt es der anderen Person, dass man es ernst meint und sie ernst nimmt. Indem Sie Dinge mitschreiben, sagen Sie implizit:

„Das, was Sie zu sagen haben, ist wertvoll für mich, Sie liefern mir neue Informationen, Informationen, die Auskunft geben über die derzeitige Situation des Unternehmens. Solange wir miteinander sprechen, sind Sie für mich die wichtigste Person."

(BONUS: Notizenmachen hält Sie auch davon ab, sich während des Zuhörens bereits Ihre clevere, eigennützige Antwort zu überlegen. Das ist nicht einfach so dahingesagt. Studien belegen, dass sich Menschen beim Zuhören bereits ihren nächsten [zweifelsohne brillanten] Einwand zurechtlegen.)

13.10 Kommentare auf Twitter

Tweets zum Thema Zuhören auf @tom_peters:

Bevor ich in ein Meeting gehe, schreibe ich mir immer „ZUHÖREN" auf die Hand.

(Ich habe selbst damit begonnen und es hilft. Dieser Tweet wurde übrigens mit am häufigsten retweetet. **PROBIEREN SIE ES AUS!**)

Wenn Sie „zuhören" und sich in Gedanken bereits eine Antwort zurechtlegen, dann hören Sie nicht zu!

Die Menschen durchschauen Sie. Sie merken sofort, wenn Sie sich für die Antwort auf Ihre Frage nicht interessieren.

Wenn Sie eine Frage stellen und dieser nicht zwei oder drei weiterführende Fragen hinterherschicken, haben Sie bei der Antwort wahrscheinlich nicht zugehört.

Ich bin in der Nähe einer Bahnstrecke aufgewachsen. Als Kinder wurde uns eingebläut: „ANHALTEN. SCHAUEN. HINHÖREN." Chefs sollten diesen Rat akribisch befolgen.

Zuhören ist eine absichtsvolle Handlung, die Mühe und hundertprozentige Aufmerksamkeit erfordert. Zuhören tut man nicht nebenbei oder automatisch.

Zuhören kostet (und zwar Zeit). Die Alternative kostet allerdings noch viel mehr.

Tweet von Mikael Pawlo:

Es geht nichts über Augen- und Ohrenkontakt. Fragen stellen und mit einem Lächeln zuhören ist geballte Kraft.

„Geballte Kraft" – danke, Mikael.

13.11 Regeln für den guten Zuhörer – eine Auswahl

E voilà:

- Ein guter Zuhörer lebt nur für das aktuelle Gespräch. Während dieser (fünf, zehn, dreißig) Minuten gibt es für ihn nichts Wichtigeres auf der Welt.
- Ich bediene mich noch einmal der Formulierung von Susan Sott:
  erfolgreiches Zuhören = UNGETEILTE AUFMERKSAMKEIT.
- Ein guter Zuhörer hält die Klappe.

- Ein guter Zuhörer lässt seinem Gesprächspartner Zeit, sich zu sammeln, und unterbricht ihn nicht. (Eine Pause von zehn oder zwanzig oder fünfundvierzig Sekunden, in der der andere nachdenkt, bevor er spricht, ist keine Einladung, ihn zu unterbrechen. VERDAMMT.)
- Ein guter Zuhörer hört NIEMALS auf, zuzuhören.
- Ein guter Zuhörer wird UNSICHTBAR. Er stellt sein Gegenüber in den Mittelpunkt.

(Mein Freund Dennis Littky, Gründer von Big Picture Learning, hatte eine interessante Eigenschaft, die wir einmal für eine Sendung des Public Broadcasting Service zum Thema Führung mit der Kamera einfingen. Wenn er zum Beispiel das Klassenzimmer einer zehnten Klasse betrat [Dennis war damals Schulleiter der Thayer High School in Winchester, New Hampshire] und an das Pult eines Schülers trat, ging er reflexartig in die Knie, sodass er zu dem Schüler hinaufschauen musste. Das zum Thema: die eigene Routine durchbrechen!)

- Ein guter Zuhörer geht NIEMALS ran, wenn das Telefon mitten im Gespräch klingelt, selbst wenn der Vorgesetzte anruft.
- Ein guter Zuhörer macht sich UMFANGREICHE Notizen.
- Ein guter Zuhörer RUFT seinen Gesprächspartner ein paar Stunden später AN (besser als eine E-Mail schreiben!) und dankt ihm für seine Zeit.
- Ein guter Zuhörer ruft seinen Gesprächspartner ein paar Tage später an, weil er einige weiterführende Fragen hat.
- Ein guter Zuhörer predigt NICHT!

Denken Sie daran: WENN SIE (NACH EINEM ERNSTEN GESPRÄCH) NICHT ERSCHÖPFT SIND, HABEN SIE NICHT RICHTIG ZUGEHÖRT.

13.12 Zuhören: abschließende Worte

Verpassen Sie keine Gelegenheit, die Klappe zu halten.

– Will Rogers, US-amerikanischer Komiker (1879–1935)

14 Leadership Excellence in den unteren Rängen – eine unterschätzte Ressource

Meine Geschichte

„Ihr *werdet* dem Unteroffizier Folge leisten!“

Kehren wir noch einmal zurück zu meinen prägenden Jahren bei der US-Marine. Nachdem wir in Vietnam gelandet waren, begleitete man unser Bataillon in das Camp von Red Beach in der Nähe von Danang. Von den sechzig Neuen waren sechs von uns Fähnriche, der niedrigste Offiziersrang (im Militärjargon auch „O-1s“ genannt). Unser bärbeißiger Kommandant, der Held aus der Eingangsgeschichte im ersten Kapitel über Umsetzung, ließ keinen Zweifel daran, dass wir unsere Militärlaufbahn als Bürger zweiter Klasse beginnen würden, daran ändere auch der strahlend goldene Streifen auf unserer Uniform nichts.

Seine Einführungsansprache am Strand begann er deshalb auch mit den Worten (und ich habe ihn noch gut im Ohr): „Euer Erfolg hängt von einer Sache ab und da dulde ich keine Ausnahme. Ihr werdet den Befehlen eures CPO Folge leisten.“ (CPO – Chief Petty Officer ist der höchste Unteroffiziersdienstgrad der US Navy. Sie sind die alten Hasen, die schon alles gesehen haben, einschließlich Paraden junger, ahnungsloser Offiziere.) Er fügte hinzu: „Sie wissen, was sie tun, und in meiner Truppe wären sie nicht da, wo sie sind, wenn sie sich nicht den Respekt ihrer Männer verdient hätten. Fakt ist, Männer, sie haben das Sagen.“

Die CPOs sind die Führungspersonen, die die Arbeit auf dem Schiff koordinieren – oder in meinem konkreten Fall die Arbeit des U.S. Naval Mobile Construction Battalion 9. Die CPOs führen die Marine und die Sergeants führen das Heer. In Privatunternehmen sind dies die Vorgesetzten der ersten Ebene, die Frontline-Manager. Sie sind am nächsten dran an denjenigen, die die eigentliche Arbeit machen. Welche Position – oder Rolleninhaber – könnte wichtiger sein – im U.S. Naval Mobile Construction Battalion 9 oder beim Honda-Händler um die Ecke?

Die Antwort: KEINE. Die CPOs/Sergeants/Vorgesetzten der ersten Ebene stellen das Bindeglied zwischen den Zielen des Unternehmens und den Mitarbeitern dar. Sie leben die Kultur des Unternehmens vor. Und zwar in guten wie in schlechten Zeiten. Ich bin der Meinung, dass Frontline-Manager der wichtigste Vermögenswert in der Bilanz eines Unternehmens sind.

Dieses Kapitel ist kurz, das Thema verdient jedoch ein eigenes Kapitel. Denn obwohl sich die meisten von uns einig sind, das Frontline-Manager eine wichtige Rolle im Unternehmen spielen, erkennen die wenigsten das buchstäblich grenzenlose Potenzial dieser Gruppe. Ich hoffe, die folgenden Seiten tragen zu einem Umdenken in dieser Hinsicht bei.

(Ich hörte auf meinen Kommandanten. Und ich nahm alles, was er sagte und tat, ernst. Das hat mein Leben verändert. Ich machte meinem Vorgesetzten, Master Chief Olsen, klar, dass ich keine Ahnung hatte und seinen Rat und seine Hilfe dankend annehmen würde. Wir wurden schnell Freunde und durch ihn fand ich Zugang zur Welt der Unteroffiziere. Ich lernte rasend schnell, wurde zu einem spannenden Einsatz entsandt und ging meinen Weg – in der Navy und darüber hinaus. Einige meiner Kammeraden waren sich dagegen des goldenen Streifens auf ihrer Uniform zu bewusst; sie verhielten sich ihren Vorgesetzten gegenüber kühl und distanziert und lernten und erreichten deshalb weniger als ich. Das brachte ihnen den Zorn unseres Captain Dick Anderson ein. Das Ergebnis dieser kleinen Geschichte ist im Endeffekt dieses Kapitel.)

Frontline-Manager – die Geschichte

14.1 Frontline-Manager sind der Schlüssel zum Unternehmenserfolg, aber wir unterschätzen ihre Bedeutung maßlos

FAKT: Wenn der Regimentskommandeur die Mehrzahl seiner Ober- und Unterleutnante, seiner Captains und Majors verlieren würde, wäre das eine Tragödie. Würde er seine Sergeants verlieren, wäre das eine Katastrophe.

FAKT: Heer und Marine sind sich vollkommen bewusst, dass der Erfolg im Gefecht maßgeblich von ihren Sergeants und CPOs abhängt, also von ihren Frontline-Managern.

Ist sich die Wirtschaft dessen ebenfalls bewusst?

Ich würde sagen: **NEIN!**

Glauben Unternehmen, dass es wichtig ist, Frontline-Manager-Stellen mit den richtigen Personen zu besetzen?

Ja.

Aber betrachten sie ihre Frontline-Manager insgesamt als wichtigste Ressource?

NEIN!
NEIN!
UND NOCHMALS NEIN!

(Dieses Versäumnis ist ein *strategischer* Fehler allererster Güte.)

14.2 Wichtigste Ressource = wichtigste Ressource

FRONTLINE-MANAGER:
Wichtigste Determinante der betrieblichen Produktivität
Wichtigste Determinante der Mitarbeiterbindung
Wichtigste Determinante der Produkt-/Servicequalität
Wichtigste Vertreter/Verkörperung der Unternehmenskultur
Wichtigste sichtbare „Speerträger“ für Spitzenleistung
Wichtigste Befürworter/Wegbereiter nachhaltiger Mitarbeiterentwicklung

Stellt diese Liste eine Übertreibung dar?

Nachdem ich mich viele Jahre mit Unternehmen der unterschiedlichsten Branchen und Größen beschäftigt habe, denke ich nicht, dass das übertrieben ist. Es ist fast schon tautologisch.

(Ich wiederhole: die Gesamtmenge der Frontline-Manager – wir sollten die Vorgesetzten der ersten Ebene immer als Gesamtheit betrachten, nicht bloß als Frau Schmidt oder Herrn Meier.)

14.3 Frontline-Manager steigern die Loyalität, Zufriedenheit und Produktivität der Mitarbeiter

Marcus Buckingham gilt als einer der scharfsinnigsten Analysten betrieblicher Effektivität. Er hatte zudem Zugang zu einer Schatzkiste von Daten der Gallup Organization. Sein Buch *Erfolgreiche Führung gegen alle Regeln – Wie Sie wertvolle Mitarbeiter gewinnen, halten und fördern*, das er gemeinsam mit Curt Coffman verfasst hat, gilt vielen (auch mir) als Meisterwerk.

Buckingham ist das Thema Frontline-Manager genauso wichtig wie mir, vielleicht sogar noch wichtiger. Und er hat wie gesagt die Daten gesammelt und ausgewertet, die seine These unterstützen. In seinem Buch kommt er zu dem Schluss, dass die Variablen, die für den unternehmerischen Erfolg am wichtigsten sind, zum Beispiel Produktivität, Qualität und Mitarbeiterbindung, zu einem großen Teil von den Frontline-Managern abhängen.

Dave Wheeler, ein weiterer kluger Unternehmensbeobachter, den ich auf tompeters.com „kennengelernt" habe, sagte einmal: **„Mitarbeiter kündigen, weil sie mit ihrem Vorgesetzten unzufrieden sind, nicht mit dem Unternehmen."**

Vor einigen Jahren beschloss unser früherer Farmmanager in Vermont, dass er etwas mehr Stabilität in seinem Lebe bräuchte (wir trugen uns damals mit dem Gedanken, die Farm zu verkaufen, was wir schließlich auch taten). Er war ein Juwel. Ein Musterbeispiel von Verlässlichkeit. Und er hatte den unstillbaren Drang, Neues zu lernen. In Windeseile fand er einen neuen Job bei einem Unternehmen vor Ort, das einen hervorragenden Ruf hatte. Und doch kündigte er nach sechs Monaten wieder. Wir haben oft darüber gesprochen, aber letztlich konnte er das ständige Gejammer seines direkten Vorgesetzten nicht mehr ertragen. „Die Arbeit an sich war super", sagte er mir immer wieder, „jedes zweite Mal kam ich jedoch mit Kopfschmerzen nach Hause." Er jammerte nie, egal wie schwierig eine Situation gerade war, sein Chef dagegen jammerte schon beim kleinsten bisschen. Punkt für Wheeler und seine soeben zitierte Beobachtung, dass Mitarbeiter kündigen, weil sie mit ihrem Vorgesetzten unzufrieden sind, nicht mit dem Unternehmen.

Nimmt man die Aussagen von Buckingham, Wheeler und meinem ehemaligen Farmmanager zusammen, bekräftigt dies wunderbar meine Behauptung, dass Frontline-Manager die wichtigste Ressource eines Unternehmens sind.

**NEHMEN UNTERNEHMEN IHRE FRONTLINE-MANAGER WICHTIG? JA.
NEHMEN SIE SIE WICHTIG GENUG? NEIN.**

Was ich hiermit erreichen möchte, ist nichts Geringeres als eine klare Obsession mit unseren Frontline-Managern.

Von all den Dingen, für die ich mich in jüngster Zeit beruflich starkgemacht habe, ist die Betonung der Rolle der Frontline-Manager im Topmanagement auf die größte Resonanz gestoßen. Und sie hat ernsthafte Neubewertungen und Maßnahmen nach sich gezogen. So sagte mir der CFO einer großen Bank: „In der Vergangenheit habe ich meine Abteilung geführt, indem ich mich mit meinen direkten Untergebenen [den Führungskräften der mittleren Ebene] ausgetauscht habe. Angeregt durch Sie habe ich meinen Ansatz jedoch geändert. Ich habe den direkten Kontakt zu unseren Frontline-Managern gesucht – individuell und als Gruppe. Dadurch hat sich mein Blick auf das Unternehmen insgesamt verändert und ich empfinde eine neue Wertschätzung für diese Mitarbeiter. Wir sind gerade dabei, unter anderem ein intensives Mentorenprogramm für unsere Frontline-Manager auf den Weg zu bringen."

Ähnlich formulierte es der CEO eines führenden Chemieunternehmens: „Nachdem Sie vor unserem Topmanagement gesprochen haben, haben wir uns intensiv mit der Rolle des Frontline-Managers beschäftigt und festgestellt, dass wir erschreckend nachlässig waren, was die Auswahl und Entwicklung dieser Mitarbeiter betrifft. Auch die Ergebnisse einer Mitarbeiterbefragung haben uns überrascht, denn dort schnitten die Frontline-Manager sehr unterschiedlich ab. Deshalb arbeiten wir jetzt nicht lediglich daran „Fehler zu beheben", sondern gehen proaktiv vor und wollen Frontline-Manager von nun an als wichtige Ressource betrachten. Ich halte Sie über unsere Fortschritte auf dem Laufenden, aber diese Erkenntnis war schon mal ein großer Schritt nach vorn."

14.4 Erstklassige Frontline-Manager – ein zentraler Unternehmenswert

Hier ein Vorschlag, wie Sie Ihr Wertebekenntnis erweitern könnten: **Wir verpflichten uns, ein Team erstklassiger Frontline-Manager zu entwickeln, und betrachten diese Mitarbeitergruppe als eine der wichtigsten Ressourcen des Unternehmens.**

14.5 Sieben zentrale Fragen im Hinblick auf Ihre Frontline-Manager

1. Verstehen Sie Frontline-Manager als DIE ZENTRALE FÜHRUNGSROLLE im Unternehmen und handeln Sie auch danach?
2. Wählt die Personalabteilung Frontline-Manager für Einzel- *und* Gruppenmaßnahmen im Rahmen eines erstklassigen Entwicklungsprogramms aus?
3. Wählen Sie Ihre Frontline-Manager sorgfältig aus?
4. Sind Sie bereit, eine offene Frontline-Manager-Stelle so lange unbesetzt zu lassen, bis Sie einen hervorragenden Kandidaten gefunden haben, auch wenn dies kurzfristig Nachteile für das Unternehmen bedeuten kann?
5. VERFÜGEN SIE ÜBER DAS BRANCHENBESTE WEITERBILDUNGSPROGRAMM FÜR FRONTLINE-MANAGER?
6. Stellen Sie Frontline-Managern formal, rigoros und kontinuierlich einen Mentor zu Seite?
7. LASSEN SIE IHREN FRONTLINE-MANAGERN DIE AUFMERKSAMKEIT, DIE WERTSCHÄTZUNG UND DEN RESPEKT ZUKOMMEN, DER IHRER ROLLE GEBÜHRT?

14.6

14.6.1 Vorschlag für einen ersten Schritt in Richtung Spitzenleistung bezüglich Frontline-Managern: Lernen Sie sie kennen

Nehmen Sie sich für den kommenden Monat vor, viel Qualitätszeit mit jedem Ihrer Frontline-Managern zu verbringen.

14.6.2 Vorschlag für einen zweiten Schritt in Richtung Spitzenleistung bezüglich Frontline-Managern: programmatische Ressourcenumverteilung

VORSCHLAG: Kürzen Sie das Weiterbildungsbudget für Ihr Topmanagement um 25 Prozent oder mehr und investieren Sie jeden Cent in die Entwicklung Ihrer Frontline-Manager. Wenn meine Analyse in diesem Kapitel zutrifft, wird sich diese Ressourcenumverteilung strategisch gesehen mittel- bis langfristig auszahlen.

15 Sechsundzwanzig Methoden, mit denen Sie Leadership Excellence erzielen – versprochen

Meine Geschichte

Es war der 27. Januar 1983, früh am Morgen in Manhattan.

Bob Waterman und ich warteten gerade auf unseren Auftritt in *The Today Show,* dem von Bryant Gumbel moderierten Morgenmagazin der NBC. Es sollte um den Überraschungserfolg unseres Buches *Auf der Suche nach Spitzenleistungen* gehen. Da drehte sich Bob plötzlich zu mir um und fragte gleichgültig: „Also, wer wird es denn nun öffentlich im Fernsehen sagen?"

Ich verstand nicht, was er meinte, und antwortete: „Hm?"

„MBWA", erwiderte er. „Wer sagt denn nun 'MBWA' im Fernsehen?

Bob war der Ältere.

Also sagte er es.

Fünfunddreißig Jahre später bin ich immer noch nicht darüber hinweg, dass nicht *ich* es war, der zu Bryant Gumbel sagte: „Lassen Sie mich Ihnen von 'MBWA' erzählen ..."

Aber spulen wir zurück ins Jahr 1979. Unsere Untersuchungen zum dem, was später *Auf der Suche nach Spitzenleistungen* werden sollte, befanden sich noch ganz am Anfang. Entsprechend lautete der unspannende Titel unserer Arbeit noch „McKinsey Organization Effectiveness Project". Wir sprachen mit allerlei Leuten. Auf unserer Liste standen auch einige Topmanager eines lebhaften, noch relativ jungen und innovativen Unternehmens ganz in der Nähe, in Palo Alto (wir selbst waren in San Francisco), mit dem Namen Hewlett-Packard.

Die besondere Erfahrung, die wir mit diesem Unternehmen machten, begann mit meinem Versuch, einen Gesprächstermin mit John Young, dem damaligen Präsidenten, zu vereinbaren. Ich rief die HP-Zentrale an in der Erwartung, dass man mich zu mehreren Sekretärinnen und Assistenten durchstellen würde, von denen mir einer dann *vielleicht* einen Termin irgendwann in *ferner* Zukunft geben würde. Ich landete also am Empfang und fragte, ob ich mit Mr. Young sprechen könne. Gefühlt nicht einmal zehn Sekunden später erklang eine ruppige Stimme am anderen Ende: „Sie sprechen mit John Young. Wer ist am Apparat?"

OMG.

In null Komma nichts, ohne langes Gerede hatte ich einen Gesprächstermin für zwei Tage später in der Tasche.

Bob und ich fuhren ins vierzig Kilometer entfernte Palo Alto, und schon bald saßen wir in Johns engem „Büro" (das Präsidenten-Domizil war eine etwa sechs Quadratmeter große Arbeitsnische, umgeben von einer halbhohen Wand), inmitten der Arbeitszellen der Ingenieure. Nach wenigen Minuten erwähnte Young bereits den Begriff „MBWA". Ich meine, mich zu erinnern, dass er gerade vom berühmten „HP Way" sprach (heute würde man das „Kultur-Kodex" oder so ähnlich nennen), dessen Herzstück dieses (für unsere Ohren) fremd klingende Wort „MBWA" war.

Was Bob und ich zu dem Zeitpunkt noch nicht wussten: Von da an sollte sich unser Berufsleben grundlegend ändern.

Wie heute fast die ganze Welt zu wissen scheint, bedeutet MBWA „*Managing by Wandering Around*", also Führung durch Herumgehen. Und das bedeutete es wirklich. Denn von Ihrem Büro oder Ihrer Arbeitsnische aus können Sie nicht führen. Sie können nur in der Werkshalle oder vor Ort beim Kunden oder Lieferanten führen.

Sie führen, indem Sie nah dran sind am Geschehen, auf das es ankommt. Je mehr das Unternehmen wächst, desto schwieriger wird dies. (HP hatte gerade die Umsatzschwelle von 1 Milliarde US-Dollar überschritten, als wir unseren ersten Besuch machten; und tatsächlich geriet der besondere Charakter des Unternehmens in Mitleidenschaft, je größer HP wurde.)

Bleiben wir noch eine Weile im Jahr 1979. Wie ich bereits in der Einleitung erwähnt habe, machte den Vereinigten Staaten die Konkurrenz der Japaner zu schaffen. In den Chefetagen der meisten US-Unternehmen saßen Leute mit MBA oder ähnlichen Qualifikationen. Und die gängige Praxis lautete MBTN oder MBSP oder MBMP oder alles drei: *Management by the Numbers* und/oder *Management by Strategic Plan* und/oder *Management by Marketing Plan*. Entscheidungen wurden in den Büros der Analysten getroffen – die Werkshalle oder die Entwicklungsstätten waren unbekanntes Terrain. Die Japaner dagegen standen in direkter Verbindung zu ihrem Produkt und den Mitarbeitern, die es herstellten. Die überragende Qualität ihrer Fahrzeuge machte dies mehr als deutlich. Das bekamen auch die Großen Drei in Detroit zu spüren: General Motors, Ford und Chrysler.

MBWA war und ist eine geniale Idee. Und je schneller sich die Welt verändert (man denke an hier und jetzt), desto wichtiger wird sie. Für mich ist MBWA mittlerweile nicht einfach nur „etwas, das man regelmäßig tun sollte", sondern eine Metapher für einen Lebens- und Führungsstil, der für die Ewigkeit – aber vor allem für diese verrückten Zeiten – gemacht ist. MBWA bedeutet, sich ins Getümmel zu stürzen – nicht mithilfe von Tabellen (die wichtig sind, sofern sie realistisch sind, was sie selten sind), sondern durch Gespräche an der sprichwörtlichen „Kohlenfront", wo die Drecksarbeit stattfindet.

Bob hat in der *Today Show* von MBWA gesprochen und ich habe es in Dutzenden von Büchern und 25.000 Vorträgen erwähnt. Leider ist der Begriff nach wie vor eine Neuigkeit, im wahrsten Sinne des Wortstamms „neu". Der durchschnittliche gestresste Manager ist an seinen Schreibtisch oder Bildschirm gefesselt und verliert mit der Zeit den Bezug zur Realität. Fortschrittliche KI kann vielleicht Gesichtsausdrücke auf Bildschirmen deuten und die Stimmung der Mitarbeiter mit einer gewissen Genauigkeit analysieren. Mit allen Sinnen „dabei sein" und Kontakt zu allen Akteure im Unternehmen pflegen ist jedoch nach wie vor von größter Wichtigkeit. Es ist das, worum es geht.

Dieses Leadership-Kapitel ist im Geiste von MBWA geschrieben. Keine Extravaganz, keine Vision, kein Charisma. Einfach praktische DZSF – Dinge zur sofortigen Umsetzung. Also raus und los – praktizieren Sie MBWA. Sagen Sie immer wieder „Danke". Fragen Sie jeden, der Ihnen über den Weg läuft, nach seiner Meinung. Gehen Sie heute mit jemandem Interessanten essen, den Sie bislang nicht auf dem Schirm hatten. Drücken Sie erst auf „senden", wenn Sie den Inhalt Ihrer E-Mail noch einmal geprüft haben. Und tun Sie etwa einundzwanzig andere Dinge, die auf Ihrer Liste unter „Sonstiges" stehen. Wahre Transformation (und ich meide dieses Wort normalerweise wie die Pest) ist vor allem das Ergebnis vieler kleiner Verhaltensänderungen, nicht eines Wertebekenntnisses, das neun von zehn Mitarbeitern lächerlich finden, weil der Chef in seinem Elfenbeinturm keine Ahnung hat, dass es fernab der Realität ist und in der Praxis nichts ändern wird, wo – ich wieder-wieder-wiederhole mich – die eigentliche Arbeit stattfindet.

Führungsmethoden – die Geschichte

15.1

15.1.1 MBWA

Der Schreibtisch ist der ungeeignetste Platz, um die Welt draußen zu betrachten.

– John le Carré

Interesse kann man vortäuschen. Anwesenheit nicht.

– Texas Bix Bender

Wie Sie aus der Einleitung wahrscheinlich bereits geschlossen haben, erhält MBWA einen Ehrenplatz in diesem Kapitel über Leadership. Es ist der Inbegriff der Dinge, die Sie unbedingt (ja, unbedingt!) tun sollten, um Ihre Führungsqualitäten auszubauen. Dinge, die im Wahnsinn des Arbeitsalltags leider viel zu oft verloren gehen. Sie können Ihre guten MBWA-Absichten (aus „guten" Gründen) nicht in die Tat umsetzen, und am Ende des Tages haben Sie noch ein bisschen mehr Bezug zur Realität verloren, als Sie heute Morgen beim Aufwachen hatten. So entwickeln Sie sich allmählich zu einem BZM, einem blinden Zahlenmanager, der umgeben ist von Daten und Tabellen und nicht mehr weiß, was draußen vor sich geht. Und glauben Sie mir: Big Data und Algorithmen-Voodoo werden Ihnen nicht helfen. (Bei diesem Thema bin ich stur – und stolz darauf.)

15.1.2 MBWA: die 25-Regel

Ich schaue regelmäßig in unseren Filialen vorbei – pro Woche in mindestens 25. Ich bin aber auch andernorts unterwegs, zum Beispiel bei Home Depot, Whole Foods oder Crate & Barrel. Wie ein Schwamm versuche ich, so viel aufzusaugen wie möglich.

– Howard Schultz von Starbucks in einem *Fortune*-Artikel mit dem Titel „Secrets of Greatness"

Howard Schultz hat mit Sicherheit jeden Tag allerlei Dinge zu tun. Und dennoch schaufelt er sich **BEWUSST** Zeit frei, um in mehreren Cafés vorbeizuschauen.

Starbucks hat ohne Zweifel hervorragende Mitarbeiterinnen und Mitarbeiter. Und wer weiß, wie viele Terabytes an Daten das Unternehmen täglich sammelt. Bezüglich meines Kommentars von weiter oben zur „*Augmented Memory*" von KI zeichnet Starbucks vielleicht sogar wirklich den sekündlichen Geisteszustand seiner zahlreichen Filialmitarbeiter auf.

Und doch verschiebt Schultz das wichtige Meeting zum nächsten 70 Millionen US-Dollar teuren Upgrade der Lieferketten-Software und macht sich auf den Weg. Er sagte mir einmal, dass einer der Gründe, warum es Starbucks vor einigen Jahren nicht so gut ging, darin bestanden habe, dass er sich in seinem Büro eingeigelt und die Zukunft entworfen habe und dabei den Bezug zu den immateriellen Werten verloren habe: dem Gefühl, wie es ist, ein Kunde oder Mitarbeiter zu sein.

In dieser MBWA-Saga gibt es keine Sünder. Chefs werden dafür bezahlt, Probleme zu lösen. Und jeden Tag wehen der Morgenbericht und Dutzende von E-Mails zwei oder drei oder neun unerwartete Krisen ins Haus. Also krempelt die Chefin die Ärmel hoch und kümmert sich darum. Plötzlich ist es 16:45 Uhr oder 17:45 Uhr. Und der Besuch, den sie dem Verteilungszentrum abstatten wollte, oder das Vorhaben, kurz beim Einkaufsteam auf demselben Flur vorbeizuschauen, ist eine verpasste Gelegenheit.

Heute also leider kein MBWA.

FAZIT: SCHULTZ (> 25 FILIALEN PRO WOCHE!!) ZEIGT UNS, DASS SELBST INTENSIVES MBWA IN DEN VOLLSTEN KALENDER PASST.

15.1.3 MBWA: nach Grameen-Art

Muhammad Yunus erhielt 2006 den Nobelpreis für das Erfinden von Kleinkrediten, die zu einer Verbesserung der Situation der Ärmsten der Armen geführt haben. Dreh- und Angelpunkt seines Unterfangens war die Grameen Bank.

In *Banker to the Poor* beschreibt er einen wichtigen Aspekt seines Konzepts:

Klassische Banken erwarten von ihren Kunden, dass sie in die Filiale kommen. Für arme Menschen und Analphabeten ist das jedoch ein Ort, der ihnen Angst macht. Die Grameen Bank fußt auf dem Prinzip, dass die Menschen nicht in die Bank kommen

müssen, sondern dass die Bank zu den Menschen kommt.

Sollte einmal ein Mitarbeiter im Büro auftauchen, kann das als Verletzung unserer Regeln aufgefasst werden.

Von entscheidender Bedeutung ist, dass die Mitarbeiter, die in ein neues Dorf kommen, kein Büro und keinen Aufenthaltsort haben. Wir wollen möglichst nicht wie Regierungsvertreter erscheinen.

Fantastisch! Die Mitarbeiter sollen „kein Büro und keinen Aufenthaltsort haben". Das nenne ich MBWAWEKAG: MBWA, Weil Es Keine Alternative Gibt.

Bravo!

15.1.4 MBWA: Spaß

Klar. Sie praktizieren MBWA, um nah am Geschehen zu sein. (Das habe ich ja gerade gesagt bzw. gefordert und sogar befohlen.)

Es gibt jedoch noch einen besseren Grund für MBWA: SPASS!

Ja, SPASS, indem Sie mit den Leuten Zeit verbringen, die die eigentliche Arbeit machen.

WAS GÄBE ES SONST FÜR EINEN GRUND, EIN UNTERNEHMEN ZU BETREIBEN?

ES MACHT SPASS – ODER SOLLTE ES UNBEDINGT –, UM 13 UHR AN DER LADERAMPE EINEN SCHNACK MIT DEN MITARBEITERN ZU HALTEN.

OK, dabei sammeln Sie wertvolle Erfahrungen, aber müssen Sie wirklich mit den Mitarbeiterinnen und Mitarbeitern „abhängen"?

„Spaß und Schnack" – oder Sie haben den falschen Job.

MBWA erinnert Sie daran, so meine Hoffnung, warum Sie sich überhaupt für diesen Job entschieden haben.

(Ganz zu schweigen von dem Nebeneffekt, den Ihr Herumlaufen auslöst: Eine Belegschaft, ermuntert durch die Wertschätzung und das Interesse, das Sie ihr entgegenbringen, trägt wie kein anderer Faktor zum Unternehmensergebnis bei.)

Der Gedanke, MBWA als etwas zu betrachten, das Spaß macht, kam mir bei einem Strandspaziergang in Neuseeland im Februar 2017. Ich philosophierte in Gedanken darüber, warum man überhaupt in die Wirtschaft geht. Und ich dachte – wie so oft – über MBWA nach. Plötzlich fiel es mir wie Schuppen von den Augen (mehr als dreißig Jahre nachdem ich den Begriff das erste Mal gehört hatte): **„Na klar, man praktiziert MBWA, weil es Spaß macht."** Alles andere, was Sie dadurch noch bewirken, sind positive Nebeneffekte, auch wenn diese wie im Fall von Howard Schultz, der den Kontakt zum Tagesgeschehen verloren hatte, bahnbrechende Nebeneffekte waren.

15.1.5 MBWA: Es kommt (wie immer) auf die Qualität des Blickkontakts an

Ja, ich werbe mit allem Herzblut dafür, dass Sie Ihr (tägliches) MBWA praktizieren. Was bislang jedoch fehlt, ist das wichtige „Wie" oder besser noch das wichtige „Wie **NICHT**". Dem Thema gebührt eigentlich eine ausführliche Diskussion, aus Platzgründen kann ich hier allerdings nur kurz darauf eingehen und möchte vor allem Topmanagern Folgendes mit auf den Weg geben:

- 1. Sünde: **MBWA als Staatsbesuch:** Vergessen Sie nicht: Sie gehen in die Werkshalle, um **ZUZUHÖREN** und **SICH EINZULASSEN**. Nicht um zu predigen und die Krawatte, die Sie zum Geburtstag bekommen haben, vorzuführen.
- 2. Sünde: **Das Hofstaat-Problem** – der Big Boss begleitet von einer Horde tödlich gelangweilter, schnieke gekleideter Untergebener. So verpufft der persönliche Touch und häufig verbreiten Sie dadurch Unbehagen oder – schlimmer – sorgen für Spott, wodurch der Besuch zu einem Reinfall wird.
- 3. Sünde: **Der abwesende Blick:** Menschen erkennen sofort, ob Sie bei der Sache sind oder nicht. Wenn Sie einen abwesenden Blick haben oder ungeduldig sind, verspielen Sie das Potenzial Ihres Besuchs. Dieser wird dann auch hier ein Reinfall.

Diese Liste ließe sich noch lange fortsetzen. Ich möchte aber mit einigen Beispielen schließen, die zeigen, wann MBWA wirklich wichtig ist:

Das Pendant zu MBWA war für General Ulysses S. Grant KWOH, wie ich es nenne. Oder mit den Worten von Grant: „Ich **K**ommandiere, **W**ährend ich vor **O**rt vorbeischaue und **H**erumreise."

In seinem Buch *Grant* beschreibt Jean Edward Smith, wie der General am Morgen vor einem Gefecht erschien:

„Die Truppen mochten vor allem Grants bescheidene Art. Die meisten Generäle erschienen mit einer Gefolgschaft akkurat gekleideter Stabsoffiziere. Grant ritt in der Regel allein. Ein Soldat sagte einmal, für die Männer sei Grant 'ein Freund und Partner, kein launenhafter Kommandeur'. Anstatt ihm zuzujubeln, wenn er vorbeiritt, 'grüßten sie ihn, als sei er ein Nachbar': 'Guten Morgen, Herr General', 'Schönen guten Tag, Herr General'."

(Der Respekt, den General Grant seinen Männern entgegenbrachte, erstreckte sich auch auf den Gegner. In Smiths Buch berichtet ein Soldat der konföderierten Armee in einem Tagebucheintrag, was geschah, nachdem er und seine Kameraden sich den Truppen Grants ergeben hatten. Die anderen Unionsoffiziere waren mit einem spöttischen Grinsen auf dem Gesicht an den Besiegten vorbeigeritten. Dann ist im Tagebuch zu lesen: **„Als General Grant an den zerlumpten, dreckigen, blutverschmierten, verzweifelten Gefangenen vorbeiritt, die man auf beiden Seiten der Brücke aufgereiht hatte, zog er seinen Hut und hielt ihn so lange über seinem Kopf, bis er an dem letzten Mann dieses Leichenzugs vorbei war. Er war der einzige Offizier, der uns als Menschen wahrnahm.“**)

General Dwight D. Eisenhower nahm sich ein Beispiel an Grant. Es gibt ein Foto von „Ike“ in der Nacht vor oder am Morgen des D-Day. Auch er erschien allein vor seinen Männern, in einer einfachen Uniform wie die Gefreiten oder Stabsgefreiten, zu denen er sprach. Sein Gesicht ließ das aufrichtige Mitgefühl erkennen, für das er bekannt war, und er wandte sich jedem Mann einzeln zu. Dabei sprach er nur wenige Worte, er flüsterte fast, und jedes Mal legte er seine Hand auf die Schulter des Soldaten. In solchen Situationen entfaltet MBWA seine ganze Kraft.

Ich weiß, die Beispiele von Grant und Eisenhower lassen sich nicht direkt mit dem Verteilungszentrum oder der IT-Abteilung vergleichen, das Prinzip ist aber doch ein und dasselbe.

15.1.6 MBPA/Managing By Phoning Around: die 60-Regel

> **[In der ersten Woche des neuen Jahres] rufe ich sechzig CEOs an und wünsche ihnen ein frohes neues Jahr.**
>
> – Hank Paulson, ehemaliger CEO von Goldman Sachs und ehemaliger US-Finanzminister

Seit 1973 praktiziere ich das in leicht abgewandelter Form, ohne Ausnahme. In der Weihnachtszeit und zum neuen Jahr rufe ich gewissenhaft fünfundzwanzig oder fünfzig Personen an und bedanke mich bei ihnen. Das kommt erstaunlich gut an, was wiederum zeigt, wie wenige andere Leute dies tun.

(Zusatz: „IM LEBEN GIBT ES KEINE GARANTIEN", HEISST ES. DEM STIMME ICH ZU. MEISTENS. IN DIESEM FALL MÖCHTE ICH DAS JEDOCH WIDERLEGEN. FÜNFUNDZWANZIG BIS FÜNFZIG DANKESANRUFE ZUM JAHRESENDE ZAHLEN SICH GARANTIERT AUS – BERUFLICH UND PRIVAT –, UND ZWAR HUNDERTFACH. [HINZU KOMMT, DASS ES GROSSEN SPASS MACHT – AUCH DAS GARANTIERE ICH.])

15.1.7
MBFFA: Managing By Frequent Flying Around

Ich höre immer wieder, dass dieses „MBWA-Zeugs" in Zeiten virtueller Teams, mit denen man nur elektronisch kommunizieren kann, nicht praktikabel sei (will heißen, nicht möglich). Zu einem gewissen Grad stimmt das natürlich; es liegt in der Natur der Sache. Lassen Sie uns aber nicht zu schnell das Handtuch werfen.

Wenn ich für ein global verstreutes Projektteam verantwortlich wäre, würde ich einen Weg finden, vorbeizuschauen. (Ich würde betteln, mir etwas leihen, Geld stehlen oder mein Erspartes anfassen.) In Ermangelung eines besseren Begriffs nenne ich das MBFFA: *Managing by Frequent Flying Around.*

Vielleicht einmal im Quartal?

FÜR FÜHRUNG 1818 ODER 1918 ODER 2018 GILT: **PERSÖNLICHER KONTAKT IST UNVERZICHTBAR. (VERDAMMT.) VOR ALLEM 2018. (VERDAMMT.)**

„Alte Leute" – zum Beispiel 35-Jährige – sagen mir, dass „die jungen Leute" es einfach nicht kapieren. Schließlich sei es mittlerweile fast normal, beim Frühstück allein übers Handy zu kommunizieren. Ich verstehe den Einwand, aber genau deshalb bin ich der Meinung, dass persönliche Kommunikation *un*verzichtbar ist. Leiter von Großprojekten bestätigen mir dies einstimmig. (Und für meinen Arbeitsalltag gilt dies absolut.)

Deshalb: Chefs der Chefs, **KÜRZT DAS REISEBUDGET** auch in Zeiten virtueller Teams **NICHT, SELBST WENN DIE MITTEL KNAPP SIND**.

MBWA.
MBFFA.
PUNKT.
AUS.

15.2 Die (verrückte) 50-Regel

> **Die meisten Führungskräfte verwenden einen Großteil ihrer Zeit darauf, zu überlegen, was sie als Nächstes tun, aber so gut keine Zeit darauf, zu überlegen, was sie *nicht* als Nächstes tun. Das führt dazu, dass sie so damit beschäftigt sind, aktuelle Brandherde zu löschen, dass sie keine Zeit haben, sich mit den langfristigen Chancen und Risiken des Unternehmens auseinanderzusetzen. DIE ERSTE SOFT SKILL, DIE ES DESHALB IM RAHMEN EINER FÜHRUNG AUF DIE HARTE ART ANZUWENDEN GILT, IST, DIE HALTUNG VON MARCUS AURELIUS ZU PRAKTIZIEREN: BESCHÄFTIGTSEIN VERMEIDEN, SICH ZEIT FREIHALTEN UND DIE WIRKLICH WICHTIGEN DINGE IN DEN BLICK NEHMEN. ICH WILL ES GANZ OFFEN SAGEN: JEDE FÜHRUNGSKRAFT SOLLTE KONTINUIERLICH EINEN ERHEBLICHEN TEIL IHRER ZEIT – ICH EMPFEHLE BIS ZU 50 PROZENT – NICHT VERPLANEN. Nur wenn Sie ausreichend Luft in Ihrem Terminkalender haben, haben Sie auch den Freiraum, über das, was Sie tun, nachzudenken und aus Ihren Erfahrungen und den Fehlern, die Sie unweigerlich begehen, zu lernen. Die typische Antwort auf meinen Ratschlag, sich mehr freie Zeit zu schaffen, lautet: „Das ist alles schön und gut, aber ich habe allerhand zu tun." Dabei ist es doch so: Wir verlieren so viel Zeit durch unproduktive Aktivitäten. Insofern erfordert es eine enorm große Anstrengung vonseiten der Manager, sich Zeit für die wirklich wichtigen Dinge freizuhalten.**
>
> – Dov Frohman und Robert Howard: *Leadership the Hard Way – Why Leadership Can't Be Taught –And How You Can Learn It Anyway* (5. Kapitel: „The Soft Skills of Hard Leadership")

FÜNFZIG PROZENT mögen absolut absurd klingen. Und ja, es ist viel verlangt. Doch das Argument von Frohman (ein äußerst erfolgreicher Manager bei Intel und Begründer der israelischen Hightech-Industrie) ist unanfechtbar.

Es lohnt sich, den Gedanken weiterzuverfolgen. Und ich würde sagen, wenn der Anteil Ihrer unverplanten Zeit bei 5 oder 10 Prozent liegt – wie es bei den meisten von uns der Fall ist –, haben Sie (wir!) ein großes Problem und eine große Chance!

BITTE TUN SIE MIR DEN GEFALLEN UND WISCHEN SIE DIE 50-PROZENT-VORGABE NICHT GLEICH BEISEITE.

Wir erinnern uns: Frohman hat dies als „erste Soft Skill“ von Führungskräften bezeichnet und Soft Skills sind zu 95 Prozent für den Erfolg von Führung verantwortlich. Wie wäre es, wenn Sie sich erst einmal 20 Prozent vornehmen? Und Ihren Fortschritt messen? Und sich einen Coach organisieren, der Ihnen jedes Mal in die Seite kneift, wenn Sie Gefahr laufen, das Ziel zu verfehlen?

15.3 Sie sind Ihr Terminkalender

Sie = Ihr Terminkalender*

*Der Terminkalender lügt **NIE**.

Was sagt Ihr Terminkalender also über Ihre wahren Prioritäten?

Sie werden (SEHR wahrscheinlich) überrascht sein. Und leider eher nicht positiv.

Unsere anvisierten Prioritäten haben meistens absolut NICHTS mit unseren tatsächlichen Prioritäten zu tun.

VORSCHLAG: Führen Sie einmal pro Woche/Monat eine OFFIZIELLE „Terminkalenderprüfung“ durch. (*Und* machen Sie dasselbe TÄGLICH noch einmal inoffiziell.) Noch besser wäre es, wenn Sie einen Berater Ihres Vertrauens dazuholen würden, denn Sie können sich nicht trauen – will heißen: Auf Sie ist KEIN Verlass, wenn es um Selbstbeurteilung geht.

Es ist ein unumstößliches Gesetz:
Ihr Terminkalender lügt *nie*.
Ihr Terminkalender weiß *alles*. (Sie auch?)
Das, wofür wir unsere Zeit einsetzen, *sind* unsere Prioritäten.
Das, wofür wir unsere Zeit einsetzen, *ist* unsere Strategie.
Das, wofür wir unsere Zeit einsetzen, *ist*, was uns (wirklich) wichtig ist.
Das, wofür wir unsere Zeit einsetzen, *ist*, wer wir sind.

(Es gibt Hunderte – wenn nicht Tausende – Bücher über Zeitmanagement. Die wenigen Zeilen, die ich hier darauf verwende, werden dem Thema bei Weitem nicht gerecht. Dennoch *muss* es zumindest angeschnitten werden. Mein Ziel ist es, Sie UNMISSVERSTÄNDLICH daran zu erinnern, dass es in keinerlei Weise übertrieben ist, zu sagen: SIE = IHR TERMINKALENDER. Ebenso wenig übertrieben ist es, anzunehmen, dass Ihr Zeitmanagement sehr wahrscheinlich der Bedeutung der Sache nicht gerecht wird. LETZTLICH IST ZEIT – NICHT NEUIGKEITEN – DIE ENTSCHEIDENDE RESSOURCE. Handeln Sie entsprechend. Wenn ich es mir recht überlege, ist die TÄGLICHE Terminkalenderprüfung doch ein Muss!)

15.4

15.4.1 Besprechungen als die wichtigste Plattform für Leadership Excellence

Ob wir wollen oder nicht, werden Besprechungen auch weiterhin das sein, was wir (Führungskräfte) tun. Warum machen wir diese Meetings dann nicht zu Musterbeispielen für Leadership Excellence, statt sie als ein notweniges Übel zu betrachten?

BESPRECHUNGEN = WICHTIGSTE CHANCE, FÜHRUNG ZU ÜBERNEHMEN

(Per Definition: Großteil Ihrer Zeit = Meetings = wichtigste Chance, Führung zu übernehmen)

Besprechung: Jedes Meeting, das nicht die Fantasie UND Neugier der Anwesenden anregt UND nicht zu mehr Vernetzung UND Zusammenarbeit UND Engagement UND Sinnhaftigkeit UND schnellem Handeln UND Begeisterung führt, ist eine FIVC – eine für immer vertane Chance.

Sie denken, ich übertreibe?

Ich denke nicht.

Warum sollte das nicht das Ziel sein, wenn Besprechungen doch zweifelsohne die wichtigste Plattform für Leadership sind?
(Denken Sie einmal darüber nach.)

(Ich bin absolut dafür, alle unnötigen Meetings abzuschaffen und so weiter und so fort. Fakt ist aber, dass Sie auch dann noch viele Besprechungen haben werden. Punkt.)

15.4.2 Besprechungen = Theater

Besprechungen sind öffentliche Auftritte. GROSSARTIGE/ERSTKLASSIGE Meetings zu leiten ist Bühnenkunst. Indem Sie sich eine Besprechung wie eine Theateraufführung vorstellen, achten Sie während der gesamten Performance automatisch auf jede Ihrer Regungen und Äußerungen, also auf das, was Sie sagen, und die Art, wie Sie sich geben.

15.4.3 Eine kleine Auswahl von Besprechungsregeln

- Beginnen und enden Sie pünktlich. Der Chef sollte nie auch nur fünfzehn Sekunden zu spät kommen, auch wenn er seinen eigenen Chef mitten im Telefonat oder Gespräch abwürgen muss. Lassen Sie keinen Zweifel daran, dass Sie die Zeit Ihrer Mitmenschen respektieren!
- Der Anfang und das Ende bleiben stets besser in Erinnerung als die Mitte. Beginnen Sie deshalb mit einem Paukenschlag, und enden Sie mit einem Paukenschlag. Beginnen Sie ein Meeting NIE mit einem faden „Dann fangen wir mal an".
- Streuen Sie immer wieder ein paar Dankeschöns ein für die „kleinen Dinge", die die Anwesenden kürzlich erledigt haben. So schaffen Sie eine positive und wertschätzende Atmosphäre.
- Sorgen Sie dafür, dass sich alle Anwesenden an der Diskussion beteiligen, vor allem die Stillen und die Stirnrunzler. Streuen Sie immer wieder Fragen ein wie „Was meinen Sie dazu, Martin?". (Nehmen Sie sich direkt nach der Besprechung einen Moment Zeit und gehen Sie auf die Stirnrunzler zu. Finden Sie heraus, was sie stört, und versuchen Sie, die Dinge direkt zu klären nach dem Motto: „Lassen Sie uns das jetzt besprechen."
- Danken Sie am Ende allen Beitragenden mit konkreten Aussagen für ihr Engagement.
- Schicken Sie dem kurze Zeit später eine E-Mail hinterher, die sich auf das, was die Person im Meeting gesagt hat, bezieht (oder rufen Sie an oder schauen Sie persönlich vorbei).
- ACHTEN SIE AUF IHRE KÖRPERSPRACHE. Die Anwesenden erkennen auch die kleinsten Anzeichen von Unaufmerksamkeit oder Langeweile sofort.
- Unterbinden Sie persönliche Kritik unter den Teilnehmern rigoros.
- Formulieren Sie anstehende To-dos kurz und knackig und unmissverständlich.

15.4.4 Fazit: Vorbereitung. Vorbereitung. Vorbereitung

1. **Bereiten Sie sich** auf jede Besprechung so **vor**, als hänge Ihr berufliches Leben und Erbe davon ab. WAS ES ÜBRIGENS TUT.

Das ist keine Übertreibung! (Nach meiner Erfahrung bereiten sich Führungskräfte schändlich schlecht auf Meetings vor.)

2. Siehe 1.
3. Eine Besprechung ist eine AUFFÜHRUNG.
4. SPITZENLEISTUNG in Meetings ist kein Widerspruch.

(HINWEIS: In diesem viel zu kurzen Abschnitt geht es nicht darum, Meetings besser zu leiten. Es geht um ein völlig neues Verständnis von Besprechungen als wichtigste Bühne für Leadership EXCELLENCE.)

15.5 Die Einser-Regel

> **Wenn es EIN „Geheimnis" für Effektivität gibt, dann ist es Konzentration. Effektive Führungsverantwortliche erledigen das Wichtigste zuerst ... und sie machen EINS nach dem anderen.**
>
> – Peter Drucker

Starke Worte – nur **EIN** Geheimnis für Effektivität, sagt Mr. Drucker. **RESPEKT.** Klare Worte, die der Meister da spricht. Und tatsächlich muss ich laut lachen, wenn ich von den Plänen eines Geschäftsbereichs höre, die überschrieben sind mit „Unsere sechs [oder drei oder vier oder fünf] strategischen Maßnahmen für 2018".

Na dann viel Glück!

Der Nebeneffekt von Maßnahmeritis ist Chaos, Frustration, Glaubwürdigkeitsverlust, Demoralisierung und letztlich und unvermeidlich Misserfolg (in diesem Sinne ein erneutes „Dreimalhoch" auf Drucker).

15.6

15.6.1
Verbündete I/Die 80-Regel: Erfolgsrezept für Führungsverantwortliche

Verwenden Sie 80 Prozent Ihrer Zeit darauf, in allen Ecken und Winkeln des Unternehmens nach Verbündeten jeglicher Coleur zu suchen sowie den Kontakt zu ihnen auszubauen und zu pflegen. Das gilt besonders für die hintersten Ecken und Winkel.

Sie wollen etwas ganz Neues erreichen, etwas, das mit den Konventionen bricht?
Sie erhalten Gegenwind von denen da oben?
Und Sie wollen die für sich gewinnen, die gegen Sie sind?
Dazu kann ich nur sagen:

Vergessen Sie Ihre „Gegner".
Ehrlich, vergessen Sie sie.

Verschwenden Sie nicht Ihre wertvolle Zeit und Ihre emotionale Energie damit, „Barrieren zu beseitigen" und Andersdenkende „für sich zu gewinnen". Suchen Sie stattdessen nach Menschen, die Ihnen wohlgesinnt sind.

Verwenden Sie praktisch Ihre gesamte Zeit – tatsächlich fast 80 Prozent – darauf, eine Armee von VERBÜNDETEN aufzubauen.
Nehmen Sie sich dann viel, viel Zeit, diese Beziehungen zu pflegen*.
Und bringen Sie schließlich Ihre Verbündeten dazu, den Großteil *ihrer* Zeit in die Suche nach WEITEREN VERBÜNDETEN zu investieren.

* „Pflegen" ist ein großes Wort. **BETRACHTEN SIE EINEN VERBÜNDETEN NIEMALS, NIEMALS, NIEMALS ALS SELBSTVERSTÄNDLICH.** Das ist ein weitverbreiteter strategischer Irrtum. Man geht davon aus, die Verbündeten seien an Bord, dabei

erhalten sie selbst Gegenwind und brauchen kontinuierlich Unterstützung. Investieren Sie deshalb die Hälfte Ihrer „Zeit für Verbündete" (50 Prozent von 80 Prozent) in die Beziehungspflege.

FAZIT:

VERLIERER konzentrieren sich (verschwenden unvorstellbar viel Zeit und Energie) auf ihre Gegner.
GEWINNER konzentrieren sich auf Verbündete, Verbündete und noch mehr Verbündete.

VERLIERER versuchen, Widerstände zu beseitigen.
GEWINNER gehen Widerständen aus dem Weg und konzentrieren sich auf kleine Erfolge, die positive Bespiele für die neue Herangehensweise sind.

VERLIERER produzieren Feinde.
GEWINNER finden Freunde.

VERLIERER konzentrieren sich auf das Negative.
GEWINNER konzentrieren sich auf das Positive.

VERLIERER fallen sofort auf.
GEWINNER arbeiten über Verbündete und sind meistens unsichtbar.

VERLIERER bevorzugen rohe Gewalt und Blutvergießen.
GEWINNER umzingeln Andersdenkende mit ihren Verbündeten und vielen kleinen „unschuldigen" Erfolgen.

ERFOLGSREZEPT FÜR FÜHRUNGSVERANTWORTLICHE:

VERBÜNDETE.
VERBÜNDETE.
VERBÜNDETE DER VERBÜNDETEN.
NOCH MEHR VERBÜNDETE.

(HINWEIS IN EIGENER SACHE: Das Programm, das ich bei McKinsey entwickelt habe und das später in *Auf der Suche nach Spitzenleistungen* mündete und dem Buch *The Firm* zufolge sogar zum Rebranding der Firma führte, verstieß unmittelbar gegen die Kernüberzeugungen von McKinsey [Strategie zuerst, Mitarbeiter/Kultur weit abgeschlagen auf dem zweiten Platz]. Meine tatsächlichen Gegner waren die Powerplayer dieses sagenumwobenen Unternehmens und ich war *mitnichten* ein Powerplayer. Meine erfolgreiche Strategie bestand letztlich darin, dass ich den bösen Jungs aus dem Weg ging und mir Verbündete suchte. Entsprechend meiner Empfehlung hier investierte ich in den vier Jahren, die ich an dem Excellence-Projekt arbeitete, den Großteil meiner Zeit [tatsächlich 80 Prozent] in die Suche nach Verbündeten und die Beziehungspflege.)

15.6.2 Verbündete II: sich nach unten vernetzen

VERLIERER: „Er schleimt ständig nach oben!"
GEWINNER: „Er vernetzt sich ständig nach unten."

Im Roman *Der Krieg des Charlie Wilson* macht der CIA-Führungsoffizier Gust Avrakotos Dinge möglich, die weit über seiner Gehaltsstufe lagen. Der Autor George Crile formuliert es so:

Tatsächlich war er so etwas wie eine Legende unter diesen Leuten geworden, dem Fußvolk der CIA.

Gust kannte alle Chefsekretärinnen der CIA namentlich und hatte vielen von ihnen bei privaten oder beruflichen Problemen geholfen. Aber auch zu den Mitarbeitern in der Poststelle (das war vor dreißig Jahren) und in der Datenverarbeitung pflegte er engen Kontakt.

Man könnte sagen, Gust Avrakotos war Oberbefehlshaber über die unsichtbaren 95 Prozent des Geheimdienstes, wodurch es ihm gelang, gegen den Widerstand seiner Vorgesetzten und der Vorgesetzten seiner Vorgesetzten, die an der Spitze dieser starren Organisation saßen, das Unmögliche möglich zu machen.

Ich übersetze das mal: **„Sich nach unten vernetzen."**

Sie wollen Hilfe bei diesem oder jenem oder brauchen Unterstützung von jemandem aus dem Rechnungswesen, dem Einkauf oder dem Marketing? Wenn Sie über ein funktionierendes und umfassendes Netzwerk „da unten" verfügen, sind Sie fast buchstäblich in der Lage, das Meer zu teilen.

Die Botschaft:

„UNTEN" WIRD DIE EIGENTLICHE ARBEIT GEMACHT. INVESTIEREN SIE (WIE EIN VERRÜCKTER) IN „UNTEN".

(Übrigens: Die meisten verstehen das nicht, weshalb diese Strategie besonders wertvoll ist.)

15.6.3 Verbündete III: Erfolgsrezept für Führungsverantwortliche – Umsetzungsprinzipien

DIE KÜRZESTE VERBINDUNG ZWISCHEN ZWEI PUNKTEN IST NIE EINE GERADE LINIE.

UMSETZUNG IST EIN CHAOTISCHER PROZESS.
UMSETZUNG IST EIN EMOTIONALER PROZESS.
LOGIK SPIELT DABEI KAUM EINE ROLLE.
UMSETZUNG IST EIN POLITISCHER RUND-UM-DIE-UHR-PROZESS.
GENIESSEN SIE DAS CHAOS.
GENIESSEN SIE DIE POLITIK.
ODER SIE WERDEN NIEMALS SCHWIERIGE UND/ODER KONTROVERSE DINGE SCHAFFEN.

15.7

15.7.1 Verbreiten Sie Begeisterung

Ich bin ein Verbreiter von Begeisterung.
– Ben Zander, Dirigent eines Sinfonieorchesters und Managementguru

Das Zitat von Zander lässt sich wunderbar in eine wichtige Voraussetzung für Führung übersetzen:

VERBREITEN SIE BEGEISTERUNG!

Amen.

Da steckt aber noch mehr dahinter. Zander dirigiert hauptberuflich ein Sinfonieorchester. Ich hatte das Privileg, ihn in Aktion zu erleben. Auf den ersten Blick ist ein Musikstück ein Musikstück, zumindest für musikalische Amateure wie mich. Eine Partitur ist eine Partitur. Die musikalischen Parameter sind festgelegt. Und: Musiker haben es drauf oder nicht.

Das ist natürlich Quatsch. Eine magische Aufführung eines beliebten Sinfoniestücks berührt Sie durch die Emotionen und die Kraft der konkreten Aufführung, die Sie gesehen haben.

Beispiel: 2016 war ich in der Symphony Hall in Boston. Ich habe die Goldberg-Variationen von Bach immer geliebt. Die Aufführung an diesem Abend hat mich jedoch umgehauen. Bei „umgehauen" kommt der Dirigent als Verbreiter von Begeisterung ins Spiel. **Man könnte es die letzten 90 Prozent der Qualität der Aufführung nennen.** (Dieser Wert trifft es wahrscheinlich ziemlich genau.)

All das lässt sich eins zu eins auf die Leitung einer ersten Klasse, einer neunköpfigen Weiterbildungsabteilung oder eines Projekts mit elf Mitarbeiterinnen und Mitarbeitern übertragen.

Die Begeisterung des Führungsverantwortlichen und seine Fähigkeit, *Begeisterung zu verbreiten*, ist …

das entscheidende Alleinstellungsmerkmal guter Führung.

(Bildungsstudien bestätigen dies. Eine wichtige Studie kommt zu dem Ergebnis, dass das pädagogische Konzept – Frontalunterricht, Gruppenarbeit und so weiter – praktisch keine Auswirkung auf die Intensität hat, mit der sich die Lernenden nach Abschluss des Kurses mit dem Thema beschäftigen. Was sie jedoch stark beeinflusste, war die Leidenschaft der Lehrkraft für den Stoff.)

15.7.2 Begeisterung: die Verpflichtung zur Schaustellerei

> **Es ist ständig Showtime.**
>
> – David D'Alessandro: *Career Warfare*

Die Schlüsselbegriffe:

STÄNDIG.
SHOWTIME.

Die Weisheiten, dass effektive Führungspersonen „mit gutem Beispiel vorangehen" oder „Worten Taten folgen lassen", sind absolut richtig. Manager müssen in jeder Sekunde die gewünschte Kultur vorleben. Und damit meine ich *in jeder Sekunde*. Das Tagesgeschäft und die großen Aufgaben sind weit weniger wichtig als die kleinsten Verkörperungen von „so laufen die Dinge bei uns" (zum Beispiel die dreißig Sekunden, in denen sich der Chef direkt nach dem Meeting mit Hans und Simone auf dem Flur unterhält).

Führungspersonen **SIND** Schaustellerinnen und Schausteller.

ALLE Führungspersonen sind Schaustellerinnen und Schausteller.

Alle Führungspersonen sind **IMMER** Schaustellerinnen und Schausteller.

(IMMER = IMMER)

KEINE Ausnahmen.

Sie sind **NIE** nicht auf Sendung.

(Denken Sie daran: Schaustellerin oder Schausteller bedeutet *nicht,* lauter oder extrovertiert oder viel zu reden.)

Für Führungspersonen ist und war immer Showtime.

An diese Szene würden sich die Anwesenden im Raum noch lange erinnern. Washington hatte seine Rolle perfekt gespielt. Es genügte nicht, dass eine Führungsperson ihrer Rolle äußerlich gerecht wurde. Washington war der Meinung, sie müsse sie auch mit Selbstbeherrschung und Präzision ausfüllen. John Adams beschrieb Washington später anerkennungsvoll als einen der „großen Schauspieler unserer Zeit".

– David McCullough: *1776* (Als die Lage in Boston zu Beginn des Unabhängigkeitskrieges äußerst aussichtslos war, überzeugte Washington die Briten durch sein einstudiertes Auftreten und eine sorgfältige Inszenierung, in der sein Hauptquartier gewaltig und seine Armee gesund und munter und gut ausgestattet wirkte, davon, dass die Amerikaner eine beeindruckende Macht seien, die man nicht unterschätzen sollte.)

Ja, es ist ständig Showtime!

Für Sie.

Für mich.

Für George Washington.

15.7.3
Begeisterungsfähige Mitarbeiter einstellen

Suchen Sie begeisterungsfähige Mitarbeiter.

Befördern Sie begeisterungsfähige Mitarbeiter.

Belohnen Sie begeisterungsfähige Mitarbeiter.

Seien Sie dabei eindeutig.

15.7.4
Begeisterung: Starten Sie schwungvoll in die Woche

Am nächsten Montag: Planen Sie Ihre ersten fünf bis zehn Spielzüge (das heißt, beginnen Sie *jeden* Tag oder *jede* Woche *ganz bewusst* mit *Zielstrebigkeit*).

Trainer der National Football League (NFL) planen die ersten Spielzüge jedes Spiels sorgfältig, damit das Spiel gut beginnt. Und auch wenn die Einzelheiten des Skripts bereits nach wenigen Spielzügen hinfällig sind, gibt es doch die Marschrichtung vor.

Der Anfang ist das Entscheidende.

Das ist ein zuverlässiges Forschungsergebnis, kein leerer Spruch.

Beginnen Sie die Woche also auf dem richtigen Fuß.

Eine Woche ist eine wertvolle Maßeinheit. Eine Woche ist eine Geschichte, eine Novelle, sie hat einen Anfang, einen Hauptteil und einen Schluss. Sich mit dem Anfang Mühe zu geben (ins SCHWITZEN zu kommen) ist entscheidend für alles, was folgt.

15.8 Körpersprache: die 5x-Regel und mehr

Studien legen nahe, dass Stimmhöhe, Lautstärke und Sprechgeschwindigkeit einer Person einen fünfmal so großen Einfluss darauf haben, was beim Zuhörer ankommt, als die eigentlichen Worte, die sie verwendet.

– Deborah Gruenfeld, *Stanford Business*, Frühjahr 2012

Im Wahlkampf 1994 bestand der Wahlkampf aus [Mandelas] Lächeln. Das zugehörige Plakat hing überall: auf Reklametafeln, an Autobahnen, an Straßenlaternen, in Tea Shops und an Obstständen. Es vermittelte den schwarzen Wählern, dass er für sie kämpfen, und den weißen, dass er sie beschützen würde. Das Lächeln drückte aus, was im Sprichwort „*Tout comprendre, c'est tout pardonner*" ausgedrückt wird: Alles verstehen heißt alles vergeben. Es war ein politisches Antidepressivum für eine nervöse Wählerschaft.

– Richard Stengel: *Mandelas Weg. Liebe, Mut, Verantwortung – Die Weisheit eines Lebens*

Als ich nach einem Fünfstundenflug einmal das volle Flugzeug verließ, fragte ich die Stewardess, wie viele Menschen sich beim Hinausgehen bei ihr bedanken würden. Ihre Antwort überraschte mich (*den* berufsbedingten Dankeschön-Fanatiker!):

Das „Dankeschön" ist gar nicht so wichtig. Was zählt, ist, dass die Menschen lächeln und einen dabei ansehen.

Wieder einmal: KÖRPERSPRACHE ERHÄLT DEN ERSTEN PREIS!

Den lächelnden Fluggast kann man natürlich nicht mit dem beeindruckenden Kommentar über Mandela vergleichen. Und doch ist er ein wunderbares Beispiel für die Bedeutung von Körpersprache in alltäglichen Situationen – beruflich wie privat.

Sehen Sie sich noch einmal die Zahl in der Kapitelüberschrift an: 5x.
HIER GEHT ES UM VIEL.
Bilden Sie sich in Körpersprache fort.
Nichts könnte wichtiger sein.

Die gute Nachricht: Es gibt zahlreiche Studien und Ratgeber über den richtigen Einsatz von Körpersprache, die Sie bei Ihrem Vorhaben unterstützen werden.

Also:

LESEN SIE.
ÜBEN SIE.

(Ich verwende Formulierungen wie „Bilden Sie sich fort“ häufig. Der Grund: Wenn das Gespräch auf Körpersprache kommt, nehmen die meisten Menschen das Thema ernst. Meine Erfahrung lehrt jedoch, dass sie dann so etwas sagen wie: „Gute Idee. Damit werde ich mich näher beschäftigen.“ Schön und gut. ABER DOCH EINE VÖLLIG UNPASSENDE ANTWORT. Der Punkt ist, dass man Themen wie diese wirklich *studieren* muss. Es gibt so viele bedeutende Studien dazu. Ich möchte also nicht, dass Sie sich mit einem Thema wie Körpersprache „näher beschäftigen“. Ich möchte, dass Sie sich *formal* darin fortbilden und das Thema studieren, wie man Biochemie oder Rosenzucht studiert oder Flötespielen lernt.)

15.9 Menschen führen muss man lieben

Einen **(WICHTIGEN)** Punkt habe ich noch vergessen …

„Tom, das war ein toller Vortrag; das Wichtigste hast du aber vergessen zu sagen: Führungspersonen führen gern!“

Ich hatte einen Vortrag in Dublin mit dem Titel „The Leadership 50“ gehalten. Nach der Veranstaltung tranken wir – natürlich – ein Guinness und der Leiter eines großen Marketingdienstleisters wies mich mit den obigen Worten auf das hin, was ich vergessen hatte.

Ich dachte darüber nach und muss sagen, er hat recht. Einfach ausgedrückt:

Manche Menschen lieben diese personellen und politischen Fragen und die naturgemäße Unordnung menschlicher Angelegenheiten, die den Kern von Führung ausmachen.

Andere nicht.

Führung ist speziell.

Und vielleicht ist sie nicht Ihr Ding.

Denken Sie intensiv darüber nach.

Das gilt sowohl für die Aufgabe, vier Wochen lang ein vierköpfiges Projektteam zu leiten, als auch für die „großen" Führungsjobs.

(Autoren wie ich hoffen natürlich, dass Sie hier ein oder zwei Dinge lernen, die Ihnen helfen, Ihre Führungskompetenzen auszubauen, und Sie zu der Erkenntnis gelangen, dass Sie Ihren Job in zunehmendem Maße gern machen. So erging es Lex Wexner von Limited's in Kapitel 5. Die Entwicklung seiner Mitarbeiterinnen und Mitarbeiter bereitete ihm zunehmend Freude. Andersherum kann es sein, dass Sie merken, „das ganze personelle und politische Zeugs" ist nicht Ihr Ding, aus welchen Gründen auch immer. Dann ist es ratsam, sich nach einer anderen Aufgabe umzusehen.)

15.10 Jeder Tag ist ein Start-up: die Null-Regel

> **Jedes Jahr ist für uns ein Start-up, seit 25 Jahren. Deshalb ist auch jede unserer Veranstaltungen ein Start-up. Wenn sich die Türen öffnen, bleibt unser Ruf draußen. Wir beginnen wieder aufs Neue ohne einen einzigen zufriedenen Kunden! Ich nehme nichts als selbstverständlich.**
>
> – José Salibi Neto, HSM Group

Dreißig Jahre arbeite ich nun schon mit meinem brasilianischen Kollegen JSN. Das ist wirklich seine Haltung und der wichtigste Faktor seines anhaltenden Erfolgs, würde ich sagen. Er nimmt tatsächlich *nichts* für selbstverständlich. NIE.

15.11 Die Zehner-Regel

Jeder Tag bietet uns* mindestens zehn Gelegenheiten, zu führen.

* Okay, vielleicht jedem, der älter ist als zwölf.

Führung ist nicht auf offizielle Rollen begrenzt. Das wissen wir zwar, aber es kann nicht schaden, es noch einmal zu erwähnen. Jeden Tag bietet sich uns eine Fülle von Gelegenheiten, andere zu führen. Wenn Sie bis oben hin mit Arbeit zu sind, sich aber trotzdem eine halbe oder eine Viertelstunde Zeit nehmen, jemand anderen, der ebenfalls eine enge Deadline hat, unter die Arme zu greifen, ist das Führung erster Klasse!

Was ich damit sagen will: Verankern Sie den Gedanken, **dass alle Mitarbeiterinnen und Mitarbeiter immer Führungspersonen sind, in den Köpfen aller Akteure im Unternehmen**.

EINE AUSWAHL VON ZEHN FÜHRUNGSHANDLUNGEN FÜR NICHT-CHEFS

- KOMMEN SIE MIT GUTER LAUNE INS BÜRO. DAS GILT BESONDERS AN REGENTAGEN. (DIESER PUNKT STEHT AUS GUTEM GRUND GANZ OBEN AUF DER LISTE: WIR ENTSCHEIDEN, WELCHE EINSTELLUNG WIR HABEN.)
- Sie sind total im Stress? Nehmen Sie sich trotzdem zehn Minuten und helfen Sie einem Kollegen bei einer langweiligen Aufgabe.
- Hören Sie Ihrem Gegenüber aufmerksam („hoch konzentriert“; siehe Kapitel 13) zu und unterbrechen Sie es nicht.
- Ich wiederhole: Hören Sie Ihrem Gegenüber aufmerksam zu und unterbrechen Sie es nicht.
- Bedanken Sie sich bei einer Kollegin, die Ihnen bei einer kleinen Aufgabe geholfen hat.
- Sprechen Sie jemanden aus einer anderen Abteilung an, wenn Sie ihm auf dem Flur begegnen. Unterhalten Sie sich drei bis fünf Minuten – das genügt schon.
- Machen Sie Kaffeepause mit einem neuen Kollegen oder einer zweitägigen Aushilfe.
- Melden Sie sich freiwillig für eine unliebsame kleine Aufgabe.
- Lesen Sie einen interessanten branchenrelevanten Blogartikel und sprechen Sie mit ein oder zwei Personen darüber.
- Wenn Sie Feierabend machen und das Büro verlassen, tauschen Sie sich noch kurz mit einem Kollegen über den Tag aus. Erwähnen Sie etwas Positives.

Zu dieser Liste hat mich das Buch *Take the lead – Motivate, Inspire, and Bring Out the Best in Yourself and Everyone Around You* von Betsy Myers inspiriert. Ihre (wie meine) Kernbotschaft: **FÜHRUNG SOLLTE JEDER ÜBERNEHMEN.**

15.12 Führung: Beziehungen gehen vor/ROIR (Return On Investment In Relationships) >> ROI (Return On Investment)

> **Was eine Führungspersönlichkeit wirklich ausmacht, ist die Fähigkeit, enge und dauerhafte Beziehungen aufzubauen. Leider glauben die meisten Führungskräfte großer Unternehmen, ihre Aufgabe sei es, die Strategie, die Organisationsstruktur und die betrieblichen Prozesse zu entwickeln. Die damit einhergehenden Tätigkeiten delegieren sie dann und so haben sie keinerlei Kontakt zu denen, die die eigentliche Arbeit machen.**
> – Bill George: *Authentic Leadership*

Das ist ein wichtiger (tragischer?) Punkt, den Bill George, der frühere CEO von Medtronic, hier anspricht. In gewisser Weise ist das auch der Subtext dieses Buches („Hart ist weich. Weich ist hart."). Führungskräfte denken, sie seien für die Mechanik zuständig – Strategie, Prozesse und so weiter – und vernachlässigen die menschlichen Dinge oder – wie es George hier formuliert – delegieren sie. Diese hartnäckige Hürde auf dem Weg zum Führungserfolg beschäftigt mich nun seit mehr als fünf Jahrzehnten.

> **Alliierte Kommandos basieren auf gegenseitigem Vertrauen. Dieses Vertrauen gewinnt man zu allererst, indem man Freundschaften schließt.**
> – General Dwight D. Eisenhower in der Zeitschrift *Armchair General*, in der die renommiertesten Offiziere den Lesern ihre „Führungsgeheimnisse" anvertrauen (Die vielleicht beeindruckendste Fähigkeit Eisenhowers während seiner Zeit in der Militärakademie West Point war die Leichtigkeit, mit der er Freundschaften schloss und das Vertrauen der anderen Kadetten gewann, die aus den unterschiedlichsten Milieus stammten. Diese Eigenschaft kam ihm auch später, als Kommandeur der alliierten Streitkräfte, sehr zugute.

General Eisenhower war federführend für die Planung der Landung der Alliierten in der Normandie zuständig sowie für die anschließende Offensive, die den

Zweiten Weltkrieg in Europa beendete. Dabei halfen ihm vor allem seine Fähigkeiten im Umgang mit kratzbürstigen Persönlichkeiten wie Roosevelt, Churchill, De Gaulle, Patton und Montgomery. Das erforderte unglaublich gute zwischenmenschliche Kompetenzen und war wesentlich bedeutsamer als die effektive strategische Planung.

VERBESSERN SIE IHREN ROIR SYSTEMATISCH.

Kontrollieren und managen Sie Ihre Investitionen in Beziehungen/in Ihr Beziehungsportfolio so sorgfältig, wie Sie auch Ihre Budgetvorgaben kontrollieren und managen.

Wie sieht der Relationship Investment Plan für diese Woche genau aus?

Das *ist* es, worum es geht nach den Aussagen von George und Dwight D. Eisenhower.

Das ist **KEIN** „Jeder wie er will"-Thema.

Geschwindigkeit ist **NICHT** alles. Dank der neuen Technologien können wir unser Netz weiter auswerfen als früher, was in vielerlei Hinsicht wertvoll ist. Geschwindigkeit ist jedoch nicht der Schlüssel zu dauerhaften Beziehungen. Im Gegenteil. Ja, wir schreiben das Jahr 2018 und die Welt dreht sich mit jedem Tag schneller. Aber erinnern wir uns noch einmal an Bill George: Um etwas in Bewegung zu setzen, brauchen Sie Freunde und Kollegen, denen Sie vertrauen und die immer wieder für Sie in die Bresche springen. Solch ein reiches Netzwerk an Freunden aufzubauen und zu pflegen erfordert Zeit; es ist eine zeitintensive Investition.

GROSSARTIGES NETZWERK = VIEL ZEIT INVESTIEREN = KEINE ABKÜRZUNGEN

15.13

15.13.1 Anerkennung!

Das Verlangen nach Anerkennung ist zutiefst im menschlichen Wesen verwurzelt.

– William James, US-amerikanischer Psychologe

Dieses Zitat erwähnt Dale Carnegie, Ikone der Selbstoptimierung, in seinem Klassiker *Wie man Freunde gewinnt – Die Kunst, beliebt und einflussreich zu werden,* und hält uns an, genau auf die Wortwahl von James zu achten:

Er spricht von „Verlangen", nicht bloß von „Wunsch" oder „Bedürfnis".

(Der Wunsch nach Anerkennung ist universell und tief ins uns verankert.)

Mitarbeiter, die sich bedeutungslos fühlen, leisten nur selten bedeutende Beiträge.

– Mark Sanborn, Meister des Vetriebstrainings

Ein kluges Zitat, keine Frage. Ich hoffe jedoch, Sie erkennen, dass es weit mehr ist als das, nämlich eine tiefgründige Aussage, die für Führungsverantwortliche von enormer Bedeutung ist. Mitarbeiterinnen und Mitarbeitern das Gefühl zu geben, dass das, was sie tun, wichtig ist (sodass sie sich bedeutsam fühlen), gehört zu den wichtigsten Führungsaufgaben, wenn es nicht sogar die allerwichtigste ist.

Anderen Menschen Anerkennung entgegenzubringen ist eine höchst wünschenswerte Eigenschaft; sie ist aber auch ein Gewinn- und Wachstumsmotor erster Güte. Kundeninteresse ist eine direkte Folge von Mitarbeiterengagement und es sollte selbstverständlich sein (Ha!), dass Mitarbeiterinnen und Mitarbeiter, die sich bedeutsam fühlen, viel eher bereit sind, sich für ihre Kollegen und Kunden ins Zeug zu legen.

NUMMER 1:
KEINE ÜBERTREIBUNG
ANERKENNEN ist vielleicht das mächtigste Wort im Führungswörterbuch!

Starke Worte.

Ich habe Hunderte Male erlebt, was Anerkennung bewirkt.

Viele Hundert Male.

In allen nur erdenklichen Kontexten.

In allen nur erdenklichen Kulturen.

Sie ist wichtig.
Sie funktioniert.

ANERKENNUNG:
ICH = MITTELPUNKT DES UNIVERSUMS

Als ich das Esszimmer verließ, nachdem ich neben Gladstone gesessen hatte, dachte ich, er sei der klügste Mann Englands. Als ich neben Disraeli gesessen hatte, dachte ich, ich sei die klügste Person Englands.

– Jennie Jerome, amerikanische Mutter von Winston Churchill

Wenn Sie sich mit [Bill Clinton] unterhalten, haben Sie das Gefühl, dass ihn nichts und niemand sonst interessiert. Er gibt Ihnen das Gefühl, die wichtigste Person im Raum zu sein.

– Mark Hughes, Drehbuchautor und Blogger bei *Forbes*

Ist das eine angeborene Eigenschaft oder eine Fähigkeit, die man lernen kann? Ich denke, beides. Manchen Menschen fällt es von Natur aus leichter, anderen das Gefühl zu geben, Sie seien der Mittelpunkt. Aber denken Sie daran, dass jeder von uns ein „professioneller Zuhörer" werden kann. Das erfordert jedoch Zeit und viel, viel Übung.

15.13.2 Anerkennung: WSSD

Die vier wichtigsten Worte in jedem Unternehmen sind …

Was sagen *Sie* dazu?

– mit freundlicher Genehmigung von Dave Wheeler, veröffentlicht auf tompeters.com

WSSD: Damit erkennt man erstens an, dass ich es wert bin, dass man mir zuhört – eine wichtige Bestätigung meiner Bedeutsamkeit. Zweitens produzieren die WSSD-Antworten in Summe eine Flut von guten Ideen.

Vorschlag: **ZÄHLEN SIE, WIE OFT AM TAG SIE WSSD FRAGEN.**

Beginnen Sie **HEUTE**.

(Nennen Sie das den Ingenieur, der immer noch in mir steckt, aber solche Dinge lassen sich tatsächlich messen.)

15.14

15.14.1
Die 30.000-Regel: so, so (so, so) einfach umzusetzen …

WARUM, WARUM, WARUM NUR TUN WIR ES NICHT ÖFTER?

ALSO: „DANKE" SAGEN.

In seinen 10 Jahren als CEO von Campbell's Soup schickte Doug Conant seinen Mitarbeiterinnen und Mitarbeitern 30.000 handgeschriebene Dankeskarten.

– *Bloomberg Businessweek*

Das sind ungefähr …

zwölf Dankeskarten pro Arbeitstag – und das über zehn Jahre.

OMG.
Und Sie?

„Danke schön": WARUM UM ALLES IN DER WELT FÄLLT ES VIELEN MENSCHEN, EINSCHLIESSLICH VIELER/DEN MEISTEN FÜHRUNGSVERANTWORTLICHEN, SO SCHWER, DIESE ZWEI WORTE ÜBER DIE LIPPEN ZU BRINGEN? DIESES DANKESCHÖN-DEFIZIT IST FÜR MICH EINES DER GRÖSSTEN RÄTSEL DER MENSCHHEIT.

Es gibt viele Dinge, für die ich meiner Mutter dankbar bin, unter anderem für ihre Liebe. Ganz oben auf der Liste – vielleicht an zweiter Stelle, gleich hinter „Liebe" – steht aber ihre Beharrlichkeit (UND SIE WAR EINE SEEEHR BEHARRLICHE PERSON), dass ich die Worte „Danke schön" SEHR regelmäßig verwendete. Diese Beharrlichkeit hat mir nicht nur gute Dienste erwiesen – sie hat alles verändert.

Jetzt könnte ich Sie mit Dutzenden Anekdoten über die beeindruckende Kraft eines einfachen Dankeschöns ergötzen. Über die Jahre habe ich viele davon gesammelt. Diese hier ist ein Klassiker: Eine Dame, mit der ich mich bei einem meiner Seminare unterhielt, hatte sich für einen Job im mittleren Management beworben. Nach dem Vorstellungsgespräch schrieb sie der Person, mit der sie gesprochen hatte, eine Nachricht und bedankte sich für deren Zeit und Mühe. Sie war die Einzige von etwa dreißig Kandidatinnen und Kandidaten, die das tat. Und sie bekam den Job. (Die Person, die das Interview geführt hatte, erzählte ihr später, dass mehrere Kandidaten infrage gekommen waren und dass es letztlich ihre Dankesnachricht war, die den Ausschlag gegeben hatte.) Es gibt viele solcher Geschichten und die meisten kann man kaum glauben: solch eine simple Geste und eine so starke Wirkung.

(Sogar auf Twitter: Ich nutze Twitter regelmäßig. Und regelmäßig retweeten die Leute den ein oder anderen meiner Kommentare. Keine große Sache. Ganz selbstverständlich schreibe ich meistens ein „Vielen Dank" zurück. Und meistens löst mein Dankeschön einen Ein-, Zwei- oder Dreizeiler aus, in dem sich die andere Person dafür bedankt. In vielen dieser Danke-fürs-Danke-Sagen-Fälle lautete die Antwort in etwa „Vielen Dank, dass Sie sich die Mühe machen, sich zu bedanken". „Sich die Mühe machen" sind große Worte: Sie würdigen, dass ich mir die Zeit genommen habe, mich zu bedanken. Ja, sogar auf Twitter.)

15.14.2 Danke schön: klein >> groß

Es geht nicht darum, sich für den Millionen-Dollar-Geschäftsabschluss zu bedanken. (Dieses Lob erreicht den Mitarbeiter so oder so.) Es geht darum, die Mitarbeiter „dabei zu erwischen, wenn sie etwas [eine kleine Sache] gut machen", wie es Ken Blanchard in *Der Minuten-Manager* formuliert.

Für den Empfänger hat diese spontane Anerkennung für „die kleinen Dinge" eine viel größere Bedeutung als das große Lob.

Es bedeutet, dass die Vorgesetzte (oder der Kollege) die kleine Geste wahrgenommen hat. So sorgen Sie dafür, dass der Empfänger sich – wir erinnern uns an das Zitat von vorhin – bedeutsam fühlt. Bedeutsam = ein GROSSES Wort.

15.15

15.15.1 Anstand/Höflichkeit

Aus einer Twitter-Unterhaltung auf civility/@tom_peters:

Tim Brander: **„Der interne Umgangston gibt den Ton für die externen Beziehungen vor.“** (Wie wahr, wie wahr!)

Dave Wheeler: **„MBMR. Management by Mom's Rules. Gute Erziehung kann leistungssteigernd wirken und zum Alleinstellungsmerkmal einer Person werden.“**

Sunny Bindra: **„Sie kommen nicht einfach zu spät; Sie sind unhöflich und egoistisch.“**

Und weiter (nicht auf Twitter):

> **GRI bedeutet „größtmögliche respektvolle Interpretation“ dessen, was jemand zu Ihnen sagt. Es müssen nicht alle beste Freunde sein, ich brauche aber ein Team mit GRI. Sie können alles sagen, solange Sie es auf die richtige Art und Weise sagen. Vielleicht müssen Sie das ein wenig üben, zum Beispiel mit „Helfen Sie mir zu verstehen, warum Sie das nicht tun wollen oder warum Sie das tun wollten“. Ich mache das einfach, damit es eine menschenwürdige Umgebung ist.**
>
> – Robin Domeniconi, CMO des Flash-Sale-Portals Rue La La (in Adam Bryant: *Quick and Nimble – Lessons from Leading CEOs on How to Create a Culture of Innovation*)

Anstand ist eine gute Strategie im Umgang mit Menschen UND eine exzellente Gewinnstrategie. Einfach ausgedrückt:

> **DIE IN DIESEM BUCH VORGESTELLTEN IDEEN LASSEN SICH ZEHNMAL SO LEICHT UMSETZEN, WENN IM UNTERNEHMEN EINE KULTUR DER PERMANENTEN HÖFLICHKEIT UND DES ANSTANDS HERRSCHT.**

15.15.2 Anstand/Sich kümmern

> **Es gibt nur einen Ratschlag, wenn Sie eine bessere Führungsperson und glücklicher und beruflich erfolgreich werden wollen:**

Er erfordert keine besondere Persönlichkeit und keine besondere Chemie …, und jeder kann es tun. Der Ratschlag lautet: Sie müssen sich kümmern.

– General Melvin Zais

Dieser Auszug stammt aus einer Rede von General Zais, die er am National War College vor Offizieren der mittleren Ebene hielt. Als ich einmal die jährliche Forrestal Lecture an der U.S. Naval Academy hielt, verteilte ich auf eigene Kosten viertausend Kopien (CDs – es waren noch die guten alten Zeiten) der Rede von Zais, in der er die obigen Worte spricht. Als derart wichtig erachtete ich sie.

15.15.3 Anstand: F = K = G

FREUNDLICHKEIT = KUNDE KOMMT WIEDER = GEWINN

F = K = G/Freundlichkeit gegenüber Patienten ist freundlich und kostenwirksam:

Wir glauben irrtümlicherweise, dass freundliche Interaktionen mehr Personal oder mehr Zeit beanspruchen und deshalb mehr Geld kosten. Personalkosten machen zugebenermaßen einen wesentlichen Teil der Klinikbudgets aus; die Interaktionen selbst belasten das Budget jedoch nicht. Freundlichkeit ist umsonst. Patienten zuhören oder ihre Fragen beantworten kostet nichts. Negative Interaktionen – Patienten vor den Kopf stoßen, ihre Bedürfnisse ignorieren oder ihnen das Gefühl nehmen, die Situation zu beherrschen – können dagegen sehr teuer sein. Verärgerte, frustrierte oder ängstliche Patienten sind mitunter aggressiv, weniger kooperativ und ziehen sich zurück, was wesentlich mehr Zeit für die Pflege erfordert, als wenn man von Anfang an positiv mit ihnen umgegangen wäre.

– Jo Anne L. Earp, Elizabeth A. French, Melissa B. Gilkey: *Patient Advocacy for Health Care Quality – Strategies for Achieving Patient-Centered Care*

Zum Thema Freundlichkeit und ihren Folgen: Das Unternehmen Press Ganey Associates ist führend in der Entwicklung und Durchführung von Umfragen zur Patientenzufriedenheit. Eine Studie, in der 139.380 Patienten in 225 Kliniken befragt wurden, kommt zu dem überraschenden Ergebnis, dass keiner der ersten fünfzehn Faktoren, die Einfluss auf die Patientenzufriedenheit haben, mit der Gesundheit der Patienten zusammenhängt. Entscheidend für die Zufriedenheit sind dagegen Punkte wie der Umgang zwischen Personal und Patienten und das Verhalten der Pflegekräfte untereinander.

(Quelle: Susan Frampton, Laura Gilpin, Patrick Charmel: *Putting Patients First*)

Die Zahl der Patienten einer Klinik hängt also unmittelbar mit deren Zufriedenheit zusammen. Freundlichkeit hat demnach – neben ihrem spirituellen Wert – positiven Einfluss auf den Umsatz und die Rentabilität einer Klinik.

FREUNDLICHKEIT:
Freundlich
Umsichtig
Engagiert
Zuhörend
Wertschätzend
Offen
Ehrlich
Zugänglich
Profitabel

Freundlichkeit = „weich"?
NIEMALS!

15.15.4 Anstand versus Schnelligkeit

Anstand und Schnelligkeit wiedersprechen sich (häufig). Wenn Beziehungen das Wichtigste sind (UND DAS SIND SIE), schlägt Anstand Schnelligkeit!

Die „Schnelligkeit ist alles"-Befürworter haben in gewisser Weise recht. So aber auch die „Anstand ist alles"-Verfechter.

Denken Sie darüber nach. Und lassen Sie sich nicht von den Schnelligkeitsfanatikern – einschließlich meinem früheren Ich – beirren.

LESEN UND WEITERBILDEN!

Klein > groß/Anstand/Freundlichkeit

Steve Harrison: *The Manager's Book of Decencies. How Small Gestures Build Great Companies*

Linda Kaplan Thaler und Robin Koval: *Erfolg ist eine Kleinigkeit. Warum schon kleine Dinge Großes bewirken*

Linda Kaplan Thaler und Robin Koval: *The Power of Nice. Wie Sie die Welt mit Freundlichkeit erobern können*

15.16 Helfen: Womit Führungskräfte ihr Geld verdienen/ Eine Kunst und Wissenschaft, die es zu beherrschen gilt

Womit verdienen Führungskräfte ihr Geld?

Sie **HELFEN**!

(Sie unterstützen und fördern ihre Mitarbeiterinnen und Mitarbeiter beim Erreichen ihrer persönlichen und beruflichen Ziele sowie der Ziele des Unternehmens.)

Richtig?

Nächste Frage: Wie viele von uns können behaupten, sie sind „Experten im Helfen", das heißt, dass sie das Thema studiert haben und es nun beherrschen, wie ein Musiker seine Kunst beherrscht?

Meiner Erfahrung nach verdienen die wenigsten die Bezeichnung „Experten im Helfen". Helfen ist „eines dieser Dinge": Helfen? Klar weiß ich, wie man anderen hilft. Das ist doch keine große Sache! Was ist so kompliziert daran?

HELFEN ...

1. Helfen *ist* eine große Sache – eine SEHR große sogar.
2. Die meisten von uns sind Amateure, wenn es darum geht, wirklich zu helfen.
3. Ich bin der Auffassung, dass wahre Spitzenleistung im Helfen weitaus schwieriger ist als Neurochirurgie. (Das glaube ich von ganzem Herzen.)

DAS WAHRE GENIE: *Helping – How to Offer, Give, and Receive Help* von Ed Schein

MIT-Professor Ed Schein ist der unbestrittene Meister auf diesem Gebiet. Bezogen auf die Diskussion hier zeigt sein Buch, dass Helfen ein eigenes Thema ist und wissenschaftlich untersucht werden kann:

HELPING/LETZTES KAPITEL: EINIGE ZENTRALE PRINZIPIEN

- „Wirksame Hilfe findet statt, wenn sich die Akteure gegenseitig in gleichem Maße helfen." (Also gleichberechtigte Partner auf dem Weg nach vorn.)
- „Alles, was Sie tun oder sagen, ist eine Intervention, die den weiteren Verlauf der Beziehung bestimmt." (Alles = alles. Klein > groß.)
- Wirksame Hilfe beginnt mit Fragenstellen. (Zuerst Fragen stellen, nicht Rezepte ausstellen.) (Siehe auch Ed Schein: *Humble Inquiry – Vorurteilslos Fragen als Methode effektiver Kommunikation*.)
- Es ist der Kunde, der sein Problem kennt. (Worte sind entscheidend, zum Beispiel „Kunde. In *Helping* zitiert Schein einen NFL-Spieler, der zunächst Rechtsanwalt und dann Football-Coach wurde. Er nennt seine Spieler „meine Kunden". Lassen Sie sich das zwei- oder dreimal durch den Kopf gehen: FOOTBALLSPIELER ALS KUNDEN DES TRAINERS. NICE.)

Ich fasse zusammen:

- Wir/Führungskräfte verdienen unser/ihr Geld mit „Helfen"!
- Der Mitarbeiter als KUNDE!
- STUDIEREN/ÜBEN Sie das Helfen, als wäre es Neurochirurgie! (Helfen *ist* Ihre Neurochirurgie!)

Ich konnte das Thema hier nur anreißen und wollte Sie auch lediglich stärker dafür sensibilisieren. Ich hoffe, ich konnte zeigen, dass Führungskräfte mit Helfen tatsächlich ihr Geld verdienen und dass es nicht einfach ist, anderen wirksam zu helfen. Die gute Nachricht lautet jedoch: Es *ist* ein Thema, das man in kleinere Häppchen aufteilen und in dem man durch beharrliches LERNEN und ÜBEN besser werden kann. (Beachten Sie die Parallelen zum „professionellen Zuhörer" in Kapitel 13.)

15.17 Lesen!

Oberstes Versäumnis von CEOs: „Wenn ich eine Sache nennen müsste, die CEOs versäumen zu tun, so wäre es, dass sie zu wenig lesen."

– der Mitbegründer einer der weltgrößten Investmentfirmen im Gespräch mit mir

Es war ein lockeres Gespräch. Wir sprachen über dies und das. Plötzlich fragte mich mein Tischnachbar völlig unvorbereitet: „Wissen Sie, welches die größte Schwäche von CEOs ist?" Ich antwortete etwas klugscheißerisch: „Also, mir fallen gleich zehn Schwächen ein, aber verraten Sie's mir, was ist die größte Schwäche?"

Seine Antwort – siehe das Zitat oben – traf mich wie der Blitz. Und je mehr ich darüber nachdachte, desto mehr Sinn ergab sie für mich.

Erinnern Sie sich noch an das Zitat des Physikers Albert Bartlett: „Das größte Defizit der Menschheit ist unsere Unfähigkeit, die Exponentialfunktion zu verstehen." Wir sind alle im Stress; es ist fast unmöglich, am Ball zu bleiben, doch wir müssen es versuchen – egal ob wir 26 sind (frischgebackener Uniabsolvent) oder 75 (ich).

Und das beste Rezept Stand 2018 dafür ist: **LESEN! LESEN!! LESEN!!! LESEN!!!!**

Hinweis: Die obige Unterhaltung ereignete sich auf einer privaten Dinnerparty und es wäre unangebracht, den Namen meines Gesprächspartners zu erwähnen. Nur so viel: Es war nicht Warren Buffett. Aber wenn wir schon bei Warren Buffett sind …

Im Verlauf meines Lebens habe ich nicht eine kluge Person (gelehrt auf den verschiedensten Gebieten) kennengelernt, die nicht gelesen hätte – keine. Null. Sie wären erstaunt, wenn sie wüssten, wie viel Warren Buffet liest – und wie viel ich lese.

– Charlie Munger, Vice Chairman von Berkshire Hathaway
(Munger ist Warren Buffetts rechte Hand)

LESEN SIE!!!

15.18

15.18.1
Abwarten!

Selten hat mich ein Buch so angesprochen wie *Wait – The Art and Science of Delay* von Frank Partnoy. Wir alle, mich eingenommen, predigen ständig „schnell, schnell, schnell". Und die Zeiten scheinen tatsächlich danach zu verlangen. Und doch plädiert Partnoy in seinem akribisch recherchierten Buch auf überzeugende Weise dafür, das Tempo herauszunehmen und die Dinge zu durchdenken, denn das sei es, was uns zu Menschen mache.

Sehen Sie sich einmal diesen Auszug aus *Wait* an:

> **Sich über die Bedeutung des Abwartens und Hinauszögerns Gedanken zu machen ist ein grundlegender Bestandteil des menschlichen Seins. Wie viel Zeit wir uns für Entscheidungen nehmen, definiert, wer wird sind. Ist unser Auftrag lediglich, eine weitere Tierart zu sein, oder sind wir zu Größerem bestimmt?**
> **Das Leben mag ein Wettlauf gegen die Zeit sein. Es gewinnt aber an Wert, wenn wir uns über unsere Instinkte erheben und die Zeit anhalten, um zu verstehen, was wir tun und warum wir es tun.**
> **Der Programmierer, Investor, Autor und Maler Paul Graham schrieb einmal: „Die beeindruckendsten Menschen, die ich kenne, sind alle schreckliche Prokrastinatoren."**

Es folgen keine Gebote meinerseits. Ich empfehle Ihnen lediglich, tief durchzuatmen (ja, das ist 2018 noch erlaubt), ein wenig bei diesem Gedanken zu verweilen und die Lektüre von Partnoys Buch ernsthaft in Betracht zu ziehen.

15.18.2
Abwarten und Spitzenleistung: die perfekten Partner

Hier nun meine Meinung zum Thema Abwarten:

> **AN DEM TAG, AN DEM DIE GEDULD STIRBT, VERSCHWINDET AUCH DIE SPITZENLEISTUNG. SPITZENLEISTUNG ZU ERZIELEN IST NATURGEMÄSS EIN MÜHSAMER PROZESS.**

AUCH WENN DIE ZEITEN EXTREME DRINGLICHKEIT VERLANGEN, ERFORDERT ERSTKLASSIGE ARBEIT IMMER MÜHE UND BEDÄCHTIGKEIT, DIE PER DEFINITION NICHT BESCHLEUNIGT WERDEN KÖNNEN.
ES SIND TATSÄCHLICH DIE „ERSTKLASSIGE ARBEIT" UND DIE „MÜHE", DIE DIESES BUCH INSPIRIEREN. SPITZENLEISTUNG IN ALLEM, WAS WIR TUN, IST DIE WIRKSAMSTE UND VIELLEICHT AUCH EINZIGE ANTWORT AUF DEN KOMMENDEN TECH-TSUNAMI.

15.19

15.19.1 Wirksames Selbstmanagement: die wichtigste Führungstugend?

Sich seiner selbst und der Wirkung auf andere bewusst zu sein macht eine erstklassige Führungskraft aus.

– Edie Seashore

Edie Seashore war eine Koryphäe auf dem Gebiet der organisatorischen Effektivität. Hier stellt sie eine starke Behauptung auf: Wenn es um wirksame Führung geht, ist Selbsterkenntnis die wichtigste Eigenschaft.

In ihrem hervorragenden Buch *Take the Lead – Motivate, Inspire, and Bring Out the Best in Yourself and Everyone Around You* sagt Betsy Myers, Gründungsdirektorin des Center for Women and Business an der Bentley University, etwas ganz Ähnliches:

Führung ist Selbsterkenntnis. Erfolgreiche Führungskräfte sind sich ihres Verhaltens und ihrer Wirkung auf die Menschen um sie herum bewusst. Sie analysieren, welche ihrer Verhaltensweisen hinderlich sein könnten. Die am schwierigsten zu führende Person sind immer Sie selbst. Wir können andere nicht erfolgreich führen, wenn wir uns selbst nicht führen können.

15.19.2
Das größte Problem beim Selbstmanagement: falsche Wahrnehmung

In *The New Leaders* dringen Daniel Goleman (Guru auf dem Gebiet der emotionalen Intelligenz) und seine Kollegen zum Kern des Problems vor: Die Selbstwahrnehmung von Führungspersonen ist grottenschlecht und sie wird schlechter, je weiter man in der Hierarchie nach oben geht:

> **Wie können so hochrangige Führungskräfte wie [Goleman et al. nennen hier keinen Namen] eine so falsche Wahrnehmung von sich haben? Das kommt jedoch häufiger vor, als Sie denken. Je weiter eine Person die Hierarchieleiter nach oben klettert, desto weniger stimmt ihre Selbstwahrnehmung mit der Realität überein. Ursache dafür ist ein akuter Mangel an Feedback [vor allem in Bezug auf Mitarbeiterfragen].**

Dieses Zitat deckt sich mit wesentlichen Forschungsergebnissen zur Fehlwahrnehmung von Führungskräften. In einer der quantitativen Studien wurde beispielsweise gezählt, wie häufig ein Manager im Verlauf eines Meetings andere unterbrach und wie häufig er selbst unterbrochen wurde. Sie ahnen es sicher schon: Der Manager war der Auffassung, er habe andere kaum unterbrochen, während er häufig unterbrochen worden sei. Die Daten sagten eindeutig etwas anderes und wichen um fast eine Größenordnung von der Einschätzung des Managers ab. Das ist fast schon zum Lachen, wenn das Thema nicht so ernst wäre.

15.19.3
Selbsterkenntnis: was die Meister sagen

> **Es gibt drei Dinge, die besonders hart sind: Stahl, Diamanten und Selbsterkenntnis.**
>
> – Ben Franklin

> **Das größte Problem, das ich jemals hatte und haben werde, ist das Management meiner selbst.**
>
> – Dale Carnegie

Ich muss zugeben, dass ich nie viel von Selbstreflexion gehalten habe. „Einfach weitermachen“ lautete mein Motto. Doch praktisch alle Managementdenker – und die Herren Franklin und Carnegie – sind sich einig, dass Selbsterkenntnis („sich selbst führen", wie Betsy Meyers es weiter oben genannt hat) unverzichtbar für erfolgreiche Führung ist.

Wie kann ich da widersprechen?

15.20 Führungskräfte (und alle andere) aufgepasst: Unser Urteilsvermögen ist, nun ja, grottenschlecht

> **Das wichtigste Prinzip ist, dass Sie sich nicht selbst belügen dürfen. Leider belügen wir uns selbst am häufigsten.**
>
> – Richard Feynman

Der Psychologe Daniel Kahneman erhielt 2002 den Wirtschaftsnobelpreis für seine Forschung auf dem Gebiet der kognitiven Verzerrungen. 1973 hatten er und sein mittlerweile verstorbener Kollege Amos Tversky an der Universität Tel Aviv begonnen, Fehler im menschlichen Urteilsvermögen zu untersuchen. Ihre Ergebnisse sind umfassend und von außerordentlicher Bedeutung.

2011 fasste Kahneman sie in seinem Buch *Schnelles Denken, langsames Denken* zusammen. Das Werk ist praktisch ein über 500 Seiten langer Katalog menschlicher Feheinschätzungen. Besonders kritisch bewertet der Autor die Art und Weise, wie wir uns auf unsere Intuition verlassen. Kurz gesagt kommt er zu dem Schluss, dass uns unsere Intuition (schnelles Denken) nicht weiterhilft. Aber auch wenn wir uns mehr Zeit beim Denken lassen, machen wir Fehler.

In der Einleitung fasst Kahneman das folgendermaßen zusammen: „Und so wünsche ich mir, dass dieses Buch die Gespräche am Kaffeeautomaten dadurch verändert, dass es unsere Fähigkeit verbessert, Urteils- und Entscheidungsfehler von anderen und schließlich auch von uns selbst zu erkennen und verstehen, indem es dem Leser eine differenzierte und exakte Sprache an die Hand gibt, in der sich diese Fehler diskutieren lassen. Eine zutreffende Diagnose mag wenigstens in einigen Fällen eine Korrektur ermöglichen, um den Schaden, den Fehlurteile und -entscheidungen verursachen, zu begrenzen."

FAZIT:
Kognitive Verzerrungen vernebeln unsere Entscheidungen und Urteile. Sich das bewusst zu machen ist zwar nicht die Lösung, aber es hilft. Angesichts unserer begrenzten Fähigkeit zur kognitiven Verarbeitung kann die Antwort natürlich nicht Stillstand sein; wir müssen weitermachen. Ich rate jedoch zur intensiven

Auseinandersetzung mit dem Thema sowie zu Reflexion und Achtsamkeit.
Doch wie oft ist unser Urteilsvermögen durch kognitive Verzerrungen getrübt?
In hundert Prozent aller Fälle.
Das ist kein Witz.
Und auch kein Rundungsfehler.

LESEN UND WEITERBILDEN!

Ich nehme nicht an, dass Sie alle der folgenden Bücher lesen werden. Meine Intention ist lediglich, Ihnen eine zertifizierte (durch mich) Lektüreauswahl zu bieten. Ein Muss ist jedoch *Schnelles Denken, langsames Denken* sowie *Der unsichtbare Gorilla* (über eines der bekanntesten soziopsychologischen Experimente der letzten Jahrzehnte, bei dem die große Mehrheit der teilnehmenden Beobachter den durchs Bild laufenden Gorilla nicht wahrnahm, weil die Wissenschaftler sie in dem Moment ablenkten).

Englischsprachige Originalausgaben:

Thomas Gilovich: *How We Know What Isn't So. The Fallibility of Human Reason in Everyday Life*

Auf Deutsch erschienen:

Daniel Kahneman: *Schnelles Denken, langsames Denken*

Carol Tavris und Elliot Aronson: *Ich habe recht, auch wenn ich mich irre. Warum wir fragwürdige Überzeugungen, schlechte Entscheidungen und verletzendes Handeln rechtfertigen*

Christopher Chabris und Daniel Simons: *Der unsichtbare Gorilla. Wie unser Gehirn sich täuschen lässt*

Joseph Hallinan: *Lechts oder rinks. Warum wir Fehler machen*

Duncan Watts: *Alles ist offensichtlich* – *sobald man die Antwort kennt. Wie uns der gesunde Menschenverstand täuscht*

Leonard Mlodinow: *Wenn Gott würfelt. Oder Wie der Zufall unser Leben bestimmt*

Nassim Nicholas Taleb: *Narren des Zufalls. Die unterschätzte Rolle des Zufalls in unserem Leben*

Dan Ariely: *Denken hilft zwar, nützt aber nichts. Warum wir immer wieder unvernünftige Entscheidungen treffen*

Kathryn Schulz: *Richtig irren. Von falschen Glaubenssätzen, Denkfehlern und der kreativen Kraft unserer Fehlbarkeit*

Eine Liste kognitiver Verzerrungen finden Sie unter: https://de.wikipedia.org/wiki/Liste_von_kognitiven_Verzerrungen

15.21 Frauen an die Macht

In Kapitel 12 haben wir uns mit der beeindruckenden Marktmacht von Frauen beschäftigt und gesehen, dass die meisten Unternehmen diese strategische Chance ungenutzt lassen. Und der **„Binzeltest“** hat gezeigt, dass das Topmanagement den Markt, den das Unternehmen bedient, mehr oder weniger widerspiegeln sollte. Es gibt also gute Gründe für deutlich mehr Frauen in leitenden Positionen – eine Besetzung der Führungsetage mit 50 Prozent Frauen wäre nur folgerichtig.

Das ist jedoch noch nicht alles.

> **In diesem Kapitel geht es um weit mehr als nur weibliche Marktmacht. Es geht darum, dass Frauen GENERELL die besseren Führungskräfte zu sein scheinen. Wie ich im Folgenden betonen werde, heißt das nicht, dass man Männer von ihren leitenden Aufgaben entbinden sollte. Es heißt vielmehr, dass Unternehmen, in deren Topmanagement das weibliche Geschlecht deutlich unterrepräsentiert ist, einen riesigen strategischen Fehler begehen.**
> **Sie sind schlichtweg dumm.**

15.21.1 Frauen an die Macht: die 56-Regel

> **McKinsey & Company hat herausgefunden, dass internationale Unternehmen, in deren Boards mehr Frauen sitzen, herkömmliche Unternehmen hinsichtlich Eigenkapitalrendite und anderer Kennzahlen deutlich übertreffen. Auch ihr Betriebsergebnis liegt um 56 Prozent höher.**
>
> – Nicholas Kristof: „Twitter, Women, and Power“, in: *The New York Times*

56 ist eine beeindruckende Zahl, finden Sie nicht? („Beeindruckend“? Es übertrifft alle Vorstellungen, um genau zu sein.) Und die Quelle – umfangreiche Untersuchungen von McKinsey & Co. – ist äußerst zuverlässig.

15.21.2 Beweise für weibliche Führungserfolge

Im Folgenden einige kurze, aber beeindruckende Beispiele und Meinungen zu Frauen in Führungspositionen.

1. *Harvard Business Review*:
   „Frauen schneiden bei **12** von **16** Führungskompetenzen besser ab als ihre männlichen Kollegen. Interessant ist, dass zwei Kompetenzen, in denen sie besonders gut bewertet wurden, nämlich Initiative ergreifen und Ziele erreichen, lange als männliche Stärken galten."
   Man beachte: 12 von 16.
2. Lawrence A. Pfaff & Associates:
   - 2 Jahre, 941 Führungskräfte (darunter 672 Männer und 269 Frauen); 360-Grad-Feedback
   - Frauen schneiden in **20** von **20** Kategorien besser ab; 15 davon von statistischer Signifikanz, etwa Entschlossenheit, Planung und Festlegung von Standards (die typischerweise als männliche Stärken gelten).
   - „In keinem der untersuchten Bereiche werden Männer deutlich besser bewertet als Frauen."
3. „WEIBLICHE FÜHRUNGSKRÄFTE HABEN DIE NASE VORN: Neue Untersuchungen zeigen, dass Frauen in Führungspositionen ihre männlichen Pendants in fast allen Bereichen übertreffen."
   – Sonderbericht, *Bloomberg Businessweek*
4. „Studien [von McKinsey & Co.] legen nahe, dass Unternehmen, die Erfolg haben wollen, Frauen befördern sollten."
   – Nicholas Kristof: „Twitter, Women, and Power", in: *The New York Times*
5. „Ich habe die Erfahrung gemacht, dass Frauen weitaus bessere Führungskräfte sind als Männer."
   – Kip Tindell, CEO von Container Store: *Uncontainable – How Passion, Commitment, and Conscious Capitalism Built a Business Where Everyone Thrives* (Vor einigen Jahren wurde Container Store zum „besten Arbeitgeber der USA" gewählt. Das Unternehmen landet grundsätzlich unter den ersten zehn. Und seine Geschäftszahlen sind mehr als solide.)
6. Die Stärken von Frauen passen zu den neuen wirtschaftlichen Herausforderungen, wie Stanford-Professorin Judy B. Rosener in ihrem Buch *America's Competitive Secret – Women Managers* darlegt. Über den weiblichen Führungsstil schreibt sie: „Frauen setzen auf Beziehungen statt auf Status; sie befürworten einen interaktiven/kollaborativen Führungsstil [Befähigung der Mitarbeiter geht über Vorgaben von oben]; sie arbeiten über lange Zeit fruchtbar zusammen; sie tauschen sich gern aus; sie betrachten neue Machtverteilungen als Gewinn, nicht als Niederlage; sie bevorzugen mehrdimensionales Feedback; sie schätzen technische und soziale Kompetenzen sowie Einzel- und Gruppenbeiträge gleichermaßen; sie akzeptieren

Ambiguität; sie schätzen Intuition und logisches Denken gleichermaßen; sie sind von Natur aus flexibel; sie schätzen kulturelle Vielfalt."

Gerade Roeseners Ergebnisse sind für uns von Bedeutung. Angesichts sich verändernder Strukturen in Unternehmen, aber auch in wirtschaftlichen und sozialen Netzwerken im Allgemeinen, gewinnen weibliche Führungsstärken zunehmend an Bedeutung. Hinzu kommt, dass in unseren turbulenten Zeiten herkömmliche, starre Hierarchien an Wert verlieren, wenn sie nicht sogar schädlich sind. Hier können Frauen mit ihren Beziehungskompetenzen trumpfen.

15.21.3 Reflexion: mehr als 21 leidenschaftliche Jahre im Dienste der Unternehmensperformance

Mit diesem Thema beschäftige ich mich seit 1996 intensiv, also seit mehr als zwei Jahrzehnten. Es geht mir hierbei nicht um soziale Gerechtigkeit (soziale Fragen im Hinblick auf Frauen sind mir ein wichtiges Anliegen, allerdings liegt der Fokus dieser Unternehmensanalyse auf etwas anderem). Mir geht es um organisatorische Effektivität an sich – meine berufliche Leidenschaft.

Die Eigenschaften, die man typischerweise eher bei Frauen als bei Männern findet, sind für die kommenden Zeiten und die neu entstehenden Organisationsformen, die weniger auf „Befehl und Kontrolle" und mehr auf kooperative Mischformen setzen, besonders geeignet. Hinzu kommt, dass Frauen – wir erinnern uns an Kapitel 11 – mehr oder weniger alles kaufen – sowohl als private Konsumentinnen als auch (in den Vereinigten Staaten) als Mitarbeiterinnen.

Für alles, was ich im Folgenden sage, gilt der Zusatz „typischerweise" oder „mit größerer Wahrscheinlichkeit". Natürlich gibt es viele Männer, die wunderbar mit Ambiguität zurechtkommen. *Typischerweise* meistern Frauen unübersichtliche, nicht lineare Situationen jedoch besser als Männer. (Ein Beispiel: Ich erinnere mich noch gut an den Kommentar eines Filmregisseurs, der im Rahmen eines Seminars, das ich einmal zu diesem Thema besuchte, meinte: *„Wenn ich ein Drehbuch lese und nicht weiß, wer es geschrieben hat, erkenne ich in neun von zehn Fällen, ob der Autor ein Mann oder eine Frau ist – ehrlich gesagt in zehn von zehn Fällen. Drehbücher von Frauen enthalten zum Beispiel viel mehr überraschende Wendungen und die Beziehungen zwischen den Charakteren sind verworren und komplex. Bei Männern ist die Handlung dagegen ziemlich vorhersehbar, meist sogar extrem linear, was dem Drehbuch häufig nicht gut bekommt."*)

MEIN AHA-MOMENT

Es gibt mehr oder weniger einen Aha-Moment, der mich rückblickend dazu bewogen hat, mich genauer mit den Unterschieden zwischen weiblichem und männlichem Führungsverhalten zu beschäftigen. Die Erleuchtung ereilte mich während eines viertägigen Führungskräfteseminars, das mein Unternehmen im nördlichen Kalifornien veranstaltete. Einer der Teilnehmer, ein Topmanager eines großen Geschäftsreiseanbieters, Rosenbluth International, hatte sich einen Namen gemacht, indem er sehr erfolgreich Großsysteme an AT&T verkauft hatte.

Das Gespräch lief folgendermaßen:

Er: „Tom, ich hatte ein Geheimnis."

Ich: „Und das war …?"

Seine Antwort, an die ich mich noch sehr gut erinnere, lautete ziemlich genau so:

„Ich habe Frauen eingestellt!

Denn die Kaufentscheidungen beim Kunden treffen im Endeffekt die jungen Mitarbeiter zwei oder drei Ebenen unterhalb der Führungsetage. Meine männlichen Angestellten konzentrierten sich in der Regel auf Status und Position. Mit dem gemeinen Fußvolk machten sie sich ihre Hände nicht schmutzig. Doch die Frauen, die ich einstellte, scherten sich nicht um Namen, Positionen oder Rangfolgen. Organigramme waren etwas für Dummies. Stattdessen investierten sie unheimlich viel Zeit in den Beziehungsaufbau und knüpften Kontakte zu allen möglichen Leuten in allen Ecken und Winkeln des Kundenunternehmens. In neun von zehn Fällen machte diese „Investition" den Deal perfekt. Der Einkaufsleiter machte fast immer das, was seine Mitarbeiter ihm rieten. Meine männlichen Angestellten hatten also wer weiß wie viel Zeit damit verschwendet, sich bei dem Herrn beliebt zu machen, aber der „Herr" war praktisch unwichtig."

So begann meine Karriere als leistungsorientierter Anwalt der Frauen, auch wenn mir das zu diesem Zeitpunkt noch nicht bewusst war.

15.21.4
Auch in der Tech-Branche

Die Tech-Branche ist seit jeher ein Brachland für Frauen. Man kann nur hoffen, dass sich das ändert. Denn einige Daten sprechen dafür, dass Frauen in technischen Berufen sehr erfolgreich sind. Hier eine kleine Auswahl:

Von Frauen geführte Tech-Unternehmen erzielen eine *35 Prozent höhere Kapitalrendite* als vergleichbare Firmen, die von Männern geführt werden.

Von Frauen geführte Tech-Unternehmen mit Risikokapitelfinanzierung erzielen *12 Prozent höhere Umsätze* als vergleichbare Firmen, die von Männern geführt werden.

25.000 Kickstarter-Projekte: Von Frauen initiierte Crowdfunding-Projekte werden mit größerer Wahrscheinlichkeit gefördert als die ihrer männlichen Kollegen.

– *Inc.*, Oktober 2015 (Titelseite: „Will the Next Steve Jobs Be a Woman?")

15.21.5
Die Superstars unter den Kleinunternehmen: von Frauen geführt

Das Wachstum und der Erfolg von Frauen geführter Unternehmen stellt eine der tiefgreifendsten Veränderungen dar, die wir derzeit in der Wirtschaft erleben.

– Margaret Heffernan: *How She Does It*

Heffernan liefert weitere interessante Daten:

- US-Unternehmen, die von Frauen geführt werden oder im Besitz von Frauen sind: 10,6 Millionen (48 Prozent aller Unternehmen)
- In den USA arbeiten in von Frauen geführten Unternehmen mehr Mitarbeiter als in den Unternehmen im Fortune-500-Index zusammen.
- Von Frauen geführte Unternehmen wachsen dreimal so schnell wie die Gesamtheit der Unternehmen.
- Von Frauen geführte Unternehmen schaffen doppelt so viele Arbeitsplätze wie die Gesamtheit der Unternehmen.
- Die Wahrscheinlichkeit, dass von Frauen geführte Unternehmen im Geschäft bleiben, ist im Vergleich zu allen Unternehmen größer als 1.
- Von Frauen geführte Unternehmen mit einem Umsatz von über 1 Million US-Dollar und mehr als 100 Mitarbeitern wachsen doppelt so schnell wie die Gesamtheit der Unternehmen.

15.21.6
Frauen sind die besseren Verhandlungsführer, Verkäufer und Anleger

VERHANDLUNGEN

Aus der von Horacio Falcão verfassten Titelgeschichte in *World Business* vom Mai 2006: „Say It Like a Woman – Why the 21st-Century Negotiator Will Need the Female Touch“:

- Frauen sind in der Lage, sich in ihr Gegenüber hineinzuversetzen.
- Ihr Kommunikationsstil ist ganzheitlich, aufmerksam und mit dem Fokus auf Details.
- Durch ihre Empathiefähigkeit schaffen sie Vertrauen.
- Sie sind neugierige und aktive Zuhörer.
- Sie sind weniger an Konfrontationen interessiert.
- Sie haben einen Sinn für Gerechtigkeit.
- Sie können andere überzeugen.
- Sie treffen Entscheidungen gern gemeinsam.

VERKAUF

Auf dem Umschlag des Buches *Selling Is a Woman's Game – 15 Powerful Reasons Why Women Can Outsell Men* von Nicki Joy und Susan Kane-Benson ist zu lesen:

> **Testen Sie sich:**
> Wer erledigt mehr Dinge auf einmal?
> Wer achtet mehr auf sein Auftreten?
> Wer kümmert sich normalerweise um die Details?
> Wer knüpft leichter Kontakte?
> Wer fragt in Gesprächen häufiger nach?
> Wer ist der bessere Zuhörer?
> Wer legt mehr Wert auf kommunikative Fähigkeiten?
> Wer lässt sich eher auf Dinge ein?
> Wer fördert Harmonie und Einigung?
> Wer hat die bessere Intuition?
> Wer hat die längere To-do-Liste?
> Wer lässt den Tag gern rekapitulieren?
> Wer hält Beziehungen aufrecht?

INVESTITIONEN

Aus dem Buch *Warren Buffett Invests Like a Girl – And Why You Should Too* von LouAnn Lofton von Motley Fool:

FRAUEN …

1. traden weniger als Männer.
2. tun seltener so, als wüssten sie alles, und wissen eher, was sie nicht wissen.
3. sind risikoaverser als männliche Investoren.
4. sind weniger optimistisch und realistischer als männliche Anleger.
5. nehmen sich mehr Zeit, Anlageoptionen zu vergleichen, und achten auf Details.
6. verlassen sich seltener auf die Meinung der Masse und treffen ihre eigenen Entscheidungen.
7. lernen aus ihren Fehlern.
8. haben weniger Testosteron als Männer, wodurch sie weniger risikofreudig sind und extreme Marktschwankungen sie deshalb seltener treffen.

Übrigens: Von Warren Buffet erhielt Lofton eine Eins-A-Kritik für ihr Buch.

Die Fakten, die wir uns soeben zu Gemüte geführt haben, zeigen also, dass Frauen häufig – in der Mehrheit der Fälle –
die BESSEREN VERHANDLUNGSFÜHRER,
die BESSEREN VERKÄUFER und
die BESSEREN ANLEGER
sind.

15.21.7 Und der Nachwuchs?

Die Deutlichkeit, mit der Mädchen und junge Frauen im Bildungsbereich besser abschneiden als ihre männlichen Pendants, ist gewaltig. Immer öfter liest man Schlagzeilen wie diese:

DER NEUE GENDER GAP: Vom Kindergarten bis zur Universität – Jungen werden zum abgehängten Geschlecht.

– Titelgeschichte in der *Bloomberg Businessweek*

Das Thema ist von außerordentlicher Wichtigkeit. Die großflächige männliche Entmündigung könnte weitreichende wirtschaftliche und gesellschaftliche Folgen haben. Und der Bildungsunterschied zwischen Männern und Frauen wird angesichts des technologischen Wandels und in politisch volatilen Zeiten wie den unseren höchstwahrscheinlich weiter zunehmen.

15.21.8 Bitte nicht alle Männer über Bord werfen

Mit diesen Zitaten und Bemerkungen möchte ich keinesfalls andeuten, dass Sie sich morgen all Ihrer männlichen Führungskräfte entledigen oder sie zurückstufen sollten. Die Wissenschaft ist sich einig:

Die Erfolgsformel lautet **GESCHLECHTERGLEICHGEWICHT**.

Worauf die Fakten hier jedoch unmissverständlich hindeuten, ist die Tatsache, dass Frauen äußerst effektive Führungskräfte sind. Wenn in Ihrem Unternehmen also kein Geschlechtergleichgewicht – und zwar auf allen Ebenen – mit vielleicht sogar einem leichten Frauenüberschuss herrscht, kommen Sie nicht ins Ziel. Und das Ziel heißt: organisatorische Effektivität/Geschäftserfolg/Spitzenleistung.

15.22

15.22.1 Kommunikation: die 100-Prozent-Regel

> **Das Problem mit der Kommunikation ist, dass wir glauben, wie hätten sie erreicht.**
> – William H. Whyte, US-amerikanischer Soziologe und Journalist (1917–1999)

**Führungskräfte: Wenn Kommunikation misslingt, liegt das zu …
100 Prozent an Ihnen!**

Viele fühlen sich von dieser Aussage vor den Kopf gestoßen.

Sie hat es ja auch in sich.

Ich bleibe aber dabei.

Sie (Führungskraft) werden zuallererst dafür bezahlt, richtig zu kommunizieren.

15.22.2
Die Konsequenz der Einzigartigkeit: 14 = 14

Nehmen wir einmal an, Sie haben vierzehn Mitarbeiterinnen und Mitarbeiter, die Ihnen direkt unterstellt sind. Dann ist es Ihre Aufgabe, herauszufinden, warum Frau Schmidt oder Herrn Meier nicht zugehört hat oder nicht mitzieht. Es ist Ihre Aufgabe, eine „Engagementstrategie" für jeden einzelnen Mitarbeiter zu entwickeln:

14 Mitarbeiter = 14 verschiedene, sorgfältig ausgearbeitete Engagementstrategien

Sie werden dafür bezahlt, diese Strategien zu entwickeln.

ODER EBEN NICHT.

14 = 14 erwarten wir zum Beispiel auch von Lehrkräften:

14 Kinder = 14 (sehr/EXTREM) unterschiedliche Lernwege. Richtig? Wann? IMMER.

(Was nicht heißt, dass jeder Lehrer und jede Lehrerin in dieser Hinsicht eine Eins mit Sternchen bekommt. Der Gedanke, 14 = 14, ist jedoch indiskutabel.)

FAZIT: ES IST SCHLIMMER, ALS SIE DENKEN.

Eine Standardlösung passt eben nicht für alle. Nicht annähernd. Eine Standardlösung passt noch nicht einmal für ein und dieselbe Person innerhalb einer Woche. Tom Peters am Montag ist zum Beispiel etwas (völlig?) anderes als Tom Peters am Donnerstag.

15.23

15.23.1
Entschuldigung

[Ich betrachte] die Entschuldigung als wichtigste Maßnahme der Wiedergutmachung, zu der Menschen fähig sind – und zwar als eine magische, heilende Geste. Die Entschuldigung ist das

Kernstück meiner Arbeit mit Führungskräften, die besser werden wollen.

– Marshall Goldsmith: *Was Sie hierher gebracht hat, wird Sie nicht weiter bringen*

Wichtigste.
Magische.
Heilende.
Kernstück.

Das sind extrem starke Worte. Und Marshall Goldsmith ist ein extrem geschätzter Experte. Er gilt als *der* Managementberater.

Ich stimme Goldsmith hier voll und ganz zu. Aber wie so oft in diesem Buch ist das Ganze keine Quantenphysik, weshalb ich mich frage:

Warum fällt es uns nur so schwer, uns zu entschuldigen?

Im Folgenden ein paar „Regeln", wie man sich entschuldigt:

1. Regel: Entschuldigen Sie sich SOFORT. Schieben Sie es nicht auf. Ein Problem ist aufgetaucht und in der Besprechung äußern Sie sich Joe gegenüber etwas schroffer, als Sie es normalerweise tun. Schauen Sie deshalb, bevor Sie Feierabend machen, bei Joe im Büro vorbei und geben Sie zu, dass Sie eine Linie überschritten haben und es Ihnen leidtut. Das muss kein herzliches Gespräch sein und es braucht keine großen Worte. Eine kurze Anerkennung der Tatsachen genügt. Glauben Sie mir:

DAMIT HABEN SIE EINE GROSSE GESTE VOLLBRACHT, DIE NOCH LANGE NACHWIRKEN WIRD.

2. Regel: Entschuldigen Sie sich PERSÖNLICH. Das ist natürlich nicht immer möglich. Wenn es das aber ist, tun Sie es. Eine E-Mail zu schreiben ist ein absolutes No-Go. Ein Anruf ist zehnmal besser als eine E-Mail. Und persönlich vorbeizuschauen ist zehnmal oder hundertmal besser als anzurufen. Denn eine Entschuldigung ist eine intime Handlung. Ihre Körpersprache sagt dabei weit mehr als Ihre Worte.

3. Regel: Siehe Regel 1. Entschuldigen Sie sich SOFORT. DAS EISERNE GESETZ DER ENTSCHULDIGUNG: JETZT. JETZT. JETZT. **ES GAB EINMAL EINE ZEIT, DA KONNTE MAN EIN GRÖSSERES FIASKO INNERHALB WENIGER MINUTEN ODER STUNDEN ABWENDEN, INDEM MAN KURZ IM BÜRO DES BETROFFENEN VORBEISCHAUTE ODER ZUM TELEFONHÖRER GRIFF.**

4. Regel: HALTEN SIE DEN MUND. Wer sich wirklich entschuldigen will, muss vor allem ZUHÖREN. Indem Sie sagen, „Es tut mir leid", erkennen Sie an, dass etwas schiefgelaufen ist. Denken Sie daran, was wir über Anerkennung gelernt haben. Lassen Sie dann die andere Person so lange reden, bis sie nicht mehr kann. Isiaah Crawford, Präsident der University of Puget Sound, hat das einmal brillant auf folgenden Satz reduziert:

„Es ist schwer, anderen dabei zuzuhören, wie sie einem die eigenen Fehler vorhalten."

(Zugegeben: Diese Regel scheint paradox. Sie sollen sich entschuldigen, aber nichts sagen? Nun, die wahre Entschuldigung ist Ihre Anwesenheit; damit erkennen Sie Ihren Fehler an. Die Worte sind zweitrangig. Halten Sie also den Mund.)

Mein Leitfaden fürs Entschuldigen lautet folgendermaßen:

ENTSCHULDIGEN SIE SICH SOFORT.
ENTSCHULDIGEN SIE SICH PERSÖNLICH.
ENTSCHULDIGEN SIE SICH SOFORT.
HALTEN SIE DEN MUND.

15.23.2 Eine Entschuldigung zahlt sich aus, aber hallo!

Auszug aus John Kadors Buch *Effective Apology*:

1. „Dank einer neuen Regelung im Äußern von Entschuldigungen ... konnte der Rasenmäherhersteller Toro die Kosten der Schadenregulierung von **115.000 US-Dollar** im Jahr 1999 auf **35.000 US-Dollar** im Jahr 2008 senken. Zudem hat das Unternehmen seit 15 Jahren kein Gerichtsverfahren mehr am Hals!"
2. „Das Veterans Affair Hospital in Lexington, Massachusetts, verfolgt einen im Gesundheitswesen völlig untypischen Ansatz im Umgang mit Fehlern, selbst wenn gar keine Patientenbeschwerde vorliegt. Im Jahr 2000 belief sich die Entschädigungssumme für einen Behandlungsfehler in Veteranenkliniken durchschnittlich auf **413.000 US-Dollar**. Im Veterans Affair Hospital in Lexington waren es dagegen nur **36.000 US-Dollar** und es gab im Vorfeld deutlich weniger Patientenbeschwerden."

Keines dieser Beispiele überrascht mich auch nur im Geringsten. (Übrigens: Kador führt viele weitere Beispiele an.) Wie oben bereits erwähnt, ist die Kraft einer Entschuldigung nicht zu unterschätzen, selbst wenn es um Rasenmäherunfälle oder medizinische Behandlungsfehler geht, die zu schweren körperlichen Schäden oder Schlimmerem führen können.

Lesen und weiterbilden!

Ja, es gibt *tatsächlich* ganze Bücher zum Thema Entschuldigung (und das folgende ist wirklich empfehlenswert). Auch das ist eines der Dinge im Bereich Führung, das so selbstverständlich scheint, in Wahrheit aber einer intensiven Auseinandersetzung bedarf.

John Kador: *Effective Apology. Mending Fences, Building Bridges, and Restoring Trust*

15.24 Leistungsbeurteilung von Führungskräften: die 6-Worte-Regel

Als Führungskraft sollten Sie diese SECHS STARKEN Worte verinnerlichen:

> **„DANKE SCHÖN."**
> **„ES TUT MIR LEID."**

(Wie gut befolgen Sie die 6-Worte-Regel?)

(Wie oft haben Sie diese sechs Worte heute schon verwendet?)

15.25

15.25.1 E-Mail/Gaaanz langsam: tief durchatmen, innehalten – die Sünde des Senden-Buttons

1. Klicken Sie **NICHT** gleich auf **„SENDEN"**. Warten Sie. Fünf Minuten. Eine Stunde. Bis zum nächsten Tag. (In der Zwischenzeit geht die Welt nicht unter.)
2. Antworten Sie nicht sofort auf die Nachricht (es sei denn, Ihre Frau und/oder Kinder hatten einen Autounfall). HALTEN SIE INNE. **DENKEN SIE NACH.** (In der Zwischenzeit geht die Welt nicht unter.)
3. Die Beantwortung der E-Mail hat **ZEIT**. Eine, zwei, sogar drei Stunden. Einen **TAG**. Halten Sie inne. Denken Sie nach. Beraten Sie sich mit anderen. (In der Zwischenzeit geht die Welt nicht unter.)

Als ich diese Liste einmal zum Einstieg in einen Vortrag präsentierte, sagte ich: „Ich möchte mein Honorar innerhalb der ersten 120 Sekunden zehnmal wettmachen. Wenn Sie in dieser Zeit aufpassen, garantiere ich Ihnen, dass es sich für Sie zehn- oder hundertmal gelohnt hat, mich zu bezahlen."

Das meinte ich vollkommen ernst!

Keiner meiner Leser kann ernsthaft behaupten, dass er oder sie noch nie zu früh aus „Senden" geklickt hat.

SCHNELL.

SCHNELL.

SCHNELL.

SCHNELL.

Oh, Mist!

(STIMMT'S?)

15.25.2 E-Mail/Sofortnachrichten = Spitzenleistung: Warum auch nicht?

1. Wer etwas in eine E-Mail oder Sofortnachricht schreibt, das er nächste Woche, nächsten Monat, im Jahr 2024 bereuen könnte, ist ein IDIOT.
2. Eine schlampige* E-Mail (o. Ä.) können Sie gleich in die Tonne kloppen.
   * Schlampig: grammatikalisch falsch, schlecht argumentiert, mehrdeutig, flapsig formulierte Kritik an einer Person oder Sache, unhöflich und so weiter und so fort, d. h. unprofessionell.
3. Stellen Sie sich vor, dass der Chef Ihres Chefs (oder der Chef noch eine Ebene höher) Ihre E-Mails liest.
4. Stellen Sie sich vor, dass ein unliebsamer Kollege Ihre E-Mails liest.
5. Stellen Sie sich vor, dass ein oder mehrere Kunden Ihre E-Mails lesen.
6. Stellen Sie sich vor, dass jede „clevere" E-Mail, die Sie schreiben, viral geht.
7. MEINE PERSÖNLICHE GRUNDREGEL: Jede E-Mail, die ich schreibe, ist meine Visitenkarte. Sie drückt aus, wer ich bin – sowohl beruflich als auch privat, also als Mensch.

Früher (1999): Nach vier oder fünf Tagen waren mündliche Wutausbrüche in der Regel verpufft. Heute: Auch bei kleinem Verteiler können sich elektronische Nachrichten innerhalb weniger Minuten – wenn nicht Sekunden – im Netz verbreiten. (Das ist nichts Neues. Nur eine Erinnerung.)

Eine überstürzte emotionale Reaktion ist das Horrorszenario!

Das gilt für berufliche und private E-Mails gleichermaßen. Private E-Mails bleiben häufig nicht privat.

E-MAIL.
SPITZENLEISTUNG.

Machen Sie dieses Wortpaar zu einer Tautologie, nicht zu einem Oxymoron.

15.26 Führung in ihren Einzelteilen

REDUKTIONISTISCHES FÜHRUNGSKRÄFTETRAINING

Ich bin eigentlich ein erklärter Gegner von reduktionistischem Denken. Ich bevorzuge das Ganze statt der Teile. Dennoch bin ich zu dem Schluss gekommen, dass herkömmliche Führungskräftetrainings nicht reduktionistisch genug sind. Wir betrachten die zentralen Bestandteile von Leadership als zu selbstverständlich, um uns mit ihnen zu beschäftigen.

WILL SAGEN: Führungskräfte müssen eine Vielzahl von kleinen Dingen beherrschen, die zusammen 90 Prozent Ihres Führungserfolgs ausmachen.

Erfolgreiche Führung = viele kleine Dinge gut machen

VORSCHLAG FÜR EIN BÜNDEL AN FÜHRUNGSKOMPETENZEN

- leidenschaftlicher Umsetzer von MBWA/Managing by Wandering Around
- aufmerksamer (hoch konzentrierter) Zuhörer (Schüler im Bereich „exzellentes Zuhören")
- Experte im Fragenstellen
- Experte im Helfen (extrem schwierig)
- Experte beim Entwickeln erstklassiger Frontline-Manager
- Experte im Führen produktiver Gespräche
- Befürworter klarer Kommunikation, die (extreme) Unterschiede zwischen den Menschen anerkennt

- Meister der sozialen Medien
- Meister der Anerkennung/zollt leidenschaftlich Anerkennung
- entschuldigt sich schnell und proaktiv
- hervorragender Redner
- setzt Körpersprache bewusst ein
- Meister/Schüler der Personalgewinnung
- Meister der Mitarbeiterbeurteilung
- Zeitmanager par excellence/achtet akribisch darauf, sich nicht zu verplanen
- leidenschaftlicher Schüler des Prozesses/der Psychologie der Beeinflussung
- Schüler der Unternehmenspolitik
- Schüler der Entscheidungsfindung/Schüler kognitiver Verzerrungen, die die Entscheidungsfindung behindern
- hervorragend geschult im Verhandeln
- fanatischer Anhänger der Mitarbeiterentwicklung auf allen Ebenen
- Schüler der Stärke von Vielfalt in jeder Hinsicht
- vehementer Verfechter eines Geschlechtergleichgewichts
- sorgt unerlässlich dafür, dass jeder Einzelne unternehmerisch denkt

Gehen Sie es an.

Alle diese Aktivitäten gilt es, erfolgreich zu betreiben. Kein Drumherumreden oder -gehen.

Sie sind der Kern Ihrer Arbeit.

Mit ihnen verbringen Sie Ihre Zeit.

Sie können erlernt werden.

Sie können trainiert werden.

Das war's. Das Leadership-Kapitel ist abgeschlossen. Keine „Vision", lediglich ein paar Dinge, die garantiert funktionieren. Wenn Sie in einigen dieser 26 Punkte besser werden, steigern Sie bereits Ihren Erfolg als Führungskraft. Wählen Sie ein oder zwei oder drei oder vier oder fünf aus … und arbeiten sie an ihnen.

Beginnen Sie noch heute.

Viel Erfolg!

EPILOG

Heute handeln

Meine Geschichte

Ich neige dazu, die Leute wahnsinnig zu machen.

Wenn ich Vorträge halte, fuchtele ich wie wild mit den Armen, egal ob zehn oder zehntausend Leute zuhören.

Ich sage ständig **„WOW!“** (immer in GROSSBUCHTSTABEN).

Ich verwende Ausrufezeichen, als gäbe es kein Morgen**!!!!!!!**

Gibt es auch nicht wirklich. Heute ist alles, was wir haben. Leben Sie es in vollen Zügen. Dienen Sie. **JETZT.**

Auch wenn es abgedroschen klingt: Niemand weiß, was morgen ist. Und gestern ist nichts als Staub.

Das Logo meines Unternehmens ist ein frei stehendes rotes Ausrufezeichen ohne Text**!**

Ich selbst betrachte mich als rotes Ausrufezeichen.

> **Tom Peters ist der Red Bull unter den Managementdenkern.**
> – Bo Burlingham, *Inc.* (2013)

> **Ein menschliches Ausrufezeichen, das mittlerweile ohne Nachnamen auskommt.**
> – die Unternehmensberaterin und Autorin Nancy Austin über Tom Peters

In seinem 1956 im Original erschienenen Klassiker *Einführung in die Kybernetik* hat W. Ross Ashby das Gesetz der erforderlichen Varietäten aufgestellt, das ich in Kapitel 10.4 erwähnt habe. Die Wissenschaft, die diesem Gesetz zugrunde liegt, ist von höchstem geistigen Niveau und übersteigt an vielen Stellen mein Verständnis. Dennoch bin ich in der Lage, es grob in ein grundlegendes Rezept für unsere wahnsinnigen Zeiten zu übersetzen: VERRÜCKTE ZEITEN ERFORDERN VERRÜCKTE MASSNAHMEN.

2018.

Verrückt.

Ich.

Sie.

Unsere Unternehmen.

Verrückt.

Oder untergehen.

Keine Wahl.

Die Geschichte: Zurückhaltung und Bescheidenheit sind fehl am Platz

DAS CREDO VON KEVIN ROBERTS

1. Anlegen. Feuern! Zielen.
2. Wenn es noch nicht kaputt ist, machen Sie es kaputt!
3. Stellen Sie Verrückte ein.
4. Stellen Sie dumme Fragen.
5. Machen Sie Fehler.
6. Führen und folgen Sie … oder gehen Sie aus dem Weg!
7. Verbreiten Sie Verwirrung.
8. Verlassen Sie Ihr Büro.
9. Lesen Sie komisches Zeugs.
10. **Vermeiden Sie Zurückhaltung und Bescheidenheit!**

(Kevin Roberts war bis vor Kurzem CEO der Werbeagentur Saatchi & Saatchi. Sein Buch *Lovemarks* steht auf meiner Shortlist der besten Wirtschaftsbücher aller Zeiten.

Wahnsinnig genial.

– der neue Produktstandard von Steve Jobs

Radically thrilling.

– Werbeanzeige für ein neues Modell von BMW

Überraschen Sie mich.

– Sergei Diaghilev zu einem Leadtänzer

Entwickeln Sie etwas Großes.

– Hiroshi Yamauchi, Präsident von Nintendo, zu einem seiner führenden Spieleentwickler

Schaffen Sie etwas Ewiges.

– David Ogilvy zu einem Werbetexter

Am Anfang jedes neuen Projekts steht bei uns die Frage: „Wie schaffen wir etwas, das bislang noch niemand geschafft hat?"

– Stuart Hornery, Lend Lease

Errichten wir eine Kirche von derartiger Größe, dass man uns für verrückt erklärt.

– einer der Stiftsherren der Kathedrale von Sevilla

Es bringt nichts, wenn Sie sich ruhig und rational verhalten. Sie müssen wie ein Verrückter handeln.

– Jack Welch

Wir sind verrückt. Wir sollten nur die Dinge tun, die andere für verrückt halten. Wenn die Leute sagen „Das ist gut", heißt das, dass es bereits jemand anders macht.

– Hajime Mitarai, ehemaliger CEO von Canon

Wir sind uns alle darüber einig, dass Ihre Theorie verrückt ist. Uneinig sind wir uns nur in der Frage, ob sie verrückt genug ist.

– Niels Bohr zu Wolfgang Pauli

Alice lachte. „Das hat keinen Sinn", sagte sie. „Etwas so Unmögliches kann man nicht glauben."
„Ich nehme an, dir fehlt die Übung", sagte die Königin. „Als ich so alt war wie du, habe ich jeden Tag eine halbe Stunde geübt. Ja, manchmal habe ich schon vor dem Frühstück sechs unmögliche Dinge geglaubt!"

– Lewis Carroll: *Alice hinter den Spiegeln*

Zum Teufel mit „artig sein". Neulich hat mich eine Mutter um Rat gefragt. Was, wollte sie wissen, solle sie mit einer aufmüpfigen,

ungewöhnlich sturen Siebenjährigen machen, die spricht, wie ihr der Schnabel gewachsen ist? „Behalten Sie sie", riet ich ihr. Die Suffragetten baten auch nicht höflich um das Frauenwahlrecht oder gaben sich mit dem zufrieden, was man ihnen anbot. Zu Recht.

– Anna Quindlen, *Newsweek*

Der vernünftige Mensch passt sich der Welt an; der unvernünftige besteht auf dem Versuch, die Welt sich anzupassen. Deshalb hängt aller Fortschritt von unvernünftigen Menschen ab.

– George Bernard Shaw: *Man and Superman – The Revolutionists' Handbook*

Das Leben ist keine Fahrt Richtung Grab mit der Absicht, dort schön und wohlbehalten anzukommen. Es geht vielmehr darum, mit voller Breitseite über die Ziellinie zu schlittern, total verbraucht, völlig fertig, mit einer Ölspur hinter dir, und du rufst: „Geronimo, Häuptling der Apachen!"

– Bill McKenna, professioneller Motorradrennfahrer

MODERATE ZEITEN ERFORDERN MODERATE MASSNAHMEN.
EXTREME ZEITEN ERFORDERN EXTREME MASSNAHMEN.
GERONIMO!

Jetzt wissen Sie es.
Vielen Dank und viel Erfolg!

DANKSAGUNGEN

Ich habe das Glück, die kalten Wintermonate der nördlichen Hemisphäre in Neuseeland zu verbringen. 2013 bat mich die University of Auckland Business School, einen Vortrag zu halten. Aus dieser einmaligen Veranstaltung ist eine regelmäßige Vortragsreihe geworden, bei der ich als offizieller Lehrbeauftragter jedes Jahr für eine Woche vor den Studierenden spreche. Im Februar 2016 beschloss ich, im Vorfeld meiner jährlichen Reise nach Auckland meine über fünfzig Jahre gesammelten Unterlagen zu einer Vortrags- und Seminarreihe zusammenzustellen. Das Ergebnis ist nicht mehr und nicht weniger als dieses Buch. Deshalb gebührt mein erster Dank meinen Kolleginnen und Kollegen an der University of Auckland Business School, allen voran Professor Darl Kolb und Dean Jayne Godfrey, die mit ihren Impulsen den Stein, der sich nun *Spitzenleistung zahlt sich aus* nennt, ins Rollen gebracht haben.

Als das Material im Herbst 2016 erste Formen angenommen hatte, stellte meine Frau Susan plötzlich fest: „Es ist ein Buch. Ruf Esther und Sonny an." Eigentlich wollte ich diese persönliche Ideensammlung im Selbstverlag veröffentlichen – je unaufwendiger, desto besser. Susan aber bugsierte mich persönlich in den Acela Express von Providence, Rhode Island, nach Manhattan, wo ich mich vormittags mit meiner langjährigen Agentin und Freundin Esther Newberg zusammensetzte und mich zum Mittagessen mit meinem treuen Verleger und Freund Sonny Mehta und seiner Frau Gita traf. Und etwa eine Woche später war ich wieder in New York, diesmal, um meinen neuen Lektor Edward Kastenmeier und meine neue Verlegerin Anne Messitte von Penguin Random House kennenzulernen. Kurzum: Mein herzlicher Dank gilt Susan, Esther, Sonny, Gita, Edward und Anne, die all das möglich bzw. „nötig" gemacht haben, wie es Yogi Berra einmal formulierte.

Donna Carpenter Lebaron und ich arbeiten seit der Entstehung von *Das Tom Peters Seminar* im Jahr 1993 zusammen. Und auch diesmal war ihre Unterstützung als Lektorin und kritische Testleserin von unschätzbarem Wert. Donna wiederum (und damit auch ich) wurde unterstützt von Ken Otterbourg, der sich jede einzelne Seite dieses Buches mindestens viermal vornahm und mindestens 444 Mal das Wörtchen „de facto" herausstrich.

Wie ich bereits in der Einleitung erwähnt habe, ist das Buch um etwa dreihundert Zitate herum aufgebaut, die meine Überzeugungen besser wiedergeben, als ich das könnte. In diesem Sinne danke ich Richard Branson, Herb Kelleher, John DiJulius und einigen Hundert anderen (auch Napoleon und Lewis Carroll) dafür, dass sie mir geholfen haben, die Wahrheit zu erkennen, und mir für die Gedanken dieses Buches ihre einprägsamen Worte geliehen haben.

Seit mittlerweile mehr als fünfzehn Jahren erfreue ich mich der Unterstützung von Shelley Dolley, die mit unermüdlichem Eifer und ja, Spitzenleistung, unendlich viele strategische, operative, wissenschaftliche und logistische Aufgaben für mich erledigt hat. In redaktionellen und anderen Fragen werden Shelley (und ich) von unserer langjährigen Kollegin und Erbringerin von Spitzenleistung Cathy Mosca unterstützt. Ein riesengroßes Dankeschön also an Shelley und Cathy.

Zu „meinen" Unterstützern bei Penguin Random House, denen ich unendlich dankbar bin, zählen Lektoratsassistent Andrew Weber, der dieses Buchprojekt betreut hat, als wäre es sein eigenes, die Publizistin Kate Runde sowie das Team von Vintage, bestehend aus Eddie Allen, Chris Zucker, Quinn O'Neill, Barbara Richard, Melissa Yoon und Jessica Dietcher.

Zudem möchte ich Folgendes hervorheben: In diesem Buch geht es um Spitzenleistung. Dies war auch Thema eines anderen Werks, in das ich involviert war und das 1982 das Licht der Welt erblickte. Im Zuge der Veröffentlichung von *Spitzenleistung zahlt sich aus* möchte ich zum wiederholten Male meinem Coautor von *Auf der Suche nach Spitzenleistungen* und Seelenverwandten Bob Waterman danken. In diesem Buch kritisiere ich zwar an einigen Stellen McKinsey & Co., unterm Strich muss ich jedoch sagen, dass mir das Unternehmen die renommierte Plattform bot, von der aus *Auf der Suche nach Spitzenleistungen* damals seinen Weg nahm.

Jedes Kapitel dieses Buches beginnt mit einer kurzen persönlichen Geschichte. In der ersten geht es um meinen ersten „Chef", den mittlerweile verstorbenen Richard E. Anderson, der 1966 und 1967 das U.S. Naval Mobile Construction Battalion 9 kommandierte. „Captain Andy" begleitete mich während meiner zehn Monate in Vietnam, die ohne Zweifel die prägendsten meines Lebens waren. Niemals wieder habe ich eine so effektive Führung erlebt oder einen Verantwortlichen getroffen, der sich seinen Leuten und dem Streben nach Spitzenleistung so verpflichtet fühlte wie er.